カタツムリから見た世界

絶滅へむかう小さき生き物たち

トム・ヴァン・ドゥーレン 著
西尾義人 訳

青土社

オアフ島のアカティネルラ・リラ（*Achatinella lila*）。ハワイマイマイ属（*Achatinella*）の現存する９種はすべて絶滅危惧種に指定されている（撮影：デイヴィッド・R・シスコ）

オアフ島のアカティネルラ・リラ（*Achatinella lila*）。コオラウ山脈で発見された最後の野生個体群は、数年前に姿を消した（撮影：デイヴィッド・R・シスコ）

モロカイ島のパルトゥリナ・プロクシマ（*Partulina proxima*）（撮影：デイヴィッド・R・シスコ）

オアフ島のアカティネルラ・ムステリナ（*Achatinella mustelina*）。この種は、マークア渓谷における軍の保全活動の中心的存在となった（撮影：デイヴィッド・R・シスコ）

オアフ島のアカティネルラ・ソウェルビアナ（*Achatinella sowerbyana*）（撮影：デイヴィッド・R・シスコ）

オアフ島のアマストラ・インテルメディア（*Amastra intermedia*）。個体数が激減したが、飼育環境下で生き延びている（撮影：デイヴィッド・R・シスコ）

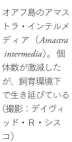

オアフ島のアウリクレルラ・トゥルリテルラ（*Auriculella turritella*）は美しい円錐形の殻をもつ（撮影：ケネス・ヘイズ、ノリーン・ヨン）

オアフ島の小さなプンクトゥム属（*Punctum*）（撮影：ケネス・ヘイズ、ノリーン・ヨン）

ニホア島のエンドドンタ・クリステンセニ（*Endodonta christenseni*）。2020年にノリとケンが記載。カタツムリの保全と分類学に多大な貢献をしたカール・クリステンセンに敬意を表して命名された（撮影：デイヴィッド・R・シスコ）

オアフ島のアカティネルラ・デシピエンス（*Achatinella decipiens*）が集まって休眠しているところ（撮影：デイヴィッド・R・シスコ）

オアフ島のノミガイ属(*Tornatellides*)。このくらいの大きさのカタツムリが鳥に付着してハワイにやってきたと考えられる(撮影：ケネス・ヘイズ、ノリーン・ヨン)

マウイ島のネウコンビア・クミンギ(*Newcombia cumingi*)。マウイ島には希少なカタツムリが数多く生息しているが、公式に絶滅危惧種に指定されているのはこの種だけである(撮影：デイヴィッド・R・シスコ)

マウイ島のラミネルラ・アスペラ（*Laminella aspera*）。かつては325種を数えたとされるシイノミマイマイ科（Amastridae）の現存する約20種のうちの1種（撮影：デイヴィッド・R・シスコ）

オアフ島のラミネルラ・サングイネア（*Laminella sanguinea*）。この希少種の美しい殻はしばしば自身の排泄物で隠されているが、その理由は不明である（撮影：デイヴィッド・R・シスコ）

オアフ島のフィロネシア属（*Philonesia* sp.）（撮影：デイヴィッド・R・シスコ）

ハワイ島のパルトゥリナ・フィサ（*Partulina physa*）。木の洞で休眠しているのは珍しい（撮影：デイヴィッド・R・シスコ）

エミリーへ

本書で語られる物語の故郷《ふるさと》は、ハワイ諸島の土地、海、空である。

この場所に最初にやってきたカナカ・マオリ、彼らの祖先と島々との結びつき、そして、彼らの変わらぬアロハ・アーイナ（土地を愛する気持ち）に感謝する。

目次

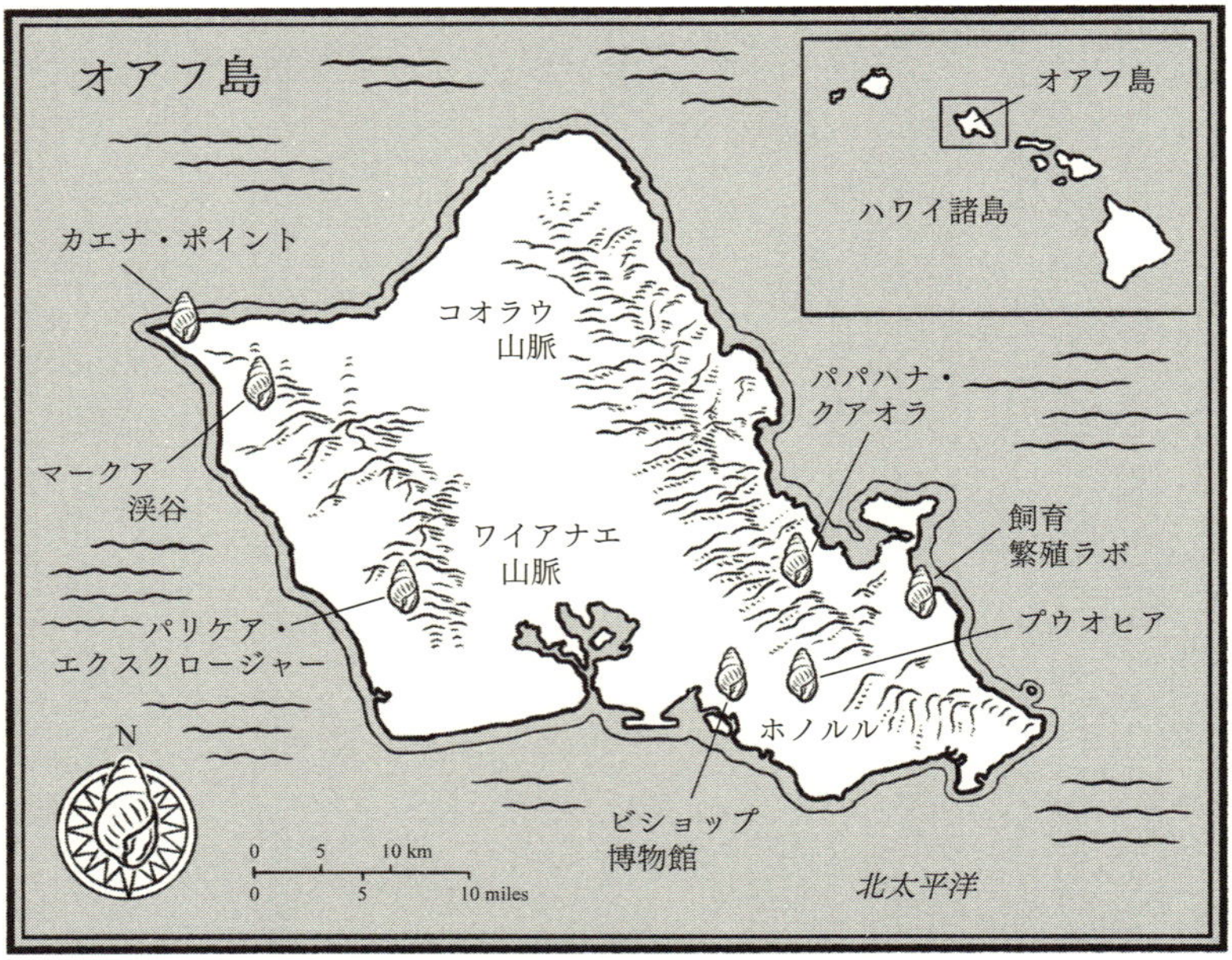
オアフ島
オアフ島
ハワイ諸島
カエナ・ポイント
コオラウ
山脈
パパハナ・
クアオラ
マークア
渓谷
ワイアナエ
山脈
飼育
繁殖ラボ
パリケアア・
エクスクロージャー
プウオヒア
ホノルル
N
0 5 10 km
0 5 10 miles
ビショップ
博物館
北太平洋

カタツムリから見た世界　絶滅へむかう小さき生き物たち

はじめに　カタツムリをさがして

オアフ島の山の尾根に沿って、一筋の小道が波を打つように延びていた。道の両脇では、さまざまな草花が風に吹かれている。なかでも目を引くのはオーヒアの赤い花だ。この道を一〇〇年前に歩いていたら、いや、たぶん五〇年前ですら、その枝の上を花とは別の色鮮やかな存在がうごめいていたことだろう。ハワイ語で「カーフリ」。森に暮らすカタツムリのことだ。かつてこのような高所の森には、美しい色のカタツムリがふんだんに見られた。ときには一本の木に数百匹が見つかることもあったという。私たちがよく知る、葉を食べる庭のカタツムリとは異なり、森のカタツムリは宿主を傷つけることはない。彼らは葉の表面を薄く覆う微生物を食べ、夜のうちに枝を移動しては、その通り道をきれいに掃除するのである。

現在、この場所にカタツムリは見つからない。かつてここを住《す》み処《か》にしていた多様な種のほとんどが今では姿を消してしまった。その日の私たちが目指していたのは、カタツムリがまだ生きて、暮らしている場所だった。

案内をしてくれたのは二人の環境保全活動家、デイブ・シスコとクパア・ヒーだ。より厳密に言えば、私は彼らの定期活動に同行し、ワイアナエ山脈で確実にカタツムリを見つけられる数少ない場所に向かうところだった。今日のハワイ諸島では、カタツムリが大量に見つかる場所は限られている。起伏の激しい、ぬかるみの多い山道を一時間ほど歩き、ようやく目的地に到着すると、森がひらけ、肩ほどの高さの金属製のフェンスが現れた。目的地のパリケア・エクスクロージャーだ。

パリケア・エクスクロージャーは、およそ一六〇〇平方メートルの植生地をフェンスで囲った施設で、希少なカタツムリの避難場所となっている。封じ込め《エンクロージャー》ではなく囲い込み《エクスクロージャー》と呼ばれるのは、その主眼が特定のカタツムリを閉じ込める点にあるのではなく、それ以外の生物を締め出しておく点にあるからだ。つまりそのフェンスは、ハワイに持ち込まれたカタツムリの天敵、ラット、ジャクソンカメレオン、ヤマヒタチオビ（*Euglandina rosea*）などの捕食者を遠ざけておくためのものなのだ。なかでも肉食性カタツムリのヤマヒタチオビには特に警戒が必要で、在来種のカタツムリを追いまわしては、恐ろしい勢いで食べ尽くしてしまう。

このパリケアの保全区域は、ハワイ州政府とアメリカ魚類野生生物局（ＵＳＦＷＳ）が協賛し、デイブが代表を務める「カタツムリ絶滅防止プログラム（ＳＥＰＰ）」の仕事の要《かなめ》である。同様の施設はオアフ島に九か所あり、大半がワイアナエ山脈に集中している。近い将来、さらに二か所が増設される予定だ。オアフ以外の島にも、ラナイ島に二か所、マウイ島に一か所あり、建設中の施設も二つある。エクスクロージャーには、アメリカ陸軍が建設し、共同で管理しているものが多い。陸軍には、軍事活動が環境に与える影響を相殺するために法的義務が課せられているが、エクスクロージャーの運営もその一つである。ＳＥＰＰはエクスクロージャーとは別に研究所《ラボ》ももっており、絶滅の危機に瀕したカタツムリの個体群を数多く飼育している。ラボは、冷蔵庫のような「環境室」を備えた移動式住宅《トレーラーハウス》で、そこに暮らすぬるぬるした住人たちにとっては、方舟《はこぶね》のような存在と言える。だが悲しいかな、こうした施設をもってしてもSEPPが保護できるカタツムリはハワイの絶滅危惧種のごく一部でしかなく、時間の経過と共に保護を必要とする種はますます増えている。

ハワイのカタツムリが置かれている状況は、一言で言えば悲惨そのものだ。デイブと同僚たちは、すさまじい規模と勢いで危機が進行中であることを報告している。ハワイ諸島にはかつて、世界でもっとも多彩なカタツムリの集団が生息していた。さまざまな形状、色、大きさをもった、何百ものユニークな種がいたのである。しかし、それらの種の三分の二はすでに絶滅したと考えられ、その大半はこの一〇〇年ほどのあいだに起きた。それだけではない。生き残った種の多くも同じ運命をたどりつつある。デイブの見積もりによれば、いま現在、およそ五〇種のカタツムリが絶滅の瀬戸際に立たされているという。今後数年で状況が劇的に改善されないかぎり、まず絶滅するか、運が良くても飼育下個体群として生き延びるしかない。

深刻化する危機に直面して、SEPPチームはデイブが「避難」と呼ぶ作業、つまり、カタツムリの最後の生き残りを見つけ出して、危険な場所から退避させる活動を行っている。ハワイは険しい地形が多いが、この作業はしばしば長距離の山歩きを必要とし、それすらできない隔離された場所にはヘリコプターで移動することもある。以前であれば、一部のカタツムリだけを採集して、それ以外の個体群は森に残すことにしていた。しかし状況は急速に悪化している。デイブによると、ここ数年で、それぞれ数百匹のカタツムリからなる、これまでは何も問題のなかった約一五の個体群が完全に消滅してしまったという。そのなかには、黄色、緑、深い赤茶色からなる鮮やかな殻のアカティネルラ・リラ（*Achatinella lila*）のようなハワイマイマイの最後の野生個体群も含まれていた。この状況を受けて、当初は難色を示していたSEPPチームも、現在では見つけた個体をすべて採集し、慎重に容器に入れて、エクスクロージャーやラボへと避難させるようになった。「手遅れになる前に地獄から連れ出すというわけです」とデイブは言った。

カタツムリの数が急減している原因は複雑かつ多面的だ。ハワイのカタツムリにとって今日最大の脅威は、カメレオン、ラット、肉食性カタツムリなどの捕食者である。先述したとおり、エクスクロージャーはこうした外敵を寄せつけないよう考案されたものだ。デイブの説明では、特に深刻なのが肉食性カタツムリのヤマヒタチオビによる被害だという。「あれは最悪の捕食者ですよ。残念なことに、最後の砦だった一番高所の森林保全地区にもすでに侵入してしまいました。ヤマヒタチオビは、すべてを跡形もなく食べ尽くすんです」

この惨状は、これまでのハワイの歴史の延長線上にある。とりわけ重要なのは、広大な面積の森が失われてきたことだ。森の消失のプロセスは、すべてとは言わないが、その多くが約一〇〇〇年前のポリネシア人の到来に端を発している。[1] ポリネシア人は、森を切り開いてカロ（タロイモ）やウアラ（サツマイモ）といった農作物を栽培して生活を支えたが、それによってカタツムリの生息地は減少し、変容していった。また、彼らが島に持ち込んだラットは種子や果実を貪欲に消費し、森の構成を劇的に変えたと考えられている。

こうした方向への変化は、一八世紀後半にヨーロッパの探検家たちがやってきてから急速に加速することになる。彼らが持ち込んだウシやヤギが島々に広がるにつれ、森の下層植生は著しく損なわれていった。一九世紀半ばからは、その頃までに定住していたヨーロッパ人とアメリカ人が牧場やプランテーション農業のために、そして二〇世紀以降は観光、都市化、軍用地のために、森林を伐採して土地を徹底的に改変していった。

本書の主な舞台となるオアフ島の状況は特にひどかった。生物学者のサム・オフ・ゴンとカウィカ・ウィンターはその状況を次のようにまとめている。「固有の生態系と種を豊かに育んでいた土地の八五パーセント強は完全に失われ、今では山の高いところにわずかに残るのみとなった[2]」

欧米人の到来はまた、カタツムリの殻のコレクションブームも巻き起こした。殻の収集は一八二〇年代から盛んだったが、一九世紀後半に入ると熱狂ぶりに火がつき、空前の規模となった。何百万という生きたカタツムリが個人コレクション——標本数が優に一万点を超えるものも少なくない——のために採集された。この収集熱は、ハワイばかりか世界中の博物館や博物学者に伝播し、ブームはさらに過熱していった。

こうした難しい状況に加えて、今日では、気候変動の影響で降雨や気温のパターンが予測不能に変化しているという問題もある。現行の気象モデルに従えば、大局的には気温が高く乾燥する方向に進むと考えられており、湿気が必要なカタツムリにとっては決して良い兆候とは言えないだろう。

しかしその日、パリケア・エクスクロージャーのフェンスに守られて、カタツムリたちは元気だった。白と茶色の殻が目を引くアカティネルラ・ムステリナ（*Achatinella mustelina*）の小集団が木の幹や枝に集まっていた。赤とオレンジの殻に黒い稲妻模様が入った美しいラミネルラ・サングイネア（*Laminella sanguinea*）など、非常に珍しい地上性カタツムリが朽ちた落ち葉の上を進む姿が観察できた。細心の注意を払って設営、管理されたこの空間は、絶滅の危機に瀕している四種のカタツムリの貴重な生息地になっている。だが、フェンスの外では状況は悪化の一途をたどっていた。少なくとも当面は、これらの種の個体数が回復することはないだろう。デイブはこう説明した。「今後一〇年間は、ともかく絶滅を防ぐのがわれわれの役割だと思っています。……要するに救命ボートに乗せているようなものなんです」

数日後、私はホノルルのバーニス・パウアヒ・ビショップ博物館の館内で大量のキャビネットに囲まれていた。カタツムリの殻のすばらしいコレクションが収められているキャビネットだ。そこから新しい標本箱を引き出すたびに私の胸はおどり、形状、色、大きさの多様さに息を呑んだ。ある標本箱にはスクシネア・ルンバリス（*Succinea lumbalis*）の透き通った繊細な殻が保管され、別の箱にはネウコンビア・クミンギ（*Newcombia cumingi*）の灰色の円錐形の殻、また別の箱にはラミネルラ・アスペラ（*Laminella aspera*）の縞模様の殻が大切にしまわれていた。最後のラミネルラ・アスペラの殻は全長わずか二、三ミリメートルほどだが、小さな殻には複雑な模様が刻まれていた。それ以外の箱には、大きめの樹上性カタツムリであるハワイマイマイ属（*Achatinella*）のカラフルな殻が数多く収められていた。帯状や筋状に彩られた模様もあれば、ツイードやカメの甲羅を思わせるデザインもある。キャビネットからキャビネット、一段また一段と引き出して、次から次へと標本箱をのぞいたが、博物館の軟体動物コレクション全体から見れば、それでもまだごく一部にすぎないということだった。

収蔵室を案内してくれたノリ・ヨンはこの博物館のキュレーターで、ハワイ諸島と太平洋地域から広く収集したカタツムリの殻のコレクションを担当している。私は前もって、コレクションを見ながらその歴史と価値について話を伺いたいと彼女にお願いしていた。この島のカタツムリの多様性について、ぜひ自分の目で確かめ、理解してみたかったからだ。気の滅入ることに、ハワイのカタツムリの多くがすでに絶滅するか、稀少になっているため、今となっては、その豊かさを目の当たりにできる唯一の場所が博物館なのである。

しかしながら、主《あるじ》のいない殻を並べたキャビネットから在りし日の多様性を実感するのは簡単なことではない。色鮮やかな大きなカタツムリが、殻をきらめかせながら森の湿った葉を這い進む姿を見ていると、時間が経つことすら忘れてしまう。カタツムリが死ぬと、残された殻はすぐに光沢を失い、色褪せる。光沢や色彩のほとんどは、「殻皮《かくひ》」と呼ばれる、殻の表面にある薄い有機層によって生まれる。博物館に収められた殻の多くは、今でも目を奪われるほど美しい。だが、収蔵室にやってきて、この殻をもった生き物が現実世界でどう生きていたかを思い描くには、歳月が過ぎ去るにつれ、ますます多くの想像力が必要になっている。

その日見せてもらった標本のなかで、ひときわ印象に残ったのはカレリア・トゥルリキュラ（*Carelia turricula*）の殻だ。この地上性カタツムリは、これまでハワイ諸島で見つかったカタツムリのなかで最大の種と考えられている。殻は円錐形で、紫や茶色など色合いにもバラエティがあり、多くの標本が保管されていた。私が見た成体（成貝）の殻は五センチメートルほどだったが、その倍近い大きさのものも報告されている。カレリア・トゥルリキュラは、かつてはカウアイ島に広く見られた。一八八七年、博物学者のデイヴィッド・D・ボールドウィンは、このカタツムリの殻を大量に含む沖積堆積物が見つかったことを報告し、そう遠くない過去にこの種が「非常に豊富に」生息していたに違いないと推測した。(3)しかし、彼の時代にはすでに希少になっており、現在では博物館の収蔵室でしか目にすることができない。

上から眺めたカレリア・トゥルリキュラの殻は、にわかには信じられないほど大きく、いかつく見えた。私は、一〇センチもあろうかという細長い殻を後方に突き出して、一匹のカタツムリが地上を移動

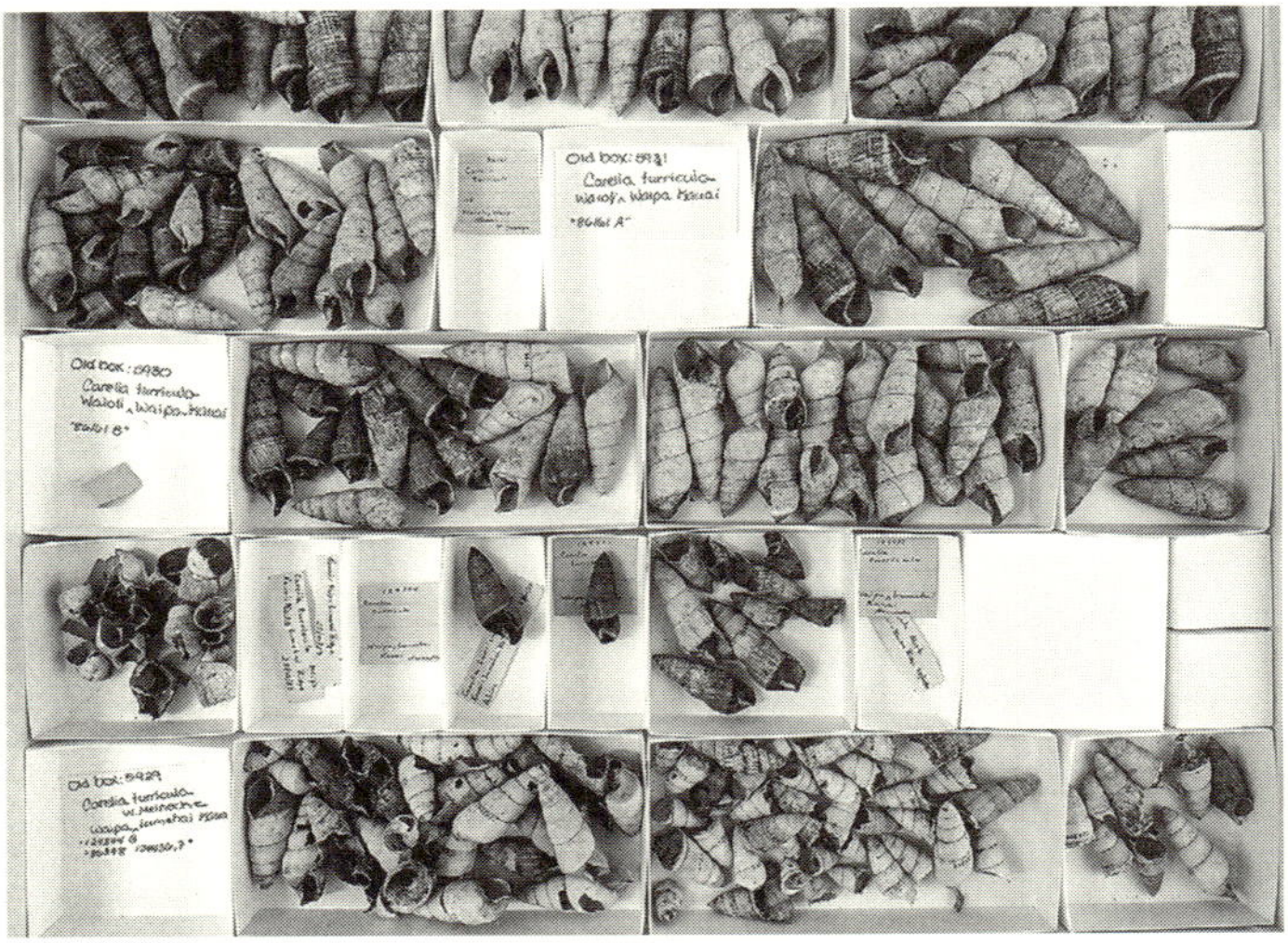

ビショップ博物館のコレクションに収められたカレリア・トゥルリキュラ（*Carelia turricula*）の殻

していると ころを想像してみた。そんな目を引く生物がたくさんいる光景を思い浮かべようとしてみた。ノリにこのカタツムリについて尋ねてみると、私と同じことを考えていたのか、こう答えた。「生きて、這っているのを見るだけでも、すばらしかったでしょうね」。しかし私は、どれだけ頑張ってみても、その光景をうまく思い描けなかった。

ハワイ諸島は豊かな生物相をもつ土地だが、特にカタツムリに対してそう言えることはあまり知られていない。カタツムリは世界各地に生息している。見つからないのは南極大陸ぐらいのものだ。とはいえ、ハワイのカタツムリの多様性は、他の土地ではまずお目にかかれない。ハワイでは現在までに約七五〇種のカタツムリが確認されているが、実際の数はさらに多く、おそらく一〇〇〇種前後だったと考えられている。たとえ七五〇種だったとしても、その数は北米大陸全体で見つかるカタツムリ種のおよそ三分の二に相当する。北米大陸の面積が小さな島の集まりであるハワイ諸島の約一七〇〇倍であることを考えれば、これは驚くべき数字と言える。しかも、ハワイで見つかった種のほぼすべて、九九パーセント以上が、その土地でしか見られない固有種なのだ[4]。ハワイがカタツムリの宝庫であることに誰も異論はないだろう。

ハワイのカタツムリは、いくぶん大雑把に樹上性と地上性の二つのグループに大別でき、主に生息場所と食性によってそれを判断する。これらのカタツムリの形状、色、大きさは千差万別だ。ただし、多くの人がカタツムリと聞いて連想するような、庭でやわらかい葉をレタスのようにむしゃむしゃ食べるタイプは見つからない。ハワイ外の地域にはもっぱら他の動物の肉を食べる肉食性の種もいるが、人間が持ち込むまでは、島のカタツムリ相には存在していなかった。代わりに、ハワイでは樹上性カタツムリが枝を這い、葉の表面を覆う菌類などの微生物を食べている。その際は、紙ヤスリのような歯舌《しぜつ》（表面に何千本もの歯が並ぶ舌）を使い、収穫物を削り取る。一方、地上性カタツムリは落葉落枝に囲まれて生涯を送り、枯れて腐敗した植物を特殊な歯舌で食べては排泄物として土に返している。

樹上性カタツムリのなかでも特に人々を魅了してきたのが、オアフ島だけに生息しているハワイマイマイだ。このカタツムリは成長すると殻の全長が二センチほどになり、かつてその殻は緑、黄、赤といった多彩な色、渦巻きや縞模様などの豊かなパターンに彩られていた。一九世紀の記録によると、ハワイマイマイをさがすのは難しくないどころか、ごくありふれたカタツムリだったようだ。ブドウの房のように木の枝からたわわに垂れ下がり、湿った森のなかで「生きた宝石」のように輝いていたのである[5]。ハワイマイマイ属はこれまで四一種が確認されているが、そのうち今日まで残っているのは九種にすぎず、そのどれもが絶滅寸前の状態に追い込まれている。

苦境に立たされているのは地上性カタツムリも同じだ。ハワイの地上性カタツムリの多くは、茶色くて小さいため、森の地面にいるとなかなか気がつきにくい。他方、稲妻模様が入ったラミネルラ・サングイネア（*Laminella sanguinea*）や、茶色の地に淡い帯が巻き付いたような円錐形の殻が美しいアマストラ・スピリゾナ（*Amastra spirizona*）など、鮮やかで目を引くものもいる。いま挙げた二種が属するシイノミマイマイ科（Amastridae）は、ハワイでは最大規模の科であり、かつては三二五種が知られていた。だが現在では、わずか二三種まで減っているとされる。

ハワイのカタツムリがこれほど急速に絶滅に向かっているのは、より大きな世界的潮流に押されてのことだ。地球は今、六度目の大量絶滅期のただなかにある。世界のいたるところで、大量の種が姿を消しているのである。もちろん、絶滅は避けようのない事実だ。長い目で見れば、どんな生物であっても最終的には恐竜と同じ運命をたどることになるだろう。問題は、その消失のスピードが速すぎることだ。現代の絶滅の速度は、従来の一〇〇～一〇〇〇倍にのぼると考えられている。[6]

カタツムリが受ける影響は特に大きい。これは環境保全活動家にさえあまり知られていない事実である。どうやらカタツムリは、さほど人々の関心を引く対象ではないようだ。公式の絶滅種リストを管理する国際自然保護連合（ＩＵＣＮ）によると、カタツムリやナメクジなどの腹足類の絶滅の記録は、哺乳類と鳥類を合わせたものより多いという。[7] 腹足類の絶滅の中心地はハワイだが、高い絶滅率を示す島は他にも多くあり、つまりこれは世界的な現象だと言えよう。カタツムリについてさまざまな視点から考察してきたハワイ大学の生物学者、ロバート・カウィは、「腹足類は、生息数および多様性に関して、主な分類群のなかでもっとも過酷なダメージを受けている」と述べ、この状況を端的に表現した。

「腹足類（Gastropoda）」という語は、一七九七年に博物学者のジョルジュ・キュビエが考案したもので、ギリシャ語の「腹（gastér）」と「足（poús）」を合成した造語である。読んで字のごとく、腹部を足として使い移動する生き物を指す。[8] 命名を行ったのがキュビエだったという事実は、今となっては奇妙に納得がいく。というのも、種は絶滅しうるという考え方を近代科学と西洋世界に持ち込んだのは、つまるところ彼だったからだ。[9] それから二〇〇年以上が経過し、絶滅という単語はこれまでにないほど現実味を帯びた。そして今、この喪失のプロセスにもっとも大きな影響を受けているのが、キュビエによる科学へのもう一つの貢献、すなわち腹足類なのである。

　腹足類の置かれた状況は、公式記録から想像されるよりもずっと悪い。公式記録は多様な生物のごく一部しか掬《すく》い取れていない。種の状態を個別に知るために必要なデータを私たちはもっていないのである。もっとも信頼に足る推定によると、科学が同定し、公式に（評価ではなく）記載しているのは、地球上の種のほんの一部、おそらく二〇パーセント程度にすぎないという。[10] 哺乳類や鳥類なら十分に考慮されていても、昆虫、カタツムリ、クモといった無脊椎動物に、それと同量の注目が注がれることはない。しかも、無脊椎動物は動物界のおよそ九九パーセントを占めると考えられており、数で言えば後者が圧倒している。

　これは言い換えれば、ＩＵＣＮのレッドリストには過去五〇〇年間に絶滅した動物が約九〇〇種しか記録されていないが、実際の数は間違いなく桁違いに多いということだ。ここでもまた、絶滅した哺乳類や鳥類がほぼすべて記録されている一方で、絶滅した無脊椎動物の大多数はリストから漏れていると考えられる。数があまりに膨大なのに加え、調査対象の偏りやＩＵＣＮの厳格な証拠提出義務も相まって、すでに知られている無脊椎動物の大半が「データ不足」のカテゴリーに入れられている。しかもこれは、まだ発見されていない種は除いたうえでの話なのだ。

その当然の帰結として、過去五〇〇年間で絶滅した腹足類としてIUCNが記録しているのは、わずか二六七種にとどまる。無数の種が見逃されているのは火を見るより明らかだ。ハワイだけでもそれ以上の数のカタツムリが絶滅してきたことは、専門家の誰もが認めるところである。カウィらが近年行った研究では、世界全体における腹足類の絶滅について「厳密さには欠けるものの、より現実に近い評価」がなされた。その評価によると、絶滅が確認された、あるいは高い確率で絶滅していると思われるカタツムリはおよそ一〇〇〇種にのぼる。ただし、カウィらも認めているとおり、この研究は情報が入手できた種のみを対象としており、結果もごく偏っていたと考えられる。もっとも信頼できる推測では、同期間に絶滅したカタツムリの実際の数は、三〇〇〇〜五一〇〇種にのぼると見られている。(11)

カタツムリの減少は世界的に見ても深刻だが、なかでもハワイの個体群の苦境は際立っている。かつてこの島々はカタツムリの宝庫だった。しかし今では、減少という世界的潮流がもっとも顕著に現れる場所になってしまった。ノリと彼女のパートナーのケン・ヘイズ——ノリと同様、ビショップ博物館を拠点にしている——は、ハワイのカタツムリを包括的に調査してきた。容易に立ち入ることすらできない鬱蒼《うっそう》と茂った深い森の調査をもとに、わずか数ミリメートルの小さなカタツムリの存在について何かを断定することの困難さは想像を絶する。にもかかわらず、彼らは博物館が保管する膨大な歴史資料にあたり、また、ハワイ全土を何千時間もかけて調査することで、すでに約四五〇種のカタツムリが絶滅していると具体的に推定するにいたった。(12) 絶滅の大半は過去一〇〇年ほどのあいだに起きたと考えられる。一九三〇年代初頭の野外調査で確認されていた大量の種が、忽然《こつぜん》と姿を消してしまったのだ。(13)

ノリとケンの予備調査からは、生き残った三〇〇種も非常に厳しい状況に置かれていることも判明した。そのうち一〇〇種以上は野生環境下で確認された個体群が一つしかなく、「深刻な危機にある」と分類された。また別の一二〇種は、二つないし三つの個体群しか確認されなかった。彼らの調査によると、「安定している」と分類できるのは、合計で一一種にすぎない[14]。ハワイのカタツムリが大量絶滅のさなかにあると断言しても、なんらおかしくはないだろう。

ところが、このように信じられない規模でカタツムリが消えているにもかかわらず、現存する約三〇〇種のうち、アメリカ政府の絶滅危惧種法（ＥＳＡ）によって公式に絶滅危惧種に指定され、守られているのは、わずか一二種にすぎない。そのどれもが、大きく色鮮やかな、人目を引く樹上性カタツムリだ[15]。それ以外の種は、無脊椎動物ではよくあるように、リスト掲載に必要な長期的かつ集中的な調査が行われていない。

ハワイのカタツムリ保全のための財政支援は、ここ数十年で少しずつ増えきたが、デイブが説明するように、「すべきことをするために十分な金額ではない」。環境保全活動は、アメリカ中、世界中で資金不足の状態だ。なかでもハワイのカタツムリ保全は、地理的、分類学的な偏りによってさらに不利な状況に追いやられているという。アメリカで絶滅危惧種に指定されている生物の三分の一近くが、ハワイ諸島を生息地としている。それにもかかわらず、絶滅危惧種に割り当てられる政府助成金のうち、ハワイが受け取っているのはわずか一〇パーセントにも満たない[16]。それに加えて、無脊椎動物には十分な資金が渡らない傾向もある。ノリとケンが最近の論文で指摘したとおり、哺乳類や鳥類といった脊椎動物の絶滅危惧種が二〇一五年には平均して二〇〇万ドルの政府助成金を受けたのに対し、無脊椎動物はその六パーセント程度にすぎない[17]。要するに、絶滅が危惧されるハワイの無脊椎動物は、深刻な苦境に立たされているのだ。

状況はきわめて厳しい。しかし、私たちはただ黙って見ているわけにはいかない。今この瞬間が重要なことは、どれだけ言葉を尽くしても足りないほどで、おそらくこの先一〇年の対応がハワイのカタツムリの命運を決するだろう。ハワイのカタツムリは、すでに夥しい数の種が絶滅し、生き残ったものも多くが衰退の一途をたどり、次々と瀬戸際に追い込まれている。なかには持ちこたえられる種もあるかもしれない。だがそのためには、協力して問題に対処しなければならない。つまり、私たちはこれまでとは違った視点からカタツムリを見つめ、その価値を見いだす必要がある。

美しいチョウや頭脳明晰なタコといった風変わりな例外もあるが、一般的に無脊椎動物にはイメージの問題がつきまとう。残念ながら、イメージがもたらす影響は甚大で、無視してすませるわけにはいかない。生物学者のティモシー・ニューは、「無脊椎動物保全の危機」の根底には、世評の悪さ、つまり「無脊椎動物に対する人々の偏見」が少なからずあると述べた。[18] この悪いイメージが一つの要因となって、這い、匍匐《ほふく》し、ブンブンうなり、羽ばたく生物が大量に絶滅しても、ほとんど気にもとめられず、それどころか歓迎する世論すら現れる始末だ。それを考えると、たとえば、絶滅危惧種法の当初の案に無脊椎動物（および植物）が含まれていなかったことは特筆に値する。ゾウ、トラ、クジラなどのカリスマ的な種の危機が頻繁にニュースの見出しを飾る一方で（とはいえ、これらの動物でさえ十分な対策がなされているとは言いがたいのだが）、私たちのまわりでは、全体的な喪失のプロセスが刻々と進行しており、数多くの無脊椎動物が誰にも気づかれることなく、この世界から姿を消している。

正直に告白すれば、私もまた本書の執筆にとりかかるまでは、カタツムリをはじめとした無脊椎動物について深く考えることはほとんどなかった。しかし、この数年で考えが変わった。しっかり時間をかけて目を凝らしさえすれば、カタツムリが実に驚くべき存在であることは見逃しようがないと確信するようになったのである。彼らは独自の物語、関係、価値をもつ生き物であり、気にかけない方が楽だから、得をするからという理由で世界から消し去っていい存在ではない。無脊椎動物は、それ自身の生来の価値をもつだけではなく、私たちや世界が全面的に依存している生態系機能の中核をも担っている。その機能は、分解、花粉媒介、種子散布、栄養循環など多岐にわたる。生物学者E・O・ウィルソンの印象的な言葉を借りれば、彼らは「世界を動かす小さきもの」なのだ(19)。

この本を書くと決めてからさまざまな人と対話を重ねてきたが、テーマがカタツムリだと知って、多くの人が驚き、ときに困惑の色さえ浮かべた。なぜそんなものに時間を費やすのかと何度も聞かれた。環境保全について書くのなら、もっと重要なテーマがあるのではないかというのだ。だが、私には確固たる信念があった。無脊椎動物の理解は現代の重要な課題であり、この大量絶滅の時代に適切に対処するために不可欠な、しかし無視されている側面だという信念だ。それが私の背中を押してくれた。私たちは、思わず目を引く種、自分の生活と直接関係がある種、カリスマ的な種ばかりを気にかけてしまうが、そこで足を止めていてはいけない。より広い視野と探求心をもって対象を理解し、あらゆる生き物が織りなす複雑で広大な網の目のなかに飛び込んでいく必要があるのだ。私にとってカタツムリとは、こうした問題へと誘《いざな》ってくれる銀色に輝く道だった。本書を読み終えたとき、読者の皆さんにもそう思ってもらえることを願っている。

降りしきる雨が頭上のトタン屋根をにぎやかに打ち鳴らす。私は、コディ・プエオ・パタと一緒にこじんまりとした日陰棚《パーゴラ》の下に腰をおろしていた。そこは、オアフ島のウィンドワード・サイドにあるパパハナ・クアオラという施設で、ハワイで継承されてきた技能と知恵に根ざした教育を行う場所だ。プエオはクム・フラ、つまりフラの教師である。彼はその仕事を、伝統的な形式にのっとって実践していたが、そのためにはアーイナ（土地）とそこに宿る数多くの神々に対する深い敬意と学びが必要になるという。

プエオと会ったのは、カタツムリについて、そして、ハワイに最初に定住したカナカ・マオリがその生き物を自分たちの生活や文化にどう取り込んだのかについて、話を聞かせてもらうためだった。プエオはまずハワイに伝わる物語について教えてくれた。彼によると、カタツムリは「森の女神たちと一緒に登場するケースが多い」のだそうだ。「カタツムリは、鳥がさえずるような音を発すると信じられています。なので女神たちが現れるとき、そのまわりには鳥や、さえずるカーフリ、つまり森で育ったさまざまなプープー（殻）もいるのです」。プエオは現在の状況に疑問を抱いている。「そうした存在が環境から消えてしまったということは、アクア（神々）もまたそこにはいないということでしょうか？」。多くのカタツムリが失われたことで、神々は森にいられなくなったかもしれないと彼は考えたのだ。

プエオは、この難しい問いを検討するために、カタツムリが登場するハワイのモオレロ（物語）やメレ（歌や詩）のなかでも特に重要な題材を持ち出した——カタツムリは森で歌うという言い伝えだ。事実、ハワイではカタツムリのことをカーフリと呼ぶが、もう一つプープー・カニ・オエという一般的な呼び名がある。文字どおり訳せば「長く音を立てる貝殻」という意味だ。ただし、物語のなかでカタツムリはいつでも歌うわけではない。その歌には実は深い意味が隠されており、冒険や変化や騒乱のあとに、すべてが再びポノ（善良、正しさ、幸福）の状態となったことを示すサインとして歌うとされることが多い。[20]

私はこの『カタツムリから見た世界』を通じて、絶滅の時代のためのカタツムリの物語を読者の皆さんにお届けするつもりだ。本書は、絶滅の物語、多様性の喪失の物語を語ることはきわめて重要な仕事だという理解の下に書かれている。物語は、個別の絶滅にはどんな意味があり、なぜそれが問題になるかについて、私たちの理解を深め、血のかよったものにする。絶滅を事実と認め、ときにはそれを悼むことさえも可能にする。そしてまた、変容をもたらし、私たちを新しい世界、認識、複雑さ、責任へと誘う。[21]

本書の目的は、カタツムリの物語を語ることによって、その存在の重要性と、それが失われることの重さを理解する素地を作ることだ。具体的には、驚くべきミニチュアの世界へとまず読者を招待し、それから、カタツムリがその世界を作り上げ、他者と共有するさまざまな方法を幅広く見ていく。この本には、粘液を利用したナビゲーションから、その社会や繁殖の傾向まで、カタツムリが世界をどう認識し、解釈しているかが書かれている。そのなかで私は、海を越えてカタツムリをハワイに運んできた気の遠くなるような旅、カタツムリと共有するこの世界について学び、知識を獲得してきた歴史と今も続くその実践、さらにはチャント（伝統歌、詠唱）、歌、物語で表現されてきたカタツムリとカナカ・マオリの密接な関係や土地と文化をめぐる現在進行形の闘争について触れた。一言でまとめれば、本書はカタツムリの小さな殻のなかに見つかる、可能性と関係性の世界について書かれている。

このように本書は、ハワイとそこに暮らすカタツムリという特殊な対象を扱っているが、その一方で、今日の世界が直面している生物多様性の喪失という一般的な問題にも関心を向けている。本書の核心にあるのは次の単純な問いだ——現代という特定の時代、ハワイという特定の場所のカタツムリに目を向けることは、ますます深刻になる絶滅の危機を再考し、これまでとは違った態度でそれに取り組むうえで、どのような助けになるだろうか？

この問いを考えるにあたり、私は自然科学と人文科学の研究を大いに利用させてもらうことにした。本書が他の書籍と大きく違っているのはこの点だ。絶滅をテーマとした一般読者向けの本は、生物学者や、彼らに長時間取材したジャーナリストの手になるものが多い。無理もないことだ。なんとなれば、彼らはこのテーマの紛れもない専門家なのだから。とはいえ、生物学者の洞察がこのテーマを語るのに必須であり、私自身もそれを土台としているのが事実であっても、そのことだけを語れば事足りるわけではない。それだけでは絶滅に関わる複雑な関係のすべてを掬い取ることはできない。こうしたテーマを掘り下げるには、他の分野の専門家とも対話を重ね、さまざまな文化的、歴史的、哲学的問いに取り組む必要がある。

私は環境哲学者としての教育を受けてきたが、キャリアをスタートさせたときから、野外調査に特別な情熱を注いできた。地元の人々に直接取材し、彼らと共にその土地を歩き、自分の目で見て学びたいと考えていたからだ。昨今、まだ数は少ないもののフィールド哲学者を名乗る研究者が徐々に増えているが、私も自分がその一員だと現時点では考えている。[22] ここ一五年ほど、私はもっぱら絶滅に焦点を絞り調査と執筆を行ってきた。現代という時代に多くの動植物が姿を消していることが、なぜこれほど問題になるのかを深く理解し、そのような喪失の複雑なプロセスに私たちを引き込み、対峙させる物語を語ることに取り組んできた。

本書を書くにあたっても、いろいろな場所に足を運んだ。森や山に分け入って、すばらしく多彩なカタツムリたちと出会った。カタツムリを保護、飼育している研究室を訪れ、生態への理解を深めた。殻や歴史的記録を調べるために博物館に赴き、その生き物の過去について、そして現在の保全活動の指針について考えた。太古の生命と環境のアーカイブである殻の化石をさがしに、岩だらけの海岸線を歩いた。さらには、不発弾を絶えず気にしながら、軍の実弾射撃訓練場や兵器の廃棄場にも足を踏み入れた。

しかし、何より時間を費やしたのは、多くの人と直接顔を合わせ、ハワイのカタツムリとその喪失が彼らにとって何を意味するのかについて対話を重ねたことだった。

単一の大きな絶滅現象というものは存在しない、そう私は確信している。それぞれの種は、それぞれ違ったかたちでこの世界から姿を消し、地域の生活や景観《ランドスケープ》の輪郭に独自の足跡を残していくものだからだ。今日のような種の大量絶滅の時代に、単純な答えなど見つからない。むしろ、この時代に必要とされているのは物語と声の奔流だ。物語や声は、現在進行形で起きている種の喪失を知り、抗い、理解し、証人となり、最終的にはそれに対し責任をもつことを求めるものでなければならない。

この試みで重要になるのは、絶滅を「向こう側」、つまり人間の生活とは切り離された自然の側で起きている環境的懸念として見てはならないということだ。絶滅はその範疇には収まらない、人間が深く関与するプロセスだ。また、私たちをそのつど違うかたちで巻き込んでいくものでもある。本書が語る物語は、ハワイのカタツムリの喪失が、グローバル化、植民地化、軍事化、地球温暖化といった、より大規模なプロセスと絡まり合っていることを浮き彫りにするだろう。

このように本書は、ポピュラーサイエンスとネイチャーライティングの要素を取り入れつつも、それらのジャンルに挑みかかり、その領域を拡張しようと目論むものだ。絶滅を書いた文章は普通、人間を次の二つの姿のどちらかで描く。すなわち、種の喪失と英雄的に戦う環境保全活動家やその集団として、あるいは、何らかのかたちで種の喪失を引き起こす、脅威をもたらす匿名の「人類」として。しかし、少し仔細に見てみれば状況はより複雑だ。このような物語では、さまざまな共同体が絶滅に追い込まれ、苦しみを味わう、その不均衡なありさまが語られることはなく、個別の絶滅を引き起こした政治的、経済的、文化的生活のシステムの観点も抜け落ちている。そうした力学に注目することは、環境破壊のプロセスが、過去と現在にわたる暴力と土地の収奪の力学といかに不可分であるかを白日の下にさらすだろう。[23]

近年、地球は「人新世」という新しい地質時代に突入したという考え方が世界的に脚光を浴び、科学の議論からギャラリーの展覧会まで、いたるところで話題にのぼるようになった。この考え方に従えば、人間の活動はいま、気候、生物多様性、窒素循環への影響など、地球上のあらゆる環境形成に対して、ますます重要な役割を果たしていることになる。この枠組みは、現在起きている破壊の規模に目を向けさせるという意味では有益だ。しかし同時に、多くの研究者が指摘するとおり、「人新世トーク」にはリスクもある。人新世の話は、人間の共同体間の重要な違い、そして、それぞれの共同体が環境変化の原因になると同時に変化の影響も受けるその独自のあり方を覆い隠してしまうものだからだ。[24]その違いに注意を払うことは、「人類」や「人為的絶滅」に関する物語を乗り越えることを意味している。

ハワイのカタツムリが姿を消した主な要因をさぐってみると、人間の生活様式と深い関係があることがすぐに見えてくる。その大半が、搾取し、盗用し、富を生み出すプロセスに関わるものだ[25]。たとえば、一九世紀以降に消滅したカタツムリの生息地の大部分は、砂糖やパイナップルの大規模なプランテーションと牧畜のために失われ、以前あったビャクダンなどの樹木は、経済的に貴重な木材として世界に輸出された。ハワイのカタツムリの天敵であるヤマヒタチオビは、農作物を保護しようという試みのなかで、アフリカマイマイを駆除する生物防除エージェントとして一九五〇年代に持ち込まれた[26]。また軍隊の存在も、現在にいたるまでカタツムリとその生息地に深刻な影響を与えつづけている。米軍はハワイ各地で軍事訓練を行ってきたが、その際に生物多様性の非常に高い区域が数多く破壊された。

こうした物語は「人類」についてのものではない。特定の人々、場所、プロセスについてのものだ。単純さを脇に置き、この種の複雑さを認めることは、なぜ、どのように絶滅が生じるのかを理解するうえできっと役に立つだろう。

ハワイのカタツムリを襲った変化は、カナカ・マオリにも重大な影響を与えた。彼らの伝統的な土地もまた、牧場や軍事基地に飲み込まれてしまったのである。一九世紀になってカタツムリが採集、記録されるようになったのは、この島の君主制が倒されてアメリカに編入され、入植と私有が繰り返されたという、より大きな歴史の流れの一環だ。カナカの研究者ジョナサン・ケイ・カマカヴィヴォオレ・オソリオが言うように、カナカの生活世界の解体は、「植民地主義が字義どおりに、そして比喩的に、ラフイ（人々）を彼ら自身の伝統、土地、ひいては政府から切り離した」結果だとハワイでは捉えられている[27]。

ハワイのカタツムリの衰退の物語は、このような大きな背景を抜きにして十全に語ることができない。「歌うカタツムリ」の物語を受け継いできた人々にとって、この衰退はどういった意味をもつのか？

森からカタツムリが消え去ったとき、そうした物語、それが伝える知恵や意味は、どうなってしまうのか？　カナカ・マオリがもつ土地や文化とのつながりには、さらにどのような困難が待ちかまえているのか？　カタツムリの世界の破壊とカナカ・マオリの世界の破壊は、密接に絡まり合っていて切り離すことができない[28]。またその一方で、破壊に抵抗し、その二つの存在が共有する世界を守り、未来の可能性を生むプロセスもまた、密接に絡まり合っている。これから見ていくように、ハワイはじめ太平洋地域のいくつかの場所では、軍などによる破壊から自分の土地を守るため、先住民とカタツムリが連帯し、科学者や弁護士の協力を得ながら重要な活動を継続している。

本書で語られるカタツムリの物語は、それぞれの物語なりのささやかな方法で、こうした歴史、現在、未来を了解しようと努める。モオレロ（物語）は、ハワイの生活と文化の中心にあるものだ。タイ・P・カヴィカ・テンガンは、カナカ・マオリが「特に民族の存続を脅かすような急速な変化の時代には、物語を思い出し、繰り返し語ることで、常に自らのアイデンティティを創出してきた」と指摘している[29]。カナカ・マオリのこの行為は、過去へと手を伸ばしているが、そのじつ現在に働きかけるダイナミックな作業であり、ノエラニ・グッドイヤー＝カオプアが、「多面的な先住民の未来」と表現したものの可能性を開き、生み出し、守ろうとするものだ[30]。

私たちは皆、それぞれ異なる程度とかたちで絶滅の影響を受けている。絶滅は、人間を支える生態系を傷つけ、生活に命を吹き込む文化を揺るがし、「意味」や「謎《ミステリー》」を生むシステムを脅かす。そればかりか、絶滅に対する無関心は私たちの人間性さえも傷つけ、窮地に追い込む。絶滅によって、生活、景観、可能性が塗り替えられるとき、私たちはこう自問せざるをえない――私たちは何者で、種が消え去ったとき何に変わるのだろうか[31]？

生命がつづれ織り《タペストリー》だとして、それを解《ほど》くことにどんな意味があるのか？　一本の糸、この場合であれば、ひとまとまりの糸を引き抜くと何が起きるのか？　他に何が解けてしまうのか？　突き詰めて言えば、本書はそうした解体のプロセス、現在起きている絶滅イベントの原因、結果、意味を詳細に検討する試みである。本書は、絶滅によって生まれた不在は無ではなく、むしろ、現在進行形で解かれている糸であり、無数のあり方で世界に波及していることを提示する。そのように見れば、絶滅とは短期間に起こる瞬間的な事象ではなく、引き延ばされたプロセスであることがわかるだろう――人間であれそれ以外であれ、あらゆる生命は、そのプロセスのなかで生を営まざるをえないのである。優れた物語は、こうした波紋のように広がるプロセスの存在を私たちに気づかせ、それに責任をもつよう背中を押す。さらには、これまでとは別の場所にある、まったく新しい抵抗と回復のかたちへの扉を開いてくれる。

　この見方に立てば、本書が詳述するような環境保全の努力はきわめて重要だとはいえ、それだけでは明らかに十分ではない。より広範な変化が必要なのだ[32]。そして、それを実現するには、周囲から姿を消しつつある動植物の多様な生活様式と、その喪失がどれほど身近に迫っているのかについて、しっかりと理解する必要があると私は確信している。その理解を涵養するのが、本書の物語なのだ。その仕事に取り組むにあたり本書が試みるのは、ハワイ語の著名な研究者であるプアケア・ノーゲルマイヤーがチャントを引き合いに出して私に語ったように、「カーフリの声に耳をそばだてる」ことである。これは物語の進行をゆるやかにする試み、物語に耳を傾け、共有する試みだ。それによって私たちは、世界をより良いものにする可能性に一歩近づけるかもしれない。

私は一匹のカタツムリを見下ろしていた。プラスチック製の飼育容器には、それ以外にカタツムリは見当たらないが、周囲には野外で集めた植物の葉や枝が注意深く配置されていた。そうすることで、祖先や家族がかつて暮らしていた樹上の環境と食料を提供しようというわけだ。しかし、このカタツムリの家族はここにはいない。実を言えば、世界中のどこをさがしても見つからないのだ。研究者は、オアフ島コオラウ山脈の森を一〇年以上かけてくまなく調査した末に、今ここにいるただ一匹の個体こそがこの種に残されたすべてだと結論づけた。私がいたまさにその部屋で一〇年ほど前に生まれたそのカタツムリは、自身の種を一身に体現する存在となったのである。数百万年にわたって続いてきた進化の歴史――食べ物、隠れ家、仲間をさがして枝の上で続けられてきた無数の先祖たちの旅、美しき各世代、樹上のぬるぬる生活――が、このはかない一つの命に凝縮されている。ジョージという名のこのカタツムリが死ねば、そのすべてが終わりを迎える。

この部屋には、どこから見ても旧型の冷蔵庫にしか見えない六台の環境室があり、背面からはブーンという機械音が鳴り響いていた。名前から察せられるとおり、この設備はそのなかに暮らす生き物にとって適切な環境、主に温度と湿度を再現するためのものだ。内部にはプラスチック製の飼育容器が所狭しと並べられており、それぞれの容器にカタツムリが一種ずつ、幼体（稚貝）から成体（成貝）まで複数の個体が飼育されていた。個体群のなかには、繁殖がうまくいき、ほとんど無制限に増えているものもある。しかしその一方で、ジョージが属していたアカティネルラ・アペックスフルヴァ（*Achatinella apexfulva*）のように、個体数の減少が深刻なものもあった。

かくして私はハワイのカタツムリとの初対面を果たした。二〇一三年、私が本書の準備を始める数年前のことである。この訪問は強烈な印象を残した。よって本書は、さまざまな面で、ジョージとの出会

ジョージは、アカティネルラ・アペックスフルヴァ（*Achatinella apexfulva*）の最後の生き残りである（2013年、著者撮影）

いの産物だと言える。私たちが会ったのは、ホノルルのハワイ大学マノア校の一室。まだSEPPは設立されておらず、カタツムリの飼育繁殖施設と言えば、マイク・ハドフィールドが一九八〇年代半ばに雀の涙ほどの予算で立ち上げた、その施設しかなかった。当時私はハワイにいて、絶滅の危機に瀕している鳥類の研究をしていた。マイクとは、共通の友人であるダナ・ハラウェイを介して知り合った。マイクからカタツムリの研究室を見せてあげると言われて、私は一も二もなくそれに飛びついたのだった。

本書の執筆を思い立って以来、私はカタツムリと多くの時間を過ごし、その未来に情熱を傾ける献身的な人たちと数多く出会った。ジョージのもとを訪れる機会も何度かあり、その姿を見るたびに深い悲しみと絶望感に満たされた。エンドリング（種の最後の個体）と対面するということは、きっとそういう気持ちになるものなのだろう。

二〇一九年一月一日の早朝、ジョージはこの世を去った。こうして一匹の小さなカタツムリの死と共に、アカティネルラ・アペックスフルヴァという種は絶滅した。かつてこの種は、コオラウ山脈の中央部から北部にかけて広く分布し、一九世紀には採集の対象とされることも多かった。ハワイのカタツムリで初めてリンネ式学名を与えられたのはこの種であり、アペックスフルヴァという名称は、殻の先端（apex）が黄色い（fulvus）という、成体によく見られる特徴を由来としている。この種はまた、ヨーロッパに持ち込まれた最初のハワイのカタツムリでもある（殻を用いた伝統的なレイとして持ち込まれた）[33]。

しかし、ジョージが生まれる頃には、アカティネルラ・アペックスフルヴァはかなり希少な種になっていた。研究室に持ち込まれたのは一九九七年、個体数は一〇匹だった。その少し前にこのカタツムリが再発見された時点で、ハワイマイマイ属の四分の三がすでに絶滅していると考えられていた。研究室の個体群からは数匹の幼体《ケイキ》が生まれた（ケイキは「子供」を意味するハワイ語）。ジョージもそのうちの一匹だ。

ところが、二〇一〇年頃、おそらく何らかの病原体によって研究室のカタツムリを死の波がさらった。ジョージの家族と仲間は、成体もケイキも皆死んでしまった。ジョージは、生涯最後の六年間を、最初は私が対面したハワイ大学の施設で、その後は二〇一六年にSEPPが設立した後継のラボで孤独のうちに過ごした。

死によって、ジョージはちょっとした有名人になった。二〇一九年最初の絶滅種として、ガーディアン紙、ニューヨーク・タイムズ紙、サイエンティフィック・アメリカン誌、ハフポストなど、アメリカをはじめいくつかの国々でニュースの見出しを飾ったのである。アトランティック誌では、彼を題材にした美しいエッセイも掲載された（多くのカタツムリと同様にジョージもまた雌雄同体だったが、一連の報道では「彼」という代名詞が多用された）。

ジョージは生きているときも注目を集め、さまざまな記事になったり、私のような訪問者のメランコリックな関心を集めたりした。SEPPのデイブは、数年間ジョージの世話を担当していたが、その死亡記事に次のように書いている。「(ジョージは)ハワイ島のカタツムリの窮状を訴える使節だった」。ジョージが死ぬと、短いあいだとはいえ、この小さな生き物の知名度は急上昇した。それは現在進行形で絶滅に近づいているハワイのカタツムリ全般への世間の関心の低さとは対照的だった。デイブは、ジョージの死がこれほど盛んに報道されたことに少しショックを受けたことを認めた。「カタツムリの死がこんな結果を呼ぶなんて誰が予想しただろう?」と彼はメールに書いている。

ジョージの死は、それがたとえカタツムリであっても、エンドリングが強力なカリスマ性を備えうる事実を再認識させるものだった。とはいえ、このカリスマ性の本質を突き止めるのは簡単ではない。ジョージの物語にわかりやすい説得力があり、気持ちを波立たせるのは間違いない。飼育下での孤独な晩年が、私たちの心をたちどころにつかむのである。ジョージの死は絶滅を身近なものにし、それが起きている場所に具体性を与え、物語として語れるようにした[34]。しかし、このようなかたちで有名になることには、やや気がかりな点もある。

ハワイのカタツムリは大量に姿を消している。それは一〇〇年以上前から続いてきたことだ。私たちはその事実を知っていた。カタツムリの減少は、少なくとも一八七〇年代から記録され、新聞記事でも議論されてきたからだ。ジョージは、一〇年余にわたりその種の最後の個体であり、囚われの身のまま静かに生涯を終えた。ジョージの死後に盛り上がった関心のようなものは、彼が生きているあいだにはついぞ見られなかったものだった。

ハワイのカタツムリの窮状に待ち望んでいた注目が集まったことで、良い流れが生まれる期待もあったが、蓋を開けてみれば、盛り上がりは短期的なものに終わった。半年もすると、皆その話題を忘れてしまった。ジョージの物語も、結局のところ話題性のある悲劇の瞬間につられて、束の間の関心を呼んだだけだったのである。メディアが飽和状態にあるこの世界では、おそらくこれが望みうる最善の状況なのだろう。

ジョージが死んだとき、私は本書の執筆をおおかた終えていたが、彼の死をきっかけに、その目的について改めて考えるようになった。何よりも重要なのは、私たちは絶滅に関して、もっと複合的で息の長い物語を語る術を身につける必要があるということだ。ジョージや他のエンドリングを無視すべきだと言っているのではない。私たちは彼らに大きな借りがある。むしろ、エンドリングの物語だけでは十分ではないと私は言いたいのだ。最後の個体がもつカリスマ性だけに頼らずに何が大切かを伝える、新しいコミュニケーションが必要だ。時間をかけて見方を学べば、あらゆるカタツムリ——あらゆる個体、あらゆる種——が、それぞれのかたちで注目すべき点をもっていることがわかるだろう。絶滅の悲劇を、ただ一つの死へと集約することはできない。絶滅とは、関係と可能性と世界が解かれ、やり直される、複雑で引き延ばされたプロセスなのである。本書は、ジョージの生と死という悲劇に導かれつつも、その内部にとどまることなく、カタツムリの絶滅の物語、あるいは絶滅に抗する物語を語る試みである。

はしごを使ってフェンスの内側に降り立ったとき、正直に言えば、ほんの少しだけ落胆していた。今となれば無邪気な想像だが、この場所に来さえすれば、色鮮やかなカタツムリがそこかしこで出迎えてくれると考えていたからだ。ここパリケア・エクスクロージャーまでは山中を一時間ほど歩く。一歩進むごとに期待は膨らんだ。その日、私はカタツムリ絶滅防止プログラム（SEPP）の定期モニタリングとメンテナンスに同行させてもらっていた。案内してくれるのは、デイブ・シスコとクパア・ヒーの両名。研究室でなら、絶滅の危機に瀕したハワイマイマイ属（*Achatinella*）のカタツムリをすでに何度も目にしていた。しかし、実際に野外の木で生活するカタツムリを見るのは、その日が初めてだった。

　ところが、保全区域だというのにカタツムリはまったく見当たらない。目に入ってくるのは、せいぜいハワイの森にしては良好と言える程度の光景だけだ。デイブは、心配しなくてもカタツムリはたくさん見つかるよと請け合ってくれた。ただし、多少の忍耐力と観察技術が必要だという。カタツムリがよくいる場所や木をさがしつつ、ゆっくりと移動し、注意深く眺めることが重要だ。デイブにアドバイスをもらってさがしてみたところ、やがて驚くほど多彩なカタツムリを見つけることができた。期待していたとおり、白や茶の殻にさまざまな模様を描いた、大きくて目を引く樹上性カタツムリがたっぷりといた。あまり目立たないが、足もとの朽ち葉のあいだで生活する地上性カタツムリもたくさん見つかった。

保全区域で出会った個々のカタツムリについては、このあと詳しく見ていく。一種ずつ個別に語ることで、その様子や生活の細部をくっきりと浮かび上がらせたい。そうすれば、どのカタツムリもそれぞれ独自の魅力をもっていることが、すぐにわかってもらえるはずだ。これからカタツムリについて語るにあたって私が気をつけたのは、バラエティ豊かな「殻」という、カタツムリの多様性をわかりやすく示すものだけでなく、この生き物の実際の生活をできるだけ深く掘り下げることである。

カタツムリが話題にのぼるとき、殻の話に終始することがよくある。ピーター・ウィリアムズは、カタツムリの殻のことを「誰も反対しない安全なトピック」と呼んだ。(1) カタツムリの殻は、言うまでもなく、その生き物の一部である。それはあまりに当たり前すぎて、私たちはカタツムリが殻のなかで暮らしているのではなく、殻という形態をとって現れた生き物とみなしてしまう。だが本書では、カタツムリのもっとも魅力的な点が、この炭酸カルシウムの頑丈な構造物ではないことを示すつもりだ。

パリケア・エクスクロージャーを訪れた日、私はカタツムリが生きる世界に魅せられた。そこでカタツムリをさがしたり、生態や生息地に関してデイブと話をしているうちに、その小さな生き物が環境をいかに認識し、移動し、意味を読み取るかについて、自分がほとんど何も知らないことに気づいた。理解不足を補うために、世界中のカタツムリの研究者の文献を読み、話を聞きに行こうと決意したのは、そのときのことだ。ほどなく私は、カタツムリの生活様式の中心にあるのは粘液だという結論に達した。粘液とカタツムリの関わりは、予想できたものから驚くべきものまで、さまざまにあった。これから見ていくように、粘液はカタツムリに移動の自由を与えただけでなく、自身あるいは他の個体が残す分泌物のなかに化学的な手がかりを見つけることで、意味の世界を生み出すことも可能にした。

本章は、その銀色にぬらめく小道をたどりながら、カタツムリの世界を散策する試みである――あるいは少なくとも、その世界の輪郭について言えることを言おうとする試みだ。それはカタツムリの内面に入り込むことではない。ここでの私の目的は、哲学者のブレット・ブキャナンが述べたように、「動物を『正しく』理解するのではなく、むしろ動物の残した痕跡や道をたどって、彼らが自分自身について、あるいはわれわれ人間について語ることを理解する」ものだ[2]。ハワイのカタツムリが直面する問題がますます深刻化する現在、私が望むのは、粘液に注目することによって、いま生きている生命に一筋の可能性を提供し、その保全と理解に新しい道を開くことである。

この状況には、妙に詩的なところがある。粘液は不快で気持ち悪いものとされ、悪しざまに言われることも多い。実のところ、カタツムリに関心を向けてもらうのが非常に難しいのは、この粘液への嫌悪感が（少なくとも一部は）関係しているのではないか。そう考えれば、その同じ物質がカタツムリを理解する道しるべにもなりうることは、まさにおあつらえ向きと言うべきだろう。そしてその視点から見るなら、粘液がものを生み出す性質を有していることを覚えておいて損はない。粘液は「おぼろな生気に満ちた生命の物質」なのである[3]。現代生物学においても、カナカ・マオリの文化においても、創造に関する物語では、粘液は初めから存在している。それはすべての生命が湧き出る原初の分泌液だ。おそらく今こそが、粘液が生命を吹き込む多様な命の世界、そして粘液そのものに新たな評価を下すべき時なのだろう。ハワイの創造神話、クムリポが歌うように。

どろどろしたもの、それが大地の源
闇になった闇の源
夜になった夜の源だった(4)

保全された一画

その日の朝にフェンスの内側で（なんとか自分一人で）見つけた最初のカタツムリは、ごく小さなものだった。全長わずか四ミリメートルほどの大きさで、薄い半透明の殻を背負っている。顔を近づけてじっくり眺めると、殻の向こうに体（軟体部）や内臓が透けて見えた。体は淡い色をしており、身近なカタツムリよりもさらに輪郭がぼんやりしている。どこまでが本体でどこからが粘液か、判別するのは難しい。デイブに尋ねると、「これはオカモノアラガイ属（*Succine*）ですね」という答えが返ってきた。そして、粘液に興味をもちはじめた私の心を見透かしたかのように、「僕たちは親しみをこめて『鼻たれ帽子』と呼んでます」と教えてくれた。

このカタツムリは、その日に私が会った他のカタツムリと同様、森のなかほどにある、外部から隔離された保全区域で暮らしていた。フェンスによって外敵の侵入を防いでいるからこそ可能な生活である。ラットやカメレオンを排除するのは比較的簡単だ。フェンス上部が反り返っており、そこを通過するには、滑りやすい壁面を上下逆さまになって走り抜けないといけないからだ。フェンスの周囲には堀のような開けた空間が設けられ、外敵が木の枝をつたって侵入するのを防いでいる。また、穴を掘って入り込まないよう地中にも遮蔽物がある。さらには、万が一侵入に成功した場合に備えて、フェンス内は常時モニタリングされ、罠も設置されている。

肉食性カタツムリのヤマヒタチオビの侵入を防ぐには、これよりもずっと念入りな準備が必要だ。その複雑な仕組みを完成させるにあたっては、数年にわたり試行錯誤が繰り返され、ときには心痛む失敗もあったという。だが今では、ほぼ完璧に機能しているようだ。フェンスを越えようとするヤマヒタチオビを最初に待ちかまえているのは、斜め下方に鋭く突き出た金属板である。かまわず進もうとしても、殻が引っかかってしまい、カタツムリはそこで動けなくなってしまう。この単純な仕掛けは、カタツムリを（なかに入れないのではなく）外に出さないためにエスカルゴ農家が開発、改良したものだ。後ずさりできないというカタツムリの性質——のちに見るが、これは粘液を利用する彼ら特有の移動方法の一つの帰結である——が利用されている。

どうにか金属板を越えられたとしても、次はカットメッシュ・バリアと呼ばれる難所が待ち受けている。これは、フェンスから直角に一〇センチメートルほど突き出た棚板状の障害物で、裏側には棘のついた金網が張られている。ヤマヒタチオビはここでもまた上下逆さまになることを強いられるが、棘のせいで接地面積が小さくなるため、長時間くっついてはいられない。ほとんどの侵入者はここで脱落してしまう。

もしカットメッシュ・バリアを無事に乗り越えても、第三の障害物、電気バリアが残っている。太陽電池を電源として数本のワイヤにパルス電流を流す仕組みだが、侵入を成功させようと思えば、どうしてもそこを横切る必要がある。電流は低電圧で致命的なものではない。とはいえ、ヤマヒタチオビの体を収縮させ、地面に落下させるには十分だ。

パリケア・エクスクロージャーのフェンスは、なかにいるカタツムリを食べようとする捕食者にとっては難攻不落の障壁だ。ハワイでこうした保全区域が作られたのは一九九八年のことで、第一号は、州政府によってパリケアの一五キロメートルほど北にあるパホール自然保護区内に建設された。建設を提案したのはマイク・ハドフィールド。仏領ポリネシアのモーレア島で見た保全施設のアイデアをハワイに持ち帰ったのである。マイクは一九九〇年代半ばにモーレア島を訪れ、当時絶滅の危機に瀕していたポリネシアマイマイに興味をもった。島ではその少し前に、ポール・ピアース゠ケリーをはじめとするロンドン動物学協会のスタッフが、小さなエクスクロージャーを作っていた。一九七〇年代に持ち込まれたヤマヒタチオビから、ポリネシアマイマイを守るのが目的だった。モーレア式のフェンスは低く、「簡単に跨《また》ぐことができた」とマイクは回想している。それでも、定期的に維持管理されているあいだは、その役割を果たしていたようだ。

ハワイ初のエクスクロージャーは、個体数が激減していたハワイマイマイ属の窮状を救うのを目的に建設された。それらのカタツムリは、アラン・D・ハートが五年半にわたって独自に調査を行った末に提出した申立書に基づいて、一九八一年に絶滅危惧種に指定されていたものだ。ハワイマイマイ属はこれまで四一種が知られているが、ハートが確認できたのは一九種のみで、すべてが希少種だった（現存しているのはそのうち九種のみと考えられている）[(5)]。絶滅危惧種指定のプロセスには、ハート以外の研究者、組織も意見を具申している。マイクもその一人で、一九七四年に着手したアカティネルラ・ムステリナ（*Achatinella mustelina*）の初の本格的な個体群調査の結果を報告した。そこには、対象地域にヤマヒタチオビがやってきたことで、個体群が瞬く間に壊滅したという報告も含まれる。

ハワイマイマイが絶滅危惧種に指定されてから二〇年近く経過した一九九〇年代後半には、状況はさらに悪化していた。マイクと同僚たちがハワイ大学マノア校に開設した研究室で、数種のハワイマイマイを飼育していたものの、島の森では確実に数が減りつづけていたのである。マイクは、モーレア島で見た設備を少し改良すれば、カタツムリを保護できるかもしれないと州政府にもちかけ、こうして一九九八年にハワイ初のエクスクロージャーが誕生した。

初代のエクスクロージャーは比較的簡素なものだった。フェンスは金属製の波板《なみいた》で、上部に取りつけられた庇《ひさし》の下には、捕食者であるカタツムリが通過できないように粗塩を入れた樋《とい》が置かれた。また、念のために電線も設置して、電流を流した。このフェンスは、雨で樋からあふれた塩水によって腐食し穴があいてしまったが、野外での保全が現実的な選択肢だとわかるには十分に長い期間、その役割を見事に果たした。後日、マイクは私にこう言った。「周囲の木にはカタツムリは一匹も見当たらなくなった。でもね、フェンス内の個体群は残ったんだ」

以降、ハワイ全土で一二のエクスクロージャーが作られ、現在さらに四施設の建設が計画されている。これらの施設には、州政府や魚類野生生物局（USFWS）が資金を提供したものもあるが、大半は軍によって建設されたものだ。絶滅危惧種の安定をはかるという法的責任を果たすためである（詳しくは第5章で見る）。この地域における軍の活動は、主にオアフ陸軍自然資源プログラム（OANRP）が担っている。オアフ島に点在するエクスクロージャーはどれも、このOANRPかSEPPのいずれかによって、あるいは共同で管理運営されている。

施設の責任者がどちらであっても、二つの組織は緊密に協力し、資源や専門知識、それにカタツムリも共有している。見つけた個体群が、もう一方の組織が管理する施設向きだと思われる場合は、預けてしまうことも珍しくない。これまでは大半の施設を軍が建設してきたが、ＳＥＰＰも近年オアフ島やマウイ島での施設建設に取り組んでいることから、そのバランスは変わりつつある。マウイ島は、オアフに次いで多くのカタツムリ種が確認されている土地で、そのなかには同様に絶滅の危機にさらされているのに、最近まで見逃されてきたものも多い[6]。

　パリケア・エクスクロージャーを訪れた日、デイブの業務の一つに草刈りがあった。ヤマヒタチオビが侵入していないか確認するために、約三平方メートルほどの面積の外来植物を刈るのである。この施設では、捕食者から区域を守るためにあらゆる手段を講じているが、それでもなお侵入の可能性は排除しきれない。そのためＳＥＰＰチームは常に鋭く目を光らせている。何か手伝おうと思っていた私も、その作業に加わった。一時間ほどだろうか、四つんばいで地面を這い歩き、小さな鎌で草を刈った。目的は、生きているヤマヒタチオビやその殻、粘液や卵（デイブによるとチックタック〔ラムネに似た菓子〕にそっくりなのだそうだ）などのかすかな痕跡がないか、刈った草と地面に刈り残した茎を念入りに確認することだ。嬉しいことに、侵入者がいる証拠は見つからなかった。わかっているかぎり、ここ数年パリケアに捕食者は現れていない。

　パリケア・エクスクロージャーの建設当初は、このような骨の折れる作業が幾日も繰り返された。木々や茂みをしらみつぶしに探索して、ヤマヒタチオビとその卵を取り除くためだ。ハワイの在来カタツムリに比べるとヤマヒタチオビは明らかに大きく、そのピンク色がかった殻は五～七・五センチメートルほどもある。それでもなお草木のあいだに見つけるのは難儀で、作業中に目視で発見できる保証はない。実際、その後数年にわたって何度かヤマヒタチオビが見つかったが、それはフェンスを越えた個体ではなく、内側でずっと身を潜めていた個体の子孫だと考えられた。そうした理由で、これよりあとに建設されたエクスクロージャーのなかには、利用可能な木を残してそれ以外の植生をすっかり植え替える、「焦土作戦」と呼ばれる方法がとられたこともある。もちろん、このような思い切った方法だと、カタツムリが暮らせるようになるまで年単位の回復時間が必要になる。簡単な解決策はない。森のなかでハワイのカタツムリの命を守ることは、たとえ入念に設計されたフェンスがあったとしても、きわめて難しい仕事なのだ。

ヤマヒタチオビはすぐに数が増えるので、フェンス内での監視が非常に重要になる。カタツムリの大半がそうであるようにヤマヒタチオビもまた雌雄同体で、フェンス内に侵入したわずか一匹が、一年で数百の卵を産む可能性もある。その卵がそれぞれ成長して一年目で繁殖を始め、さらに数百の卵を産むかもしれない。

繁殖能力は、カタツムリの保全を考えるうえで鍵となる重要な要素だ。ヤマヒタチオビの驚異的な繁殖力とは対照的に、ハワイのカタツムリの多く、とりわけ大型のハワイマイマイは寿命が長く、繁殖にも時間がかかる。その長さは、おそらく想像以上だ。ハワイマイマイは一五年以上生きることも珍しくなく、性成熟に達するには五年ほどの期間が必要になる。これは、この分野で初めて長期的研究を行ったマイクたち研究者にとっても衝撃だったようだ。さらにハワイマイマイは、一度にたくさんの卵を産むのではなく、すでに体内で孵化した赤ん坊を年に数匹だけ産む[7]。これについてマイクは、「カタツムリの生殖生活史は、他の無脊椎動物よりも鳥類や哺乳類に似ている」とまとめている。

これら大型の樹上性カタツムリは、捕食者がほとんどいない環境で進化してきた可能性が高い。事実、彼らが何世代もの適応を経て樹上に暮らすようになったのも、唯一の脅威であり、現在では絶滅して久しい地上性の鳥を避けるためだったという説もある。捕食者がいなければ、繁殖の遅さも許容されうる。マイクは、ハワイマイマイの繁殖の特殊性に気づいてこう書いている。「こうした生活史は他のカタツムリでは報告されておらず、ハワイの樹上性カタツムリの個体群、そして種全体で繰り返されていることがわかった(8)」

パリケア・エクスクロージャーの内側で繰り広げられるドラマは、悪名高い侵略的外来種がかよわい在来種と生態系を破壊するという、おなじみの筋書きをいとも簡単に想起させる。この筋書きには一片の真実が含まれており、それゆえに説得力もあるのだろう。事実、今日ハワイのカタツムリが減少している最大の原因はヤマヒタチオビである。ただし、ヤマヒタチオビは自分の意思とは無関係にハワイに持ち込まれ、肉食性カタツムリならば誰でもすることをただしているだけだ。

ヤマヒタチオビ（*Euglandina rosea*）は、農務省が主導した行き当たりばったりの計画の一環として、一九五五年にフロリダ州からハワイに導入された。先に持ち込まれ、農業や園芸に被害を与えていたアフリカマイマイ（*Lissachatina fulica*）を駆除するためである。ほぼ同じ頃、同様の考えに基づいて、他の地域でもヤマヒタチオビを導入する動きが広がった。しかし、ハワイでも、また他の多くの場所でも、ヤマヒタチオビは標的の個体数を減らすことはできず、そればかりか地元のカタツムリを激減させてしまった。現在、ヤマヒタチオビは、太平洋、インド洋、大西洋の島々でカタツムリが絶滅した主要原因と考えられている。[9]

ハワイにおけるヤマヒタチオビの潜在的な影響を評価する研究はほとんど行われていない。一方、ヤマヒタチオビが持ち込まれた時期には、アフリカマイマイの生物防除プログラムの一環として、それ以外にもさまざまな種が導入された。具体的には、わずか一五年のあいだに合計一九種のカタツムリと一一種の昆虫が持ち込まれ、その大半が島に解き放たれた。[10] この期間中、標的の全体数を減らすのに効果的かどうかを検査する試験はほぼ行われなかった。さらに問題なのは、ハワイに導入したこれらの捕食者が標的以外の生物に与える潜在的な影響について、有意義な調査が行われた形跡がまったくないことだ。[11] 生物防除プログラムを考えた人たちにとって、島のカタツムリの驚くべき多様性は二の次だったのである。

ところで、私たちがここまでヤマヒタチオビと呼んできたカタツムリは、実際には二つの異なる種、もしかすると三つ以上の種をひとまとめにしている可能性があるようだ。このことは、一九五〇年代には利用できなかった分子学的な証拠によって裏づけられる一方で、この発見をした科学者は、それらの種のあいだには注意深く観察すれば見つかっていたはずの形態学的な違いもあると指摘している。[12]「これまでヤマヒタチオビとして知られてきたカタツムリ」は、明らかにハワイはじめ世界各地の腹足類の多様性に重大な影響を及ぼしてきた。この事実を軽く見るつもりはないが、環境保全に関する議論のなかには、外来種をスケープゴートにして、問題をその生物の旺盛な食欲という、あまりにも狭い範囲に収斂させるものがあることにも注意すべきだろう。こうした見方は、その生物を持ち込んだ人間の役割――たいていの場合、軽率さと、国家主義的、経済的、政治的意図の組み合わせによって生じている――を都合良く覆い隠してしまう。同時にまた、今も続く生息地の喪失や混乱から目を逸らすことで、外来種の影響を過剰に見積もることにもつながる[13]。

これから本書で見ていくように、ハワイのカタツムリの減少は、ただ一人の悪者がいるといったわかりやすい筋書きではなく、それよりもはるかに長く複雑で、多岐にわたる物語によって語られるべきものだ。生物学者のクレール・レニエらが近年のカタツムリの絶滅について指摘しているように、ヤマヒタチオビは「絶滅を加速させた原因ではあるが、固有種の個体群は、過去数十年の生息地の破壊、乱獲、偶然持ち込まれた他の捕食者によって、すでに衰弱していた[14]」。言い換えれば、ヤマヒタチオビは、マイクが述べたように、長い苦難の歴史における「とどめの一撃」だったのである。

粘液の世界

パリケア・エクスクロージャーで遭遇した大型の樹上性カタツムリの第一号は、真昼の暑さのなかで休んでいた七匹のアカティネルラ・ムステリナ（*Achatinella mustelina*）だった。緑や茶色ばかりの森のなかでこのカタツムリの白い殻は目立ったが、最初に私の目を捉えたのは、彼らが集まっていた蛍光ピンクのテープだった。そのテープはある大きな木のちょうど目の高さに巻かれていた。もともとはカタツムリが集まる木であることを示すために巻かれたものだが、カタツムリは、そこを自分たちの休眠（殻に引きこもって殻口（開口部）を塞いだ状態）に適した場所と認識したようだ。エピフラムと呼ばれる、殻口を塞ぐ薄い膜は、粘液が乾燥してできたものだ。このエピフラムによって、カタツムリは自分の好きな場所、この場合はピンク色のテープにしっかりと貼りついて、水分を逃がさず保つことができる[15]。

休眠中のカタツムリをじっと見ていると、ほとんど知られていない彼らの普段の生活について、ますます興味が湧いてきた。カタツムリたちはいつもこのテープの上に集まるのだろうか？　夜に活動を再開するときの行動範囲はどれくらいか？　毎朝この場所に律義に戻ってくるのであれば、なぜそんなことをするのか？　彼らはどのような理解、社会的関係、進化上の要請があって、こんなふうにひとかたまりになって、仲間の隣で日中を過ごすことになったのか？

　これらの疑問を考えるにあたってまず押さえておきたいのは、カタツムリは人間とはまったく異なる感覚で世界を認識している点だ。驚く人も多いと思うが、そもそもカタツムリはほとんど目が見えない。周知のとおり、ほとんどのカタツムリは、大きな方の触角（大触角）の先に目――少なくともそう見える膨らみ――がついていて、すぐにそれとわかる。しかし、その主な役割は光を感知することであり、それによって時間を判断し、概日リズムの調整に役立っている。したがって、カタツムリはせいぜい光の明暗をおぼろげに識別できる程度なのだが、彼らが夜行性であることを考えれば、これはある程度納得のいく話だろう。またカタツムリは、視覚だけでなく聴覚もほとんどないとされる。

　そうした感覚の代わりにカタツムリが頼っているのが化学受容である。人間の感覚でこれに近いのは嗅覚と味覚で、どちらも環境中の化学信号を受け取るものだ。しかし、化学受容の能力はカタツムリの方がずっと緻密に調整されている。その際に真価を発揮するのが感覚神経が集まった触角だ。たいていのカタツムリは触角にも役割分担がある。頭の上部にあってサイズの大きい「大触角」は比較的遠くの環境を感知し、口元にある「小触角」は自分のすぐ前にあるものを嗅いだり、味わったりするのに主に使われる[16]。

　それを味わう能力があるものにとって、世界は化学的な手がかり《キュー》に満ちている。カタツムリはさまざまな化学物質を感知するが、そのなかでも自分自身や仲間が分泌する粘液は特に重要な情報源だ。デイブの説明によると、ピンク色のテープの上にいるカタツムリが毎日その場所に戻ってくる、すなわち生物学者の言う「帰巣」が可能になるのは、粘液のおかげである可能性が高いという。自分や仲間が残した粘液の痕跡を読み取って、行き先を決めているというわけだ。実際、小触角の主な仕事は粘液を嗅ぎ、味わうことなのである。また、この行動には大触角も関わっている可能性があり、テープ上に残された大量の粘液を、離れた場所から感知しているとも考えられている。[17]デイブの推測では、テープはプラスチック製なので、木の皮などの浸透性のある材質よりも、化学的手がかりが残りやすい（と同時に、休眠するカタツムリが殻を密閉しやすい）のではないかということだった。

このぬるぬるとした粘液の道を通じて、私はハワイのカタツムリの魅力的な世界に足を踏み入れることになった。粘液こそが、彼らがどのように知覚し、行き先を決め、生活を送っているかを考える出発点となったのである。粘液について考えをめぐらせるにあたって、まず最初に突き当たる疑問はきっと次のようなものだろう――カタツムリはなぜこんなものを分泌するのだろうか？　大半の生物は粘液をこれほど大量に生産、分泌していないが、それでもうまくやっているではないか。カタツムリの粘液の起源や機能については、科学者によってさまざまな意見が出されている。この分泌液は、専門用語では「足の粘液《ペダル・ミューカス》」と呼ばれ、水と微量の糖タンパク質からできている。カタツムリが壁や葉に付着できるのは、糖タンパク質のおかげだ。[18]「足の《ペダル》」という言葉からわかるとおり、この粘液はもともと移動のための適応の結果だったと考えられている。といっても、それは潤滑剤ではなく、粘着剤としての役割を果たした。この視点は直感に反しているかもしれない。実際、生物学者のマーク・デニーは今では古典となった論文にこう書いた。「足が一つしかない動物がどうやったら糊《のり》の上を移動できるというのか?」。その答えはどうやら、「足の粘液《ペダル・ミューカス》の特異な力学的特性」と、カタツムリが進むときの波のような体の動きの両方にあるようだ。粘着力のある粘液のおかげで、カタツムリはその体を「前方にはすんなりと進むが、後方への動きには抵抗するラチェット機構」のように使うことができる。[19]

　注目すべきは、粘液が腹足類に三次元の世界をもたらしたことだ。カタツムリが垂直方向、あるいは上下逆さまになっても移動できるのは、粘液の粘着力のおかげであり、また海産の腹足類であれば、それがあるからこそ波が押し寄せる環境でも生息が可能になる。[20]もし粘液がなければ、カタツムリはそのかさばる殻を背負って、もっと窮屈な環境に身を置いていたことだろう。一方で、粘液はカタツムリが生息できる気候の幅を広げてもいる。温暖で乾燥した地域でも、粘液で殻に蓋をすれば水分を保つことができるからだ。

　このような新たな可能性が開けたことによって、カタツムリの特異な移動方法の進化がさらに後押しされることになったと考えられる。新しく得た能力の利点は、大量の粘液を生産、分泌するのにかかる非常に高い代謝コストを相殺する。デニーの計算によると、粘液を利用した移動は、他のどんな方法よりも桁違いに高いエネルギー投資が必要になるという。[21]ところが面白いことに、カタツムリはその投資を最大限に活用する術を生み出したようだ。粘液の分泌量を大幅に減らすために、自分や仲間の痕跡を再利用するのである。[22]

　話はここで終わりではない。腹足類が地球上に現れてから約五億五〇〇〇万年のあいだに、当初は移動のためだった粘液が、それ以外のさまざまな目的と意味をもつようになった。カタツムリや巻貝は、陸上でも水中でも粘液の痕跡を残すと同時に、それを読み取ってもいる。このねばねばした物質は、空間的そして社会的に環境を理解するうえで欠かせない役割を果たすようになったのだ。

カタツムリは、細菌や植物から人間にいたる他のあらゆる生き物と同じように、独自の意味の世界に生きている。意味の世界に生きるとは、言い換えれば、それぞれの生き物が自分なりのやり方で環境を鋭敏に察知し、特定の情報を受け取ってそれに反応しているということだ。この洞察は、二〇世紀初頭のエストニアの生物学者、ヤーコプ・フォン・ユクスキュルの重要な研究の中核をなすものである。[23]彼はその研究において、「環世界（ウンベルト）」という新しい概念を導入した。そうすることで、生息地や生態的地位《ニッチ》といった純粋に生物物理学的な環境を強調する従来の生物学的研究とは一線を画し、まったく異なる意味の世界、生き物たちがそれぞれ固有の方法で知覚し、解釈する世界に向けて、私たちの目を開かせたのである。人間には理解できない化学信号を拾うことのできるカタツムリもまた、私たちとはまったく別の世界、つまり、異なる存在と可能性が現出し、前面にせり出してくるような独自の環世界に暮らしている。

ユクスキュルは、こうした多様な世界を想像するよう呼びかけながら、意味は言語に還元できず、意味を作り交換するのは、一般に考えられているように、人間のような言語を使う種だけではないと主張した。彼の視点からすれば、実際に生きられている世界とは、ある重要な意味において、その生物による固有の具現化のプロセス、すなわち、知覚や欲求の様式、認知、欲望、生活史を通じて作り上げられる。他者の環世界に立ち入ること――他者の目を通じて見ること、あるいはカタツムリであれば、その触角を通じて匂いを嗅ぐこと――は不可能だが、かすかに見える（あるいはかすかに漂ってくる）洞察をつなぎ合わせることで、他者の生をほんの少しだけ深く理解することはできる。ユクスキュルは、こうして想像力を羽ばたかせることを「散策（Streifzüge）」と表現した。

カタツムリの世界を散策するには、粘液の痕跡が重要な道しるべとなることが多い。実際、「痕跡をたどる」ことを題材とした科学実験は、過去数十年にわたり、さまざまな腹足類を対象に行われてきた。カタツムリが粘液に注意を払うように、科学者もまたカタツムリに関心を抱いてきた。そして、カタツムリが築き上げ、暮らし、互いに共有する意味の世界について理解を深めてきたのである。[24]

二〇一七年、ハワイ大学マノア校の小さな研究室である実験が行われた。地元で採集したカタツムリ数種に対して、どういった粘液に興味があるかを問いかける実験だ。実験は約六週間にわたって続けられ、その期間中、ブレンデン・ホランドと二人の共著者（ジョアン・ユーとマリアンヌ・グジー＝ルブラン）は、数百匹のカタツムリがゆっくりと移動するさまを注意深く観察しつづけた。カタツムリをY字の枝の上に置き、そこに残されていた粘液の跡を追跡するかどうかを確認したのである。具体的な実験の様子は次のとおりだ。研究者は、カタツムリが好んで集まるオーヒアの新しい枝をそのつど用意した。そして、粘液を残す「マーカー」のカタツムリをY字の分岐点近くに置き、左右どちらの方向にでも好きに移動させた。その後、マーカーカタツムリを取り除き、それを追いかける「トラッカー」のカタツムリを同じスタート地点に置いた。

　さまざまな年齢の六種の固有種で何度も実験を繰り返すうちに、一つの明確なパターンが浮かび上がってきた。先行するカタツムリの粘液の痕跡を追うか否かは、個体間の関係に大きく左右されたのである。二匹のカタツムリが異なる種の場合、トラッカーは行き先をランダムに決め、意図的に追跡してはいないようだった。同じ種でも、どちらかにケイキ（幼体）が含まれる場合はこれと同じ結果になった。一方で、同種かつ成体の場合は、トラッカーがマーカーを追跡するケースが繰り返し見られた。その確率は約七八パーセントで、「統計的に非常に有意な」結果だった。しかも、トラッカーが同じ方向を選んだというだけではない。マーカーの粘液の痕跡を正確にたどり、枝をぐるぐる旋回しながら進む螺旋状の進路まで再現した。

カタツムリが視覚信号や長距離でも有効な化学信号を利用している可能性を排除するため、一方の枝の先にカタツムリを置く対照実験も行われたが、トラッカーの意思決定には何の影響も与えていないことがわかった。どうやらカタツムリは、粘液の痕跡だけを頼りに追う価値があるかどうかを判断しているようだ。また、その後行われた質量分析では、成体とケイキの粘液に大きな違いがあることもわかった。成体の粘液にしか含まれていないフェロモンが複数見つかったのだ。研究者は、そうしたフェロモンこそが粘液による情報伝達の要であり、追跡を誘引している可能性が高いと結論づけた。

追跡行動の動機の正体について、確実なことは何も言えない。ただし、移動効率を改善するためだけにあとを追っている可能性は低そうだ。もしそうであれば、カタツムリの種や年齢は関係がないはずだからだ。カタツムリが粘液の痕跡をたどるのには、まず間違いなくさまざまな理由がある。たとえば、他種やケイキが追跡しないのは、残されたフェロモンを適切に解釈できないからかもしれないし、同種の成体を優先的に追跡するのは、その方が自分に適した餌にありつける可能性が高いからかもしれない。おそらく、追跡理由は時間帯や個体の状態によっても変化するのだろう。哲学者のヴァンシアンヌ・デプレが述べたように、このように多様な可能性の余地を残しておくことは、ある行動を性急に説明しようとするよりも、他種に「こまやかに」関わり、ひいては良質な科学を実践するうえで非常に重要なことだと私は考えている。[25] とはいえ、ここで他に何が起きているにせよ、粘液を通じた追跡が交尾の相手をさがすことと深い関係にあるのは、大いにありえることだろう。この説明は、トラッカーが同種の成体を優先的に追いかけていた事実とも整合する。実験で用いられたカタツムリはすべて雌雄同体なので、同種であればどんな個体でも交尾の相手になりうる（ちなみにハワイのカタツムリには自家受精が可能な種も存在するが、めったに起こらない現象であり、観察された例はほとんどない）。

カタツムリやナメクジを対象とした同様の研究は世界各地で行われており、粘液と追跡の関係について、交尾相手をさがす以外にも、さまざまな興味深い可能性が示唆されている。ある研究では、淡水に暮らすモノアラガイ（*Lymnaea stagnalis*）が、自分にとって新しい交尾相手、つまりしばらく交尾していない個体を優先的に追跡することがわかった。[26] またある研究では、カタツムリは粘液から相手の重要な情報を得ることができ、栄養状態が悪かったり、寄生虫により無精子状態になっている個体は追跡したがらないことが判明した。[27] 判別できる個体にとっては、粘液は他者の情報の宝庫になっているようだ。

このように社会交流の手段として利用される粘液だが、すでに見たとおり、この分泌液はカタツムリの空間把握の手段としても重要な意味をもっている。ピンクのテープに集まって休眠しているアカティネルラ・ムステリナを見ていると、カタツムリとは、ある意味「家にいるのが好き」な生き物なのだと気づく。一般的にカタツムリは「家を背負っている」というイメージ、ひいては、どこでもキャンプを張れる自由な放浪者のようなイメージがあるが、実のところ、ほとんどのカタツムリは特定の場所に縛られている。ハワイの例で言えば、夜に長い時間をかけて餌をさがしたあとに舞い戻り、日中に休息をする場所がそれだ。そして粘液は、その場所に戻るときにも中心的な役割を果たしている。カタツムリは自分や仲間の粘液の跡をたどってねぐらに帰るときもあれば、そのねぐらに蓄積した粘液などの化学的手がかりを遠くから感知することもある。

こうした帰巣能力に関する実験がハワイのカタツムリを対象に行われたことはない。しかし、もし他の地域のカタツムリと同じなのであれば、ハワイのカタツムリもまた驚くべき帰巣能力をもっていることになるだろう。カール・エーデルスタムとカリナ・パーマーによる今では古典となった研究では、ヨーロッパでよく見られるリンゴマイマイ（*Helix pomatia*）にあらゆる種類の障害を課して、どうやってねぐらに帰るかを観察した。[28] 彼らが知りたかったのは次のような疑問だ。数メートル離れた場所からねぐらに帰ることができるだろうか？　七〇メートルではどうか？　温度が高く乾燥した砂利などの生息に適さない場所を横切ってまで帰巣できるだろうか？　袋に入れて建物のなかに数日置いたあとに、ねぐらから三〇メートルほど離れた場所で解放したらどうなるだろうか？　いずれの場合も、カタツムリの大半はすぐに正しい方向を目指して移動を開始した。

エーデルスタムらの研究以降も、さまざまな腹足類を対象に同様の実験が行われてきたが、そこからもカタツムリの帰巣行動が広く見られることがわかっている。したがって、ハワイのカタツムリにも同様の能力があると考えるのはごく妥当だと言えよう。

しかし、カタツムリはなぜこのような行動をとるのだろうか？　ある次元では、その答えは至極単純だ。エーデルスタムとパーマーはこうまとめている。「平均的に見れば、生態的な可塑性がほとんどない生物にとって、すでにある程度の期間にわたり使用され、成功を収めている場所での生存率は、常に高まるものと考えられる」[29]。信頼に足るねぐらとは、捕食者や悪天候からの避難所であると同時に、食料源や潜在的な交尾相手とも近い距離にあるものだ。そういう場所を見つけたのなら、利用しつづけた方が有利だ。また、良いねぐらの利点は、場所そのものに由来するだけでなく、多くのカタツムリが集まることによっても、もたらされる場合がある。たとえば、集団で休息すれば捕食されるリスクが減り、湿度を保つのにも役立つ。[30]

カタツムリが群れを好むように見えることは注目に値する。[31] たしかにカタツムリの社会的な好悪は非常に難しいテーマで、はっきりしたことはあまり言えない。しかし、ここ一〇年ほどの研究でほのかな光が差してきたのも事実だ。とりわけ重要なのは、アベリストウィス大学のサラ・デイルスマンの研究室と、カルガリー大学のケン・ルコウィアクの研究室が行った実験だ。彼らが関心をもっていたのは、モノアラガイにおける学習と記憶だった。[32] 実験からは、モノアラガイが新しい餌や潜在的な捕食者について学習し、それに応じて行動を調整できることがわかった。だが、これは他の同様の研究も指摘していたことだった。そこでサラとケンは一歩進んで、新しい情報を選別し記憶する能力に影響を与える社会的要因の解明に取り組むことにした。そしてその結果、孤立状態あるいは過密状態に置かれたカタツムリがストレスを経験していることを突き止めた。

この種の社会的ストレスをカタツムリ自身がどう感じているのかは知る由もないが、ストレスによって（殻の成長や記憶の形成など）代謝や認知にネガティブな変化が生じているのは間違いないようだ。また、過密状態におけるストレスについては、その影響がたんなる身体的な圧迫によるものでないこともわかっている。サラとケンが共同で行った実験では、中身の入っていない殻を多数並べた空間にカタツムリを置いて動きを制限したり、異なる系統（同種の無関係な集団）のカタツムリと一緒にしたりして反応を観察したが、同様の影響は見られなかった。身体的な圧迫を受けるのは、自分が属している社会的集団によって過密状態になっているときだけなのだ。ケンが説明してくれたのだが、興味深いことに粘液はここでも重要なコミュニケーション媒体となっていて、自分の周囲に誰がいて、誰がいないかを教えてくれるのだという。サラとケンの他の研究からは、孤立状態が過密状態と同じようなかたちで社会的ストレスをもたらすことも明らかにされている(33)。

カタツムリの社会交流に関しては、依然としてよくわからないことが多い。しかし、この小さな生き物が自分なりのやり方で社会を認識する存在であることは疑いようがない。一般的に、カタツムリはさまざまな事柄に関心をもち、学習しながら、粘液を媒介にして社会的文脈にも注意を払い、ある状況には進んで身を運び、ある状況は回避するという行動をとっている。ハワイのカタツムリもまた、そうした社会的世界に暮らしているのだろう。そして、もしそれが正しいとすれば、ピンクのテープにカタツムリたちが集まったのは、嗅覚や味覚という感覚だけではなく、仲間と共にいたいという内なる指令に従った結果ということになる。

森のなかで繰り広げられている粘液の物語は他にもある。粘液に残された手がかりを読み取り、それをもとに行動するのは、絶滅の危機に瀕した在来種だけではないのだ。実際、ヤマヒタチオビがここまで壊滅的な被害をもたらしているのは、まさにこの能力のおかげだ。この肉食性カタツムリは、交尾目的で同種を追いかけるだけではなく、自分の獲物を認識し、追跡するために粘液を利用している。ブレンデンらが二〇一二年に行った実験からは、ヤマヒタチオビが粘液の痕跡を利用してアカティネルラ・リラ（ハワイの樹上性カタツムリ）の場所を特定することが明らかになった。アカティネルラ・リラは絶滅危惧種なので実験で捕食させることはなかったが、それでも粘液の痕跡をたどってあとを追っていたことは間違いない。

ブレンデンらの実験では、ヤマヒタチオビがその導入目的であるアフリカマイマイよりもハワイの在来種を好んで食べるという、長年そうではないかと疑われてきた見解も裏づけられた。再びY字の枝を使った実験を行ったところ、ヤマヒタチオビがアフリカマイマイではなくハワイの在来種を追跡した回数は、二〇回中一五回を数えた(34)。粘液をたどる際、大半のカタツムリは小触角を使うが、肉食のヤマヒタチオビの場合は、カイゼルヒゲによく似た、口の横にある特殊な突起も利用している。ヤマヒタチオビは、主にこの突起を通じて粘液の痕跡を味わっていると考えられている(35)。

ヤマヒタチオビは自分より体の大きい相手でも捕食できるが、ハワイに残っている在来のカタツムリはすべてヤマヒタチオビの成体よりも小さい。獲物を見つけると、ヤマヒタチオビは大きな体で相手を押さえつけ、殻口に口をもっていく。そこで登場するのが、もう一つの特殊な器官である口内の吻《ふん》である。マイク・ハドフィールドによると、「(ヤマヒタチオビは)獲物の殻のなかで吻を勢いよく展開する。吻の先端には強力な顎、歯舌、消化腺がある。その吻を使い、わずか数分で殻のなかの獲物を文字どおり引き裂き、消化する。そして吻を引き込みながら、相手を飲み込む」のだそうだ。小型のカタツムリであれば殻ごと食べるケースも珍しくない。事実、ヤマヒタチオビは小さな獲物が好物のようで、おそらくカルシウムの重要な供給源として殻を消費しているのだろう(36)。

ここで注目すべきなのは、ヤマヒタチオビが、粘液を通じた追跡を新規の獲物さがしにも活用できることだ。この状況はハワイでも明らかで、それによって在来のカタツムリもすぐに彼らのメニューに加えられることになった。デラウェア州立大学での研究によると、ヤマヒタチオビの適応能力は想像以上に高い可能性がある。ほんの一、二回の経験で、まったく新しい化学的手がかりを獲物に結びつけ、その手がかりを優先的に追うよう即座に学習するというのだ(37)。要するに、ヤマヒタチオビは非常に効率的で適応能力のある捕食者なのである。
　私たちは粘液をあまりぱっとしない分泌物とみなしているが、カタツムリにとって、それは世界の核となる要素であり、よって粘液の物語に関心を寄せれば、この生き物の驚くべき生活をより深く理解できるに違いない。粘液に着目することはまた、いくぶん逆説的ではあるが、サラ・デイルスマンが端的に述べたように、カタツムリがたんなる「粘液の袋」ではないと気がつく一助ともなる。カタツムリは、信じられないほど豊かな環世界、文字どおり粘液から現れた世界を生きる存在だ。これが意味するのは、粘液によって木をのぼったり、多様な環境に進出するなどの三次元の動きが可能になったということだけではない。カタツムリにとって粘液とは、複雑なコミュニケーションを可能にし、見知った場所、潜在的な交尾相手がいる場所、ねぐらとして集う場所などの意味の景観《ランドスケープ》を構成する要となる物質なのである。

　このことは、動物が暮らす知覚の世界が所与のものではないことを私たちに思い出させる。そうした世界は、出会うものであり、作られるものだ。カタツムリは、景観を移動しながら、意味を自分自身や他者の世界に重ねていく。詩人のゲイリー・スナイダーはこう書いている。「他者の存在の秩序には、それ自身の文学がある[38]」。きわめて重要な意味において、粘液は、物語られ、世界を形成する物質だ。しかし周知のとおり、カタツムリの世界は今、破壊されつつある。しかも、その破壊の一端には粘液が関与している。ヤマヒタチオビは、口の横の突起を通じてハワイの在来カタツムリの複雑な世界を織り成す物質を読み直し、再利用することで、それを内部から効率的に解体するのである。

パリケア・エクスクロージャーで出会ったカタツムリのうち、もっとも印象に残ったのは、アマストラ・スピリゾナ（*Amastra spirizona*）だった。美しい円錐形の茶色い殻をもつ一・五センチメートルほどのこのカタツムリは、今日では、この保全区域にしか生息していないと考えられている。かつてはワイアナエ山脈に広く分布していたが、二〇一五年にデイブのチームが調査をしたときには、すでに姿を消しつつあった。「三〇匹程度まで減ったときもありました」とデイブ。「すべての個体を採集して保護しなくちゃいけない状況までいっていたんです」

森で採集されたカタツムリは、プラスチック製の容器に入れられ山頂まで慎重に運ばれた。そして、そこからヘリコプターで輸送され、最終的にここパリケア・エクスクロージャーまでやってきた。とはいえ、持ち込まれたカタツムリはフェンス内を自由に這い回っているわけではなく、壁面の一つが金網になっている、およそ一メートル四方の木箱に収められている。樹上性のカタツムリであるハワイマイマイとは違い、アマストラ・スピリゾナは腐食動物で、枯葉や腐葉土を食べる。そのため、仮設のケージである木箱は地上に置かれ、朽ちた枝葉が定期的に補充されるようになっている。

その箱を最初に見たとき、私はそれを捕食者から身を守るためのものだと考えた。ヤマヒタチオビやラットが万が一フェンス内に侵入した場合を危惧したと思ったのである。しかしすぐに、そんな大仰な話ではないと気づいた。デイブが説明してくれたとおり、この木箱はたんにカタツムリをまとめておくためのものだった。「カタツムリを他の場所からもってくると、かなり広い範囲に散逸してしまうことがよくあります。……これくらい数が少ない個体群だと、散らばって互いを見つけられないんじゃないかと心配でした。だから、こうやってみんなを収容して、繁殖可能な成体を一か所に集めることにしたわけです」。その一方で、繁殖の結果そこで生まれたケイキは、金網を通り抜けて箱の外に出ることができる。嬉しいことに、私がパリケアを訪れた時点で、アマストラ・スピリゾナの個体数は一五〇〇匹ほどに増えていた。

カタツムリの社会的、空間的な世界において粘液が果たす役割を考えれば、採集されて、ときに何キロメートルも離れた場所に移動させられた個体が、どう行動していいか迷うのも無理はない。かくしてカタツムリは、思い思いの方向へと移動しはじめる。「引っ越しをさせたカタツムリはじっとしちゃいませんよ。彼らは放浪者になるんです」とマイクは語っている。地面に置かれた木箱は、小さな個体群が分散すると互いを見つけにくくなるという問題意識から生まれたものだが、それは言い換えれば、新しい環境に置かれると放浪せずにはいられないという、カタツムリの生活世界に特有な傾向によって動機づけられた発明でもある。

こうした行動が保全上の懸念となっているのは、なにもアマストラ・スピリゾナだけではない。デイブによると、エクスクロージャーに持ち込まれた樹上性カタツムリの多くが、同じように放浪を始めるのだという。「良さそうな木を見つけて、そこに置いてあげるのですが……。モニタリングしてみたら、カタツムリたちは草むらのあちこちをさまよって、普段は近寄らないような植物にまで潜り込んでいました」。この状況が心配なのは、少なくとも知られているかぎりでは、カタツムリが仲間に遭遇する機会が減り、また最適とは言えない植物に囲まれて暮らすことにもつながるからだ。

放浪するカタツムリには、島の森から直接持ち込まれた個体群もあれば、研究室で生まれ育った個体群もある。どちらにせよ、何キロメートルも離れた見知らぬ場所に移動させられたケースがほとんどだ。

こうした背景があるからこそ、カタツムリはどこに自分の「ねぐら」があるかわからず、その方向を目指すことができないのだろう。面白いことに、こんな状況でも、カタツムリはじっとしていない。先に見たエーデルスタムとパーマーによる実験からは、見知らぬ場所で解放されたリンゴマイマイが「かなりまっすぐ」移動することがわかっている。実験では、ほとんどのカタツムリがかつてのねぐらの方向にまっすぐ進んだが、違う方向を選んだ場合でも、直進してその場を離れた。エーデルスタムらは、このふるまいについて、人間の介入がないカタツムリが毎日同じねぐらから出たり入ったりを繰り返し、「ランダムにさまよっている（ように見える）」のとは対照的だと指摘している。

新しい場所に連れてこられたカタツムリが直線的に移動する理由は、まだわかっていない。カタツムリは何らかの目的地を目指しているようにも、ある場所から遠ざかっているようにも見えるが、本当のところはわからない。見知らぬ場所に連れてこられたカタツムリは、現在地がわからず方向感覚を失ったあげく、その混乱から逃げようとしているのだろうか？　結果がどうであれ、ねぐらに向かっているという確信をもっているのか？　理解可能なものにぶつかるまで一直線に進むのか？　その理解可能なものとは仲間の粘液の痕跡で、カタツムリはそれに突き当たることで既存の世界に引き込まれ、そこに自分の痕跡や意味を重ね合わせはじめるのか？　それとも、そのすべて、あるいはそのどれでもないのか？　理由が何であれ、ここで重要なのは、移動させられたカタツムリはすぐに新しい土地を捨ててしまうことだ。

研究室で飼育したカタツムリを含めると、状況はさらに複雑になる。ハワイマイマイのような成長の遅いカタツムリは、生後五〜七年を在来植物の枝葉を入れた小さなプラスチック容器のなかで過ごす。第6章で詳しく見るが、それらの容器は二週間ごとに殺菌され、植物も入れ替えられる。病原菌の増殖を抑え、食料を新鮮な状態に保つためだ。デイブはここに不安の影を見いだしている。というのも、このような環境で育ったカタツムリは、粘液の意味を自分の景観に引き込んだり、引き出したりする術を学べない、あるいは知っていても忘れてしまうのではないかと考えるからだ。

この問題を解決するような調査はほとんど行われていない。しかし、サラとその同僚のジェイムズ・リドンの研究によると、研究室で育てられたカタツムリと自然環境から採集されたカタツムリには、行動面において違いがあることがわかっている。研究室で隔離されて成長した個体は、他の個体の粘液を進んでたどろうとはしなかったのだ。どうしてそうなるのかについての明確な説明はないが、この発見は、飼育によって行動が変化する可能性を示唆している。サラが指摘するとおり、哺乳類や鳥類では同様のことが以前から知られていたが、無脊椎動物の行動に対する飼育の影響については、まだほとんど解明されていない。だが、おそらくフェンス内で見られる放浪は、少なくとも部分的には飼育環境による学習の産物であり、それによって、仲間のあとを追ったり集まったりすることを避けるようになるのだろう。

「放浪する（wander）」という単語には、目的のない移動という含意があり、オックスフォード英語辞典では、「定まった経路や特段の目的をもたずにあちこちに移動すること」と説明されている。放浪とは言うが、先述したとおり、カタツムリがねぐらに向かっている、逃げている、あるいは探検をしている可能性も高い。デイブとマイクもそれは承知している。それでも彼らがカタツムリを放浪者と呼ぶのは、それによって、不可解なもの、私たちが立ち入ることも理解することもできない他者の世界——他者のあり方、他者による意味の生成——の一端を指し示したいからではないか。とはいえ、私たちがまったくの無知だというのではない。これまで見てきたように、質の優劣はあるが、さまざまな仮説や解釈が存在しており、そこからほのかな意味の匂いを嗅ぎとることができるからだ。

それと同時に、放浪者という表現は、もし私たちが森にカタツムリがいてほしいと願うなら、その生き物が自身の世界にいかに意味を付与しているのかを理解することがきわめて重要であることも思い出させる。

ハワイのカタツムリの保全をめぐる状況が悪化するにつれ、その意味の世界はますます分断されてきている。哲学者のカルロ・ブレンタリとマシュー・チルルーは、生物の環世界を損なうプロセスとして現れる絶滅の可能性に私たちの目を向けさせる。ブレンタリは言う。「生物多様性の護持とは、『動物そのもの』を保護するというより、環世界、つまり、生物が展開する記号論的、知覚的、操作的な世界を守ることだ[39]」

エクスクロージャーの外に生きるカタツムリの多くは個体数を減らしている。その結果、粘液、ひいては意味と社会性を包含する粘液の道も姿を消しつつある。カタツムリは、そうしたかたちでの環世界の解体を今、経験しているのだろう。ブレンデン・ホランドが指摘したように、「入り組んだ三次元の樹上環境」では、個体数の減少によって生活や繁殖はずっと困難になる。粘液によるネットワークが本来のかたちで「機能」するには、ある程度の個体数が必要であり、その数を下回ればネットワークは崩壊してしまうと考えられるからだ。これはアマストラ・スピリゾナだけでなく、森に暮らすカタツムリ全体の問題でもある。なんとなれば、森には個体群をまとめておく木箱がないからだ。

同様に、保全区域や研究室という制約のなかで生を営むカタツムリは、今日を生き残るためにどうしても人間の介入に大きく依存するため、仲間どうしで集まったり交尾をしたりといったことを可能にする安定した社会的空間を作り出す可能性が損なわれている。こうした力学の理解は、より良いかたちでカタツムリを保全し、共に暮らすためにはきわめて重要な点となるだろう。ブレンデンは、粘液の追跡に関する自身の研究が保全活動に与えうる影響について、「交尾相手の発見に関する詳細な情報は、特に樹上の個体群の密度を操作できる場合には、資源管理者にとって有用なケースがある」と書いている。[40]

保全プロジェクトで動物の学習や行動に細かな注意が払われることはあまりない。無脊椎動物に関しては特にそれが言える。[41] しかし、動物の学習や行動、経験世界をしっかり見定めるほど、彼らの生活や要求の複雑さが明らかになる。サラは次のように指摘する。「一般的に、無脊椎動物は私たちが無意識のうちに評価している以上の能力をもっています。無脊椎動物は人間とずいぶん違っていますね。なので、正しいやり方で問いかけることが問題になってくるわけです。私たちは、カタツムリやミツバチの体のなかに自分の身を置いて、その生き物が自分の世界をどう知覚しているのか、何が重要なのか、何に反応するのかを考えてみる必要があります。どうしたら正しい問いかけができて、『これはあなたにとって重要？』と尋ねられるか、それを考えなくてはいけません」

デイブのチームは、実験によってこれ以上生活を乱すことなく、カタツムリに問いかける有効な手段を見つけようとしている。今は、いくつかの管理方法――さまざまなやり方で放したり閉じ込めたりなど――を慎重に試しつつ、それがカタツムリに与える影響を観察しているところだ。アマストラ・スピリゾナの木箱もその一環である。デイブたちは、木箱を発展させて、樹上性のカタツムリなどエクスクロージャーに持ち込まれた生き物のために同様の空間を作りたいと考えている。それは、「動物園にある鳥小屋を小さくしたようなもの」で、「その場にとどまり、自身の行動圏を発展させるよう強制する」ためのものになるという。ケージに入っている期間は数週間から数か月で、そのあいだにカタツムリは自分の世界に自分の粘液の意味を重ねられるようになるだろう。その後ケージが取り去られても、多くの個体がその場にとどまるかもしれない。少なくともデイブたちはそう望んでいる。
加えて、ラボのカタツムリをもう少し若いうちに保全区域に放す計画もある。若いカタツムリは体が小さく、乾燥に弱い。しかし、ラボの環境によって放浪癖がひどくなるのなら、若いうちに放した方が生存に有利かもしれない。このように管理方法を少しずつ変更し、モニタリングも並行して続けていけば、カタツムリがなぜ、どのように放浪するのかが、よりはっきりと見えてくることもあるだろう。それによってカタツムリの生活を損なわない保全のあり方を見つけられるかもしれない。

やるべき作業も終わり、パリケア・エクスクロージャーをあとにする時間が近づいてきたので、私は最後にもう一度カタツムリたちを見てまわることにした。再会を果たしたなかには、ひと群れのラミネルラ・サングイネア（*Laminella sanguinea*）もいた。公式に絶滅危惧種に指定されているわけではないが、多くの専門家がその分類に当てはまると考えている種だ。長さ一・五センチメートルほどの円錐形の殻は、サングイネア（血のような）というラテン名が示すとおりの濃い赤色で、殻の頂点から開口部にかけて独特の稲妻模様が走っている。間違いなく、ハワイのカタツムリのなかでもとりわけ美しい殻だ。とはいえ、私がその美しさを知っているのは、デイブにそう教えられて後日画像を見たからにすぎない。その日私が見たラミネルラ・サングイネアは、灰褐色の「土」の下に殻ごと姿を隠していた。運良く保全区域外で出会った場合でも、きっと同じ光景を目にすることだろう。灰褐色の土だと思ったものは、実際には彼ら自身の排泄物である。彼らがなぜそんな特殊な習慣を身につけたのかはわかっていない。捕食者から身を隠すため、体温調節のためとも言われているが、どちらの説も決定打には欠けるようだ。

私を含む平均的な人間から見れば、カタツムリはどれも似たような存在に見える。しかし、排泄物を利用するラミネルラ・サングイネアの一風変わった性質を知ると、それぞれが独自の生活形態をもっていることに嫌でも気づかされる。カタツムリとは、世界に存在し、世界を作り上げる様式である。絶滅によって危機にさらされ、ことによっては永遠に失われてしまうのは、そうした世界なのだ。粘液への注目は、カタツムリの新しい保全策を生み出す可能性があるだけでなく、腹足類を理解する新たな機会をもたらすと私は確信している。カタツムリといえば、誰もが殻や害虫といった概念に短絡するあまり、その魅力的な生活や世界はしばしば視界からこぼれてしまう。しかし、もし注意を払いさえすれば、カタツムリが仲間のあとを追い、集い、ねぐらに戻っていること、社会的、物理的環境の変化を察知し、それにストレスを感じていることがわかるだろう。要するに、カタツムリは驚くべきことを実行しているのだ。

こんなことを書いたのは、カタツムリが「私たちと似た」存在であり、それゆえ考慮に値すると言いたいからではない。カタツムリは人間には似ていない。たしかに私たちは、一部の認知や知覚能力を共有しているかもしれないが、まったく異なっていて、理解すらおぼつかない能力もある。このように注意を払う意義はむしろ、可能なかぎりカタツムリを彼ら自身の枠組みのなかで見つめ、価値を理解できるようにする点にある。言うまでもなく、私たちはある程度まで人間中心主義にとどまらざるをえない。私たちやその経験を形成し制限する、ヒト特有の視覚－脳システムから逃れられないのと同様だ。とはいえ、認識面において人間中心主義が避けられないと了解することと、ずっと問題の大きい倫理面における人間中心主義を認めることでは、重要な違いがある。[42] 私という人間は、ヒト特有のやり方で自分の環世界を知り、そこに暮らすという枠組みのなかでのみ、他者の価値を理解し、それを受け入れる余地を作ろうと努めることができる。それが可能なのは、他者が私に似ているからではなく、他者がそれぞれ独自の生活様式をもっているからだ。そのように努めることでこそ、エヴァ・ヘイワードが「共感と親しみの可能性とのあいだにあるずれ」と呼んだ、短絡的で問題のある視点を避け、多様なかたちをもち、ときに先鋭的ですらある他者性の価値を理解する素地を手に入れる可能性が生まれる(43)。

カタツムリは、その独特な存在様式を通して、それぞれの種、それぞれの種に属するそれぞれの個体が、自分自身の環世界を作り上げている。この価値を理解することは、絶滅という悲劇がもつもう一つの層を発見することだ。それは別の表現で言えば、ヴァンシアンヌ・デプレが指摘したように、絶滅によって失われたのが一つの世界全体であると理解するようになることだ。デプレは次のように書いている。「世界のあらゆる存在のあらゆる感覚とは、世界がそれを通じて自分自身を生き、感じる様式である。……存在がいなくなると、世界は突如として狭まり、現実の一部が崩壊する(44)」。このように考えるならば、生物多様性が著しく失われている現代は、種、生息地、個体群を壊滅させると同時に、哲学者のアイリーン・クリストが述べるとおり、「感情、意図、理解、知覚、経験――換言すれば、故郷としての世界を形づくり、飾り立てる、さまざまな意識的存在――を通じて築き上げられた」無数の経験世界を消去している時代だと認識するほかない(45)。

ハワイのカタツムリとその世界の多くは、すでにこのようにして失われてしまった。しかし、すべてが消え去ったわけではない。その小さな生き物は、まだ森のなかにいる。それがフェンスの内側か外側かはわからないが、いずれにせよ、カタツムリはその景観に意味を重ね合わせ、そこから意味を引き出そうと最善を尽くしている。だが、こうした生活の可能性も、カタツムリの数が減り、その暮らしと景観がますます乱され、分断されている現状では、多くの場所で次第に難しいものとならざるをえない。

放浪するカタツムリは、この喪失のプロセスの象徴だ。意味の世界から切り離された生き物が、慣れ親しんだ場所、故郷を指し示す道しるべの不在によって、落ち着きを失っている。カタツムリの環世界について私たちはすべてを知ることはできないが、だからと言って、その生き物が私たちの好奇心や敬意の埒外に置かれるわけではないし、またそうすべきでもない。カタツムリの環世界のための場所を作ること、そして、カタツムリがまだ生息している希有な場所で、ハワイの森に広がる銀色の小道がもつ価値を理解することを学ぶ時間は、まだ残されている。

第2章　海を渡るカタツムリ——長距離移動の謎をさぐる

車は曲がりくねった道をゆっくりとのぼっていく。運転をするブレンデンを横目に、私は窓からの景色を楽しんでいた。勾配が急なため、ところどころで道が右へ左へ大きく蛇行する。道の両脇には木々が立ち並んでいるが、崖の近くを通るときなどに途切れることがあって、そこからホノルル郊外の開けた眺望や、その向こうの海をのぞむことができた。頂上に近づくにつれ民家も減り、たまに道路沿いに一軒、二軒と思い出したように現れるだけになった。私たちがのぼっていたのは、ホノルルのすぐ東にあるタンタラスの丘、かつてプウオヒアと呼ばれていた場所だ。オアフ島を背骨のように縦に貫く、湿潤なコオラウ山脈の一部である。

運転席にいるブレンデン・ホランドは、ハワイ・パシフィック大学の生物学者。当地の環境保全と生物地理学に情熱を傾ける一方、カタツムリにも並々ならぬ関心を抱いている。その日は彼の誘いで、かなり意外な場所に暮らすカタツムリを見に行く予定になっていた。早朝から雨が降り、その後も小雨が降ったりやんだりする、外出にはうってつけの日だった。といっても、日中にカタツムリを見る私たちにとっては理想的な天気だというだけの話だが。目的地に着くと、ブレンデンは車を道路脇の草地に停めた。私たちは二匹の小型犬と車を降り、ぬかるんだ道を歩き出した。

そこが「手つかず」の森ではないことはすぐにわかった。目に入ってくるのはどれも、長い農業の歴史を背負った植物だったからだ。この区域の少なくとも一部は、マカアーイナナ（文字どおりには「土地に仕える人」の意）、つまりカナカ・マオリの農民が農作物を育てるために開墾したものだろう。その後一九世紀に商業的農業とプランテーションが始まると、さらに多くの植物が持ち込まれた。ジャワニッケイ（シナモン）、コーヒー、グァバ、アボカド、まれにマンゴーの老巨木など、私たちの眼前に広がる植物たちは、もともと農作物だったのが野生化したものだ。道路の両脇などに見える森の低木層は、ショウガとヤコウボク（ナイトジャスミン）が多数を占めていた。私たちがこの場所にカタツムリをさがしにやってきたのも、ここ二〇〇年のうちにハワイに持ち込まれた、この二つの植物のためだった。

二〇分ほど歩いたところで、道のすぐ脇に最初のカタツムリを見つけた。アウリクレルラ・ディアファナ（*Auriculella diaphana*）は、外見も地味で、ハワイマイマイ属（*Achatinella*）と比べるとかなり小さい。まだらの茶色い殻を背負ったこの小さなカタツムリは全長が数ミリメートルしかなく、野外で見つけるのは困難を極める。カタツムリは基本的に夜行性だが、正午を過ぎたばかりの曇天の下、私たちの予想どおり、彼らは盛んに活動し、ショウガの細長い葉の裏を音もなく移動していた。

実は、この環境にこれらのカタツムリがいることは想定されていた事態ではない。ありていに言ってしまえば、ここはまともな生息地ではないのだ。農業のために他所から持ち込まれた植物は理想の食料源とは言いがたく、ラット、カメレオン、ヤマヒタチオビといった捕食者も勢ぞろいしている。こうした事実にもかかわらず、アウリクレルラ・ディアファナは生き残っている。それどころか、少なくともハワイの他のカタツムリに比べれば、かなりうまくやっている方なのだ。しかし、個体数は数千におよぶとはいえ、アウリクレルラ・ディアファナは今ではこのわずかな一画にしか生息していない。ブレンデンは以前、二〇世紀初頭に実施された調査に基づいて、彼らの生息地がどれほど減少したかを計算したことがある。それによると、この種はかつて約三六平方キロメートルの地域に生息していたが、今日では約二〇平方メートルにまで減ってしまったという。つまり、生息地の九九・九パーセント以上が失われたことになる。(1)「この種を普通種とは呼びたくない」とブレンデンは歩きながら言った。「一度でも森林火災が起きたら絶滅してしまうかもしれないんだから」。だが今のところ、彼らはしぶとく生き残っている。その一方で、なぜカタツムリがこの場所に固執し、他のどこにも見つからないかは、謎に包まれたままだ。

しかし、その日私たち二人を森へと導いたのは、それとは別の謎だった。ブレンデンとはまだ知り合って日が浅かったが、私がカタツムリについて抱く疑問は、すでに彼が解いている可能性が高いこと、もしかしたら、その答えを見つけるために実験をしている可能性すらあることはわかっていた。第1章で参照したカタツムリに粘液をたどらせる実験もブレンデンが行ったものだ。今回私がブレンデンに会ったのは、もっと大きな視点から腹足類の移動について議論するためだった。ハワイ諸島に見られる多様なカタツムリがどうやってここにやってきたのか、最初のカタツムリがいかにして広大な海を渡ってきたのかを私は知りたかった。偶然にも、カタツムリの生物地理学というテーマはブレンデンが特に情熱を傾けているものだった。(2)彼は、この丘で見つかるアウリクレルラ・ディアファナとその近縁種に重要なヒントが隠されていると教えてくれた。そういうわけで、私たちはここまでカタツムリをさがしにやってきたのだ。

一般にカタツムリは定住型で、長距離を移動するとはあまり考えられていない。カタツムリは、たまたま孵化した場所（まれにいる卵胎生の場合は生まれた場所）の近くで一生を過ごすことが多い。こうした傾向に加えて、カタツムリの体が水を通しやすく、塩水の浸透圧によって容易に脱水してしまう点、つまり海水に対して非常に脆弱であることを考えれば、かつてハワイに存在していたこの生物の多様性と豊富さは、いっそう不可解なもの感じられる。

ハワイ諸島は海底が隆起して生まれた「海洋島」である。太平洋の真ん中にあるホットスポット（火山）を成因としており、むろん、他の陸地とつながったことは誕生以来一度もない。したがって、この場所に生きる動植物はどれも、自分で広大な海を渡ってきたか、あるいはそうしてやってきた祖先から進化したものである。この条件はこの地の動物相に今も残る影響を与えた――ハワイには翼をもった動物が数多く見られるのだ。こと脊椎動物に関して言えば、ハワイは長いあいだ鳥類の島だった。人間が持ち込むまで、陸生の哺乳類、爬虫類は存在せず、唯一の例外は翼をもったシモフリアカコウモリだけだった。

ところが、どうしたわけか、この島にはいつしか大量のカタツムリが住みつくようになった。もちろん、いくぶん極端な例とはいえ、それはハワイだけに起きた現象ではない。カタツムリは、世界中の熱帯、亜熱帯の島で見つかるからだ。ブレンデンはこの不思議な状況を「カタツムリのパラドックス」と呼んでいた。一か所に定住することを好む生き物が、どうやってこれほど広範な領域に散らばったのだろうか？

カタツムリの生物地理学と進化に着目することは、魅力的ではあるが抽象的な科学的好奇心にとどまるものではなく、今日のような局面では特に重要だと私は確信している。こうした悠久なる時間《ディープタイム》を必要とするプロセスに目を向ければ、現在起きているハワイのカタツムリの絶滅を違った視点で見られるようにならないだろうか？　このような文脈を通じて、私たちは何を見て、何を評価して、何を捕まえておくことができるのか？　これについて作家のロバート・マクファーレンは次のように書いた。「[悠久なる時間という観点は]問題を抱えた現在から逃げるのではなく、それをもう一度思い描く手段を与えてくれる。即物的な欲望や激情を、古くからある、時間がゆっくりと流れる創造と破壊の物語で無効化するのだ。うまくいけば、悠久なる時間を意識することで、あとに続く時代や存在にわれわれが何を残そうとしているのかを考えるきっかけとなるだろう(3)」

その日、ブレンデンと連れ歩きながら、私はそんな疑問や可能性について考えていたが、頭の片隅にはそれとは別の関心もあった。私が森に暮らすカタツムリに会ったのは数えるほどしかなく、今日にいたるまで、それを貴重な機会と捉えてきた。そう思う理由はいくつかある。あくまで可能性だが、森に行けばカタツムリの歌を聴けるかもしれないというのも、その理由の一つだ。

海を渡る

ハワイのカタツムリはどのように海を渡り、この地にたどり着いたのか？　それを検証する実験は驚くほど少なく、私の知るかぎりたった一度しか行われていない。二〇〇六年にブレンデンは、一片の樹皮と、それにしがみつく一二匹のスクシネア・カデュカ（*Succinea caduca*）を、海水を満たした水槽に入れた。スクシネア・カデュカは、絶滅危惧種ではないハワイのカタツムリで、複数の島に安定して生息している数少ない種の一つである。生息場所は沿岸で、実験に用いられた個体は海岸から一〇メートルほどの地点で採集された。「大雨が降ったあとに海岸沿いの側溝でよく見かけるから、かなりの頻度で流されていることは間違いないね」とブレンデンは説明した。

ブレンデンの実験の目的は、条件さえ整えば、カタツムリが海を渡り新しい土地へと移動できるかを確かめることだった。その答えは、どうやらイエスのようだ。ブレンデンと同僚のロバート・カウィは、「一二時間にわたり海水に浸したあとも、すべてのカタツムリが生きていた。ここから、海水は直ちに命に関わるものではなく、草木を筏《いかだ》にしてカタツムリが島に漂着する可能性が示唆される」と報告している。[4]

ハワイ外の地域では、島に生息するカタツムリの進化と分布の謎を解明するための実験が数多く行われてきた。その状況は、チャールズ・ダーウィンがアルフレッド・ラッセル・ウォレスに宛てた一八五七年の手紙に端的に見て取れる。「私がこれまで実験してきたテーマの一つで、大変な苦労を重ねてきたのは、海洋島で見つかる生物の分布の問題です。このテーマについて何かご存じであれば、どんなことでもお知らせいただけると助かります。陸生の軟体動物に私は大いに困惑しています[5]」。ダーウィンは、その一年前にも別の相手に次のように書き送っている。「陸生軟体動物の分散に関する事実ほど、私にとって悩ましい問題はありません[6]」

困惑を解消するため、ダーウィンは実際にカタツムリを海水に浸す実験を行った。そしてその結果、休眠したリンゴマイマイ（*Helix pomatia*）が海水中で二〇日間生き延びることを突き止めた。ここで重要なのは、カタツムリが休眠をしていたという点だ。先述したとおり、休眠中のカタツムリは、粘液で作った薄い膜で殻口を閉じ、乾燥を防ぐ。このように殻に閉じこもっているかぎり、カタツムリの多くは海水中でも数週間は生きていられるようだ。[7] 粘液が日常的な移動で利用されている例を前章で見たが、それとはまた違ったかたちで、粘液はカタツムリの移動を助けている可能性がある。

一八六〇年代のフランスでは、一〇種からなる一〇〇匹のカタツムリを穴のあいた箱に入れ、海水に浸す実験が行われた。ダーウィンに触発されたこの実験では、約四分の一のカタツムリ（六種）が二週間生き延びたという。二週間という期間は、丸太のような漂流物が大西洋を横断するのに必要な時間のおよそ半分と考えられた(8)。

こうした実験からは、暫定的ではあるが、一つの重要な知見が得られる。すなわち、少なくとも可能性としては、カタツムリが海を漂流して遠くの土地にたどり着くことはありえる、ということだ。とはいえ、ハワイのカタツムリがこの方法で島にやってきた可能性がどれほど高いかはわからない。七五〇種以上が知られているカタツムリのうち、わずか一種について短期的な実験を行っただけの私たちには、それを知るだけの知識がないのである。

カタツムリが島にたどり着く手段は、なにも漂流だけではない。それどころか、私が話を聞いた生物学者のほとんどは、漂流はカタツムリの長距離移動の主な手段ではないと考えていた。たしかにハワイ諸島内であれば、カタツムリは漂流して移動していたかもしれない。だが、最初にハワイにやってきたカタツムリがその手段を利用した可能性は低い。そうやって移動するには太平洋はあまりに広いからだ。ここにいたり事態はさらに奇妙で、実験には不向きな方向へと向かうことになる。

プウオヒア頂上付近の曲がりくねった道を歩きながら、私たち二人は、漂流以外にカタツムリが海を渡れる方法について話し合った。ブレンデンいわく、カタツムリの現在の姿だけ見て判断すると、さまざまあるはずの移動経路を見逃してしまうという。種の多くは、島にやってきたあとに変化を経験している。たとえば、新しい環境に応じて体のサイズが大きくなったり（巨大化）、小さくなったりした（矮小化）。このような変化と並行して、進化の結果、まったく新しい種も誕生した。系統発生分析からは、ハワイのカタツムリの大半がそのような進化を遂げ、一度の島への到来から、数百万年の歳月をかけて複数の新種が生まれたことが示唆されている（この分析では、異なる島に生息する近縁種の遺伝物質を比較し、その遺伝距離を計測し、いつ島に到着したか、いつ分岐したかを明らかにした）。島で新しく誕生した種には、最初に海を渡ってきた祖先によく似たものもあれば、まったく姿が変わってしまったものもある。

たとえば、その日最初に見つけたカタツムリで、ショウガの葉を移動していたアウリクレルラ・ディアファナ（*Auriculella diaphana*）は、以前パリケアで見た大型のハワイマイマイ属の近縁だ。とはいえ、前者は全長七ミリメートルなのに対し、後者は二センチメートルもある。ブレンデンによると、アウリクレルラ属とハワイマイマイ属にはさらに小型の共通の近縁種がいて、系統発生分析の結果から考えれば、長い旅をしてハワイにやってきたのはそのカタツムリである可能性の方が高いという。私たちは幸運なことに、その小さなカタツムリ、ノミガイ亜科（Tornatellidinae）もショウガの葉のあいだに見つけることができた。

私たちはノミガイ亜科に属する種をいくつか見つけたが、その日見たカタツムリはどれも、最大でも二ミリメートル程度のサイズしかなかった。せいぜい米粒ほどの大きさである。大きさの違いは、全長の差から想像するよりはるかに重大な意味をもつ。ロバート・カウィの説明によると、カタツムリの体重は全長の三乗にほぼ等しい。だとすれば、全長二ミリメートルのノミガイは、全長二センチメートルのハワイマイマイより一〇〇〇倍も軽くなりうる。このような軽量のカタツムリがハワイに最初に到達した祖先なのであれば、海を漂流する以外にも、別の移動手段がいろいろ考えられるだろう。たとえば、鳥に乗ってやってきたというのもその一つだ。

これまで会話を交わした生物学者の多くは、自信の強さに濃淡はあるものの、カタツムリがハワイにやってきた経路という難問の答えとして、もっとも可能性があるのは「空」だと説明した。それが起きた経緯の詳細は少しずつ違っていたが、主な出来事はみな共通している。遠い過去のある時点で、夜に木の枝で休んでいたか、あるいは巣を作っていた渡り鳥（おそらくチドリの仲間）の体に小さなカタツムリがよじのぼった。カタツムリは夜行性なので、こうして木で休んでいる鳥とたまたま遭遇し、その羽の奥深くへと気まぐれに身を潜めることがあっても不思議ではない。鳥はその後、渡りを開始し、数日あるいは数週間後に目的地に到着する。そこでカタツムリは長旅で疲れ切った鳥から身を離し、新しい土地へと降り立つというわけだ。

正直に告白すれば、最初にこの説明を聞いたときはどこか半信半疑だった。この一連の出来事がそう都合良く展開するなど、とてもありそうにないと思ったからだ。しかし、進化の時間という膨大なスケールでは、「とてもありそうにない」というのは、実はかなり有望な可能性なのである。さらにその後、研究者に話を聞いたり、文献を読んだりしているうちに、私はカタツムリの驚くべき旅の世界を知るにいたった。研究者が鳥に付着したカタツムリを意図的にさがすことはまずないが、それでも過去数十年に発表された論文のなかには、鳥の観察や標識調査の過程で、偶然カタツムリを見つけたという報告がいくつかある。そのようなケースでは、カタツムリが驚くほど大量に、しかも定期的に見つかることがあるようだ。

具体的に見てみよう。ヴィトリナ・ペルルシダ（*Vitrina pellucida*）というカタツムリは、ヨーロッパでさまざまな渡り鳥の体から見つかっており、スクシネア・リイセイ（*Succinea riisei*）は北アメリカで三種類の鳥から発見されていることが、複数の研究から明らかになっている。[9] 後者のケースでは、一羽の鳥に一〜一〇匹のカタツムリが付着していたという。ルイジアナ州の渡り鳥に焦点を絞った調査では、三種の鳥からカタツムリが見つかっている。この調査の主な対象はヤマシギで、研究者が実際にカタツムリを観察したのもこの種だった。「九六羽のヤマシギのうち、一一・四パーセントにカタツムリが見られた。一羽あたりの平均数は三匹で、……大きさは一・五〜九・〇ミリメートルだった」。[10] ここから、少なくともノミガイほどの小型のカタツムリが鳥と共に移動する事例は、なんら例外的ではないことがわかる（もちろん、何千キロメートルも離れた土地に無事たどり着き、そこに定着するのは別問題で、かなり異例のことではあるのだが）。

一方ハワイでは、鳥に見つかるカタツムリの科学的調査は実施されたことがなく、どのような種がどれくらいの頻度で鳥に付着しているかを知るのは難しい。ところが、本書の執筆中に、ビショップ博物館のノリ・ヨンがある野外調査の記録に興味深い記述を見つけ、私に教えてくれた。その記録とは、ビショップ博物館の軟体動物コレクションの学芸員だった（ということはノリの先達にあたる）ヨシオ・コンドウが一九四九年に作成した採集ノートだ。方眼のページの一番上には、几帳面な筆記体でこう記されている。「セギロアジサシの幼鳥にスクシネア（*Succinea*）とエラスミアス（*Elasmias*）が付着していた。鳥は放した。残念ながら、鳥についていた殻は保管しなかった」

鳥との旅と同様に推測の域を出ないが、小さなカタツムリの長距離移動の手段として、もう一つ興味深い可能性が考えられる。葉のような物体に付着して、あるいは単独で、風に飛ばされるという方法だ。飛行機に網を取りつけて標本を採取する調査からは、小型カタツムリと同程度の大きさ、重さの岩石粒子が風に運ばれて移動し、ときには高度二〇〇〇メートル以上の高さまで上昇していることがわかっている。研究者のなかには、この種の発見を引き合いに出し、カタツムリもまた同じような方法で海を越えると考えても不合理な点はないと主張する者もいる。[11] ブレンデンやロバートをはじめ、私が話を聞いた科学者の何人かは、ハワイのカタツムリの祖先の少なくとも一部が、風――おそらくハリケーン――によって運ばれてきた可能性を否定しなかった。

こうして最初の大躍進を遂げたカタツムリには、より距離の短い、ハワイ諸島内での移動のためのさまざまな選択肢が生まれる。遺伝子分析の結果からは、このような短距離の移動は過去に何度も起きていることがわかっている。カタツムリは、先に見たように海を漂流して隣の島へとたどり着いたかもしれない。あるいは、鳥の体内に収まって、より短時間で移動した可能性もある。ノミガイの少なくとも一種を含む、さまざまなカタツムリ種が、かなり高い頻度で鳥の消化管を生きたまま通過できることが、複数の研究によって明らかにされている。[12]

このような移動方法は、旅の手段としてはまったく頼りないものだ。風や鳥や流木に乗って見知らぬ新天地に到達した一匹のカタツムリの陰には、そのような幸運に恵まれず、途中で命を落とした数百万匹のカタツムリが間違いなく存在する。ただし流木よりは、鳥と一緒に旅をする方がまだ成功率は高そうだ。少なくとも理論上は、森にいる渡り鳥は次も別の森を目指すはずだからである。もちろん、不運にも鳥の体内に収まってしまったカタツムリは、消化管を通過する旅も生き延びる必要がある。

カタツムリのような生物に逆境が多いのは言わずもがなだが、世界中のほとんどの島で見られるという事実は、見かけによらず、その生物が分散して定着することに長けていることを物語っている。空を飛んだり、海水を楽しんだりすることはできなくとも、小さくて頑丈なので、他の移動手段を利用することができるのだ[13]。

新しい場所に来てからの話ではあるが、カタツムリには他の動物よりも分散に有利な特徴がある。先述のとおり、ハワイのカタツムリは、大半の地域と同様、すべて雌雄同体と考えられている。つまり、定着に成功するには、二つの個体がいれば十分ということだ。それどころか、単独で繁殖できる場合すらある。たとえば、自殖（自家受精など）が可能な種や、交尾で得た精子を貯蔵して後日使用する種が、それにあたるだろう。ハワイに生息する個々のカタツムリがどちらの方法で繁殖を行うかはよくわかっていないが、全体で見ればどちらのケースも存在することは証拠によって裏づけられている[14]。

生きたカタツムリすら不要な可能性も考えられる。ハワイのカタツムリのなかには、粘着性の卵塊を産むものがいる。もしその祖先も同じことをしていたなら、自分自身ではなく、卵が鳥や流木に付着して移動するケースもあったかもしれない。卵の状態で移動するのが、生きている個体より有利かどうかは研究者もよくわかっていない。カタツムリの卵は乾燥しやすいため、殻に守られた生物よりも、安全で確実な旅路にはなりえない可能性もある。

いずれにせよ、どういった手段を使おうとも、カタツムリが長距離を移動できるのは外部環境のおかげであり、生物学者が「受動分散」と呼ぶものに翻弄された結果である。ブレンデンがうまく要約してくれたように、「生物地理学の視点から見ればカタツムリは植物」なのだ。植物は種子や胞子を利用して分散するが、その方法にはカタツムリの長距離移動と共通する部分が多い。これは明らかに、長大な時間があって初めて実現する島嶼間分散という「システム」である。数百万年のあいだに、ごく一握りの幸運なカタツムリが旅を成功させたが、具体的にその数がどれくらいだったのかはよくわかっていない。ただしブレンデンとロバートは、カタツムリ種をハワイ内外の共通祖先までたどることで、約五〇〇万年前（カタツムリの生息に適したもっとも古い島であるカウアイ島が形成された時期）から現在まで、およそ二〇、ないしは三〇以下の勇敢な探検家、あるいはその集団が、島嶼間の移動を成功させたと推定している。[15] ハワイの驚くほど多様な腹足類は、その少数の祖先から進化してきたはずだというのだ。

カタツムリの分散は、それを媒介するのが鳥であれ嵐であれ海流であれ、環境の気まぐれに翻弄されて移動するという点で、とことん「受け身」であるのは間違いない。だが、それが物語のすべてではない。そうした移動を可能にするには、進化の奥深い歴史が必要だからだ。カタツムリの受動的な移動方法が「機能する」のは、隔絶された新天地で分散し、生き残り、繁殖するための驚くべき形質――エピフラム、粘着性の卵、精子貯蔵、自家受精など――をその生き物が進化させたからにほかならない。数百万年という歳月、数えきれないほどの世代を費やして旅を成功させたことで、もっともうまく生き残り、定着した個体が選択されたのである。

ここで機能しているのは、深いかたちでの進化の行為者性である。言い換えれば、独自の能力と性質をもった生き物たちが見せる、創造的、実験的、適応的な解決策だ。[16] 長距離の移動を行うカタツムリの個体は、たいていの場合ほぼ受け身だが、本当に何もしていないわけではない。鳥によじのぼったり、殻口を塞いだり、将来のために精子を貯蔵したりといった特定の行動は、きわめて重要だ。それは他の動物が行っているような、より積極的で、意図的ですらある分散ではない。それどころか、カタツムリの行動自体はささやかであっても、これほど遠くまで移動し、広範囲に分散する能力をもっている。私にとっては、それこそがカタツムリの生物地理学における真の驚きなのである。各個体は旅のために多大な努力を払う必要はない。というのも、自然選択がカタツムリのために、カタツムリ自身に、カタツムリと共に働きかけ、漂流という、成功のためには悠久なる時間を必要とする旅に適した存在を生み出したからだ。こうした視点から見れば、大きな成功をもたらしたカタツムリの受動性とは、欠陥などではなく、進化の驚くべき成果と言うべきだろう。

このテーマについては、判明していないことがまだたくさんあり、移動の経路ばかりでなく、どのようなパターンで分散が生じるのかもわかっていない。パターンは気流や海流に依存するのか、それとも鳥の渡りで使われる経路に左右されるのか？　しかし、すべてが明らかになることはない、未解明の謎は残りつづけるに違いない。そもそも、これほど広大な時間と空間にまたがる生物地理学のプロセスをどうすれば研究できるというのか。ブレンデンが説明したように、ハワイ諸島では平均して数十万年に一度、カタツムリの長距離移動に成功した事例があったようだ。そのような時間枠で起こる出来事であれば、それを目撃すること、ましてや研究することは誰にもできないだろう。

その日、プウオヒアを歩く私の耳にカタツムリの歌声が聞こえてくることはついぞなかった。歌声が聞こえなかったのは、以前に生物学者たちが教えてくれたように、カタツムリには声帯がなく、歌うのが原理的に不可能だからだろうか？　プウオヒアに行ったのが日中だったせいで、夜行性のカタツムリはみな眠っていたのだろうか？　あるいは、「はじめに」で触れたように、カタツムリの歌がすべてがポノ（善良、正しさ、幸福）の状態に収まっていることを知らせるものなのであれば、世界、特にカタツムリの世界がその状態からほど遠い現在、歌が聞こえるはずもないということなのか？　こうしたことはすべて、少なくとも私にとっては雲をつかむような話だ。そもそも、カタツムリの歌がどんなものなのかがわからない。美しい歌だったという記録もあれば、さえずるようだったとか、甲

82

高い単音で歌っていたと教えてくれた人もいた。また、どのカタツムリが歌うのかについても、わからない点がある。多くの人は、歌うのは大型の樹上性カタツムリだけだと考えている。たとえば、マウイ島、モロカイ島、オアフ島、ハワイ島などで見つかるハワイマイマイ属や、その近縁であるパルトゥリナ属（*Partulina*）だ。私たちが歩いた山はかつてハワイマイマイ属の生息地だったが、今ではもう彼らはいない。だからもしかすると、この森は歌を聴くにはふさわしくない場所だったのかもしれない。しかしその一方で、歴史によれば、プープー・カニ・オエ（「長く音を立てる貝殻」）やプープー・カニ・アオ（「夜明けに歌う貝殻」）といった呼び名は、歌うカタツムリの記述と共にハワイ全土におよんでおり、かつてカウアイ島に生息していた大型の地上性カタツムリであるカレリア属（*Carelia*）と明確に結びつけられているケースもある。[17]ということは、やはりこの森で歌を聴くことができたのだろうか？

私にはわからないことが多すぎた。そこで私は、あらゆる場所、あらゆるカタツムリに対して（アウリクレルラ・ディアファナのような小さなカタツムリにまで）、ともかく耳をそばだてるという作戦をとることに決めた。あらゆる機会を利用して、カタツムリの歌について質問もしてみた。ほとんどの場合、その答えは次の二つのどちらかだった。

多かったのは、それは「勘違い」ではないかという常識的な返答である。ハワイの森には、カタツムリだけでなくコオロギも数多く生息していて、夜になると甲高い音で鳴き、その鳴き声は大きく、ときに美しい。コオロギはまた、人が近づくとすぐに鳴くのをやめて姿を隠してしまうので、大型のカタツムリよりずっと人目につかない。この説明は、「ハワイの動物学の父」と呼ばれるロバート・シリル・レイトン・パーキンスが一九世紀末あるいは二〇世紀初頭に提唱したとされるもので、以来、多くの生物学者に受け入れられてきた。[18]

歌うカタツムリをカナカ・マオリがどう語っているかに関する論考がある。そのなかで、著者のエイミー・ヨウ・サトウ、メリッサ・ルネイ・プライス、マハナ・ブレイチ・ヴォンの三人は、カタツムリの歌の帰属について重要な背景をいくつか紹介し、それが文化的な要因によって強化されてきた可能性に言及した。彼らは、さまざまな伝統文化の実践者との徹底した議論をもとにこう書いている。「ハワイでは、美しい歌声はカーフリのような精妙な存在のものだと、ごく自然に捉えられていた[19]」

私がハワイで話したなかには、カタツムリの歌は勘違いなどではありえず、その指摘を侮辱と感じる人たちもいた。彼らによると、カナカ文化は、アーイナ（土地）とその生活共同体に関する詳細で込み入った知識に根ざしている（これについては第3章で詳しく見る）。そうした人たちが、どうしてそんな初歩的な勘違いをするというのか。

その代わり、彼らはこんな説明をした――カタツムリが歌うとは、木の枝や葉にぶらさがっているときに殻口を風が吹き抜けて、笛のような音が生じることをいうのだと。この説明に否定的な研究者もいる。たとえばマイク・ハドフィールドは、カタツムリの殻は小さすぎてそういった音は出せないと言っている。しかも、カタツムリは殻口をよく塞ぐ。「自暴自棄の個体でもなければ、風があるのに大口を開けて水分を失うようなまねはしないよ」

とはいえ、この説明には根強い人気がある。私が話を聞いたなかでは、何世紀も前、まだ森にカタツムリがあふれていた時代には、その笛のような音が重なり合って、ある種のメロディに聞こえたのだろうと考える人が多かった。カタツムリの歌には風が関与しているという説明は、複数の歴史資料にも残されている。例を挙げれば、「パ・カ・マカニ」というハワイのチャント（伝統歌）では、「風が吹き、森のなかでカタツムリがさえずる（声をふるわせる）」と歌われている[20]。しかし、近年では森の様子もすっかり変わってしまった。森の環境は伐採や外来種によって大規模な劣化を経験しており、カタツムリの数が急減したおかげで、たとえ殻が笛の代わりになるとしても、そのメロディが聞こえてくる余地は少ないように思われる。サトウらが指摘するように、こうした変化の結果、「以前と同じように風が森を吹き抜けることはない」と人々は考えている。[21] 私が話を聞いたうちの何人かは、この変化によって、少なくとも現在のところはカタツムリの歌が中断されているのだろうと感想を漏らした。その一方で、条件を間違わず、しっかり注意を払いさえすれば、カタツムリの歌声はまだ聞くことができると考える人もいた。

カタツムリと森

ブレンデンと歩きつづけ道のりのなかほどまでやってきたとき、ショウガとジャスミンが生い茂っている一画があったので、そこでもカタツムリをさがしてみることにした。最初の葉を裏返してみると、はたせるかな、カタツムリはすぐに見つかった。次の葉にも、そのまた次の葉にもいる。どうやらこの周辺では、アウリクレルラ・ディアファナが大いに繁栄しているようだ。

といっても、すべてが見かけどおりではないかもしれない。数年前、ブレンデンと二人の研究者、ルチアーノ・キアヴェラーノとシエラ・ハワードは、これらのカタツムリを研究室に持ち帰り、生息環境の変化が与える影響を調べた。アウリクレルラ・ディアファナは、葉の表面を覆っている微生物の薄い層を削り取って食べる。ブレンデンらは、そうした微生物群集は植物の種類によって異なり、ひいてはカタツムリの健康にも影響を与えるのではないかと考えた。

実験では、アウリクレルラ・ディアファナを次の三つの環境のいずれかで、四か月にわたり飼育した。すなわち、在来植物、ショウガやジャスミンといった外来植物、その二つを混合した植生からなる環境である。カタツムリは三つすべての環境で生き残ったが、繁殖力には劇的な差が見られた。在来種のみの環境で飼育された個体群は、外来種の約二〇倍、二つの混合の約一五倍の卵を産んだのである。ブレンデンらは、「この結果からは、外来の植物に頼って生きる在来のカタツムリが亜致死的なストレスを被っており、それが繁殖力の劇的な低下として現れたことが示唆される」と主張した。[22]

このストレスは、文学研究者のロブ・ニクソンが「ゆっくりとした暴力」と呼んだものの一形態である。[23] 生息地の破壊のような劇的で目に見える暴力、捕食や採集による直接的な死と並んで、ここでは、持続的な生を営むための条件が音もなく損なわれていくという長期的なプロセスが現出している。この緑豊かな植生の海は、かつてのように栄養を与えてはくれないのである。

なぜこのような結果になるのかは、論文でも「本研究の在来植物ケージで見られた繁殖力向上のメカニズムは不明」と述べられているとおり、まだわかっていない。しかし、栄養源として利用可能な微生物の違いが何らかのかたちで関わっていることは、まず間違いなさそうだ。

カタツムリが共進化してきたハワイの森の生息環境は、この数世紀で何度も劇的な変化を遂げた。カタツムリは、変化のたびに新しい難題を突きつけられた。とりわけ低地の森ではその色が濃く、ポリネシアから人間がやってくると、生息地を農地に変えられ追い出されることになった。そのことをマイクは論文で次のように書いている。「低地の植生を一掃したことで、そこに暮らしていた個体群、もしくは種さえも、記録されないまま絶滅してしまった可能性がある」[24]。この変化は、生息域が比較的狭い種に特に大きな打撃を与えたことだろう。

それと同時に、この時期にポリネシア人のワア（航海カヌー）に乗って島にやってきたラットも、カタツムリに重大な影響を与えたはずだ。ラットはカタツムリを捕食するからである。しかし近年、ハワイをはじめとする太平洋地域の古植物学の研究が進み、ラットは捕食者としてだけでなく、大きな種子や果実を貪欲に食べることで、それまで想像もしなかった経路で森の生態系を変えていることが示された[25]。生物学者のサム・オフ・ゴンとカウィカ・ウィンターは、この研究に基づいて次のように主張した。「（かつてハワイの森で主流だった種子の大きい植物種をラットが消費することで）種子の小さい種が支配する森へと生態系が推移した。このレジームシフトは、陸生のカニ、カタツムリ、飛べない鳥を次々に駆逐する、連鎖的な絶滅をもたらした[26]」

ハワイの森林破壊は、一九世紀初頭から始まるヨーロッパの探検家、貿易商、捕鯨船の到来、それに続く世界市場への包摂、新たに持ち込まれたさまざまな生物種によって、飛躍的に加速することになった。この時代のハワイの森にもっとも大きな影響を与えたのは、カメハメハ一世の統治下における中国へのビャクダン貿易の隆盛だった。カメハメハ一世（一七三六―一八一九）はハワイのアリイ（首長）で、征服と協定によってハワイ諸島全体を支配下に収めた人物だ。彼の軍事力の源泉はヨーロッパの軍需物資を入手できる点にあり、その軍資金となったのがビャクダン貿易を独占して得た利益だった。カメハメハは死ぬまでこの貿易を独占したが、ビャクダン資源は、彼の死後しばらくして枯渇する[27]。

ビャクダン貿易に次いで重大な脅威となったのは、ウシなどの家畜である。一七九〇年代前半、イギリス人船長のジョージ・バンクーバーは、カメハメハへの贈り物としてハワイに初めてウシを持ち込んだ。国王による特別な庇護のもとウシは急増し、[28] 最初はハワイ島に、その数十年後にはマウイ島やカウアイ島の森にもよく見られるようになり、最終的にはすべての島に広がった。[29] ハワイ全土にウシが行き渡り、森の木の新芽が食べられ踏みつぶされるようになると、一八五〇年代にはこう嘆かれる状態になった。「老木が寿命で枯れる一方、若い木がそれに取って代わることはない」[30]

ウシの拡散はマカアーイナナの農作物にも深刻な影響を与えたが、それらカナカの農民は、最初は共同体の有力者、のちに裕福な牧場主の権力と影響力によって、有効な対策をとることができなかった。実のところ、このウシ対策の禁止は、カナカ・マオリがハワイの伝統的な土地から追い出されることになった経緯を語るうえで欠かせない出来事だった（これについても第3章で詳しく見る）。大きな牧場の所有者は、「ウシとの戦いに疲弊した農民からクレアナ（小区画農地）を買い取る」という戦略をハワイ全土で好んで繰り広げた。[31] これと同様のプロセスは世界各地で観察されており、そこで家畜は帝国の突撃隊としての役割を果たした。[32]

一八世紀後半から一九世紀にかけて海外との接触が盛んになると、ハワイには淋病、梅毒、結核などの命に関わる病気が持ち込まれ、免疫のなかった現地の人々に急速に広がった。死者は膨大な数にのぼった。資料によれば、主にそうした病気が原因で、ハワイ諸島では一八五〇年までに人口がほぼ一〇分の一にまで減少したという。病気と死はカナカ社会を引き裂き、家族や政治のあり方に影響を与え、慢性的な労働力不足を生じさせた。そして、「島民の寿命が短くなり、不妊と幼児死亡が増え、何世代にもわたって劣悪な健康状態が続いた」[33]

こうした社会の混乱がハワイの景観《ランドスケープ》に影響を与えないわけがなかった。人口が減少し、農業や灌漑システムが崩壊すると、島の生態系は劇的に変わりはじめた。この状況は、自給自足経済から農作物の輸出産業を基盤とする経済へとわずか数十年で急速に変化する道を開いた。

歴史家のキャロル・A・マクレナンが主張するとおり、砂糖はハワイの環境変化を説明するキーワードだ。「西洋式の砂糖プランテーションがハワイのコミュニティに最初に出現したのは、一八四〇年代のことだった。その後一八八〇年代になり、大規模な資本注入によってプランテーション農業は軌道に乗った。一九二〇年までに、島は砂糖の生産機械へと化した。その生産機械は、北米の砂糖への渇望をうるおすために、島の土壌、森、水、そして住民を徹底的に利用するものだった」[34]。広大な土地が砂糖生産のために占有された。しかし、それ以上にマクレナンが強調するのは、プランテーションがハワイの景観に広がり、すべてを変容させていったプロセスだ。砂糖プランテーションが景観を変えたのは、一つには「牧畜と稲作の補助産業」としてだったが、それと同じくらい重要なのは、残された森が集水地、つまり、農作物に大量の水を供給することを第一の目的とした土地として再認識されたことだ[35]。一方で二〇世紀初頭には、砂糖プランテーションを経営する同じ企業によって、それ以外の広大な土地がパイナップル農園に転用されることになった[36]。

このプロセスが引き金となって、ハワイのカタツムリが依存していた森の生息地は多くが消え去ったか、運が良い場合でも著しく荒廃した。ブレンデンと私がそぞろ歩いたプウオヒア地区は、そうした影響が一堂に会した場所だ。二〇世紀に差しかかる頃には、開墾と伐採、ウシなどの有蹄類の影響により、「広大な丘陵地が丸裸にされてしまった」のである[37]。その後二〇世紀初頭には、森の消失を食い止めるために、この地区を含む島全体で大規模な森林再生プログラムが立ち上がった。プログラムの主な目的は、荒れ果てた集水地を回復し、保全することだった。具体的には、自生していた植物の代わりに、マカダミア、マンゴー、パラミツ、ユーカリ、クスノキといった成長の早い樹木を植えた。今日のプウオヒアに見られる折衷的な植生の大部分が、このプログラムをルーツとしているのは間違いない。実際、この場所は森林再生活動の中心地の一つだった。現在に残る一三エーカーの森は、一九世紀後半に一度伐採され、新しい植物種を試験した場所である。(38)

この地区の驚くほど多様な植生が土地利用の変化の歴史を忠実に反映していることを考えれば、アナ・チンやダナ・ハラウェイのような研究者が、環境が著しく変化した現代を指して「プランテーション新世」という名称を提案したことも容易に納得できる。(39) この視点に立てば、変容する地球を牽引しているのは、人類という漠然とした存在——人新世の「人」——ではなく、むしろ、人間生活の特定の様式、土地や農作物との関係、そこに内在する富を生み出す破壊的な可能性との関わり方ということになるだろう。こうした変容は世界のあらゆる場所で見られ、特定の人間の肉体や共同体に対してなされる多様なかたちの搾取、収奪、暴力と結びつき、またそれらによって可能にされてきた。ハワイにおいてこの種の影響を行使し、人間からカタツムリにいたるすべての存在の生活を作り変えてきたのは、プランテーションとその近縁である牧畜だった。オアフ島では砂糖とウシの全盛期はとうの昔に過ぎ去ったが、その遺産は今も身近に感じられ、人々はそれと共に生き、死んでいるのである。

こうしたハワイの森の変化を通じて、カタツムリ、植物、より広範な環境の関係は、傷つけられ、改変され、あるいはたんに破壊されてきた。これらの関係について私たちが理解していないことはたくさんある。たとえば、かつて存在した多くのカタツムリは環境内でどんな役割を果たしていたのか？ ブレンデンとリチャード・オロークらが行った予備研究は、カタツムリが葉の表面を掃除することで、微生物群集の多様性を高いレベルで維持し、ひいては植物に有害な病原微生物を抑制する効果があった可能性を示唆している。[40] また、カタツムリによる定期的な葉の掃除は、植物の光合成能力を高めるという指摘もある。

多彩なタイプからなる地上性のカタツムリも、枯葉のような有機物を分解し、豊かな土壌を作るなどして、森のなかで重要な役割を果たしていた可能性がある。[41] 実際、数世紀前にミミズなどの腐食動物がハワイに持ち込まれるまでは、カタツムリこそがその重要な仕事の担い手だったと考えられている。その貢献は特に重要だったはずだ。

ハワイのカタツムリはまた、それ以外の土地で見られるのと同じ、ある生態学的役割を果たしていたことだろう。かなり人目を引くその役割とは、他の生き物に捕食されることだ。ハワイでは大量のカタツムリが一部の動物の重要な食料源になっていた可能性があるが、一方で、現在見られる捕食者がやってきたのは比較的最近であり、それまではカタツムリ、特に大型のそれを食べる動物はあまりいなかったに違いない。とはいえ、遠い昔には、絶滅した鳥類——飛べない大型の鳥だったトキやクイナの仲間——が、カタツムリを大量に食べていたと考える人もいる。[42] ハワイの鳥類でカタツムリを食べたと記録されているのは、ポオウリ（*Melamprosops phaeosoma*）という小さな鳥だけで、この鳥は一九七三年に初めて科学文献に掲載された。残念ながら、ポオウリは二〇〇四年を最後に目撃されていないが、発見から絶滅までの短い期間に、カタツムリをさがして樹皮やコケのあいだを物色している姿が頻繁に目撃されている。[43]

しかし、いま挙げたような推定が一定の根拠をもつとしても、結局のところ、ハワイのカタツムリや鳥や森が消える以前に、それらの生態学的役割がどれほど重要だったのかを正確に知ることはできない。にもかかわらず、保全活動家のあいだには、自分が守ろうとしている種の重要性を主張する際に、このような生態学的な物語を無理にでも語りたいという願望が存在している。彼らがそう願うようになる状況の根底には、生態系の働きに関する広く受け入れられた言説と、環境保全の名の下にいかに世間にアピールすべきかという確立された知見がある。[44] アメリカ環境思想の先駆者アルド・レオポルドは、今から数十年前にこう述べた。「すべての歯車を保存しておくことは、知的な修理作業のためにできる第一の準備である[45]」

私はこの機械の比喩を特段ひいきにしているわけではないが、こうした見方から何かが見えてくることは確かだと思う。しかし、ハワイのカタツムリの場合、もし彼らが歯車であったとしても、その歯車が全体の機構のなかでどう働いているのかはほとんどわからない。カタツムリがまだ数多く暮らしている森の希少な区域が、カタツムリがいなくなった残りの大部分よりも健康であるようにはとても見えない。地上を這うカタツムリがかつて土壌の健康に一役買っていたとしても、カタツムリを食べていた鳥と同様、今日ではそうした役割を期待されてはいないようだ。

今日の森に暮らしているカタツムリの生態学的重要性については、その機能に関する単純な物語があれば便利で役立つかもしれないが、実際にはそうした物語は知られていない。もし存在していたとしても、容易に理解できるものではなかっただろう。この状況は、ハワイの森が広範囲にわたって破壊されたことでさらに悪化している。マイクは、このトピックについて話したときにこう語った。「一八五〇年当時、カタツムリみたいに大量にいた動物は何であれ、森の生態系にとって重要だったと思うよ。そうした動物は生態系の大部分を食べ、大部分を排泄していたからね」。こうした関係に的確な名前をつけることは現在の私たちの力量を越えているが、それがともかくも存在していたこと、そして、違ったかたちであれ今でも存在しているかもしれないことは想像しておく必要がある。マイクにとってこの問題は、カタツムリの喪失によって「相互のつながりという要素全体が消え去った」という点に尽きるのだろう。

カタツムリが周囲の植物、土壌、景観とのあいだに築いた関係がどのようなものだったか、仔細にはわからないかもしれないが、その関係は、目を見張るような陸生腹足類の多様性がハワイにどうやって生まれたのかを理解するうえで重要な鍵となる。ここまで見てきたとおり、現在ハワイで見られるカタツムリは、そのほとんどが島にやってきてから進化したものと考えられている。何らかの方法で島にやってきたカタツムリは、個体群の隔離と枝分かれを経て、複数の新しい種へと進化した。同様のことは何度も起きた。こうして多様性が放射状に広がっていったわけだが、それが可能になったのは、ハワイの環境に負うところが大きい。湿度が高く、捕食者がほぼ存在しないという、カタツムリにとっては理想的と言っていい条件もその理由の一つだ。しかし、おそらくそれより重要だったのは、ハワイ諸島の特性によって隔離の機会が十分に与えられ、個体群が互いに離ればなれになることで、異なる種へと変貌できたことだろう。

　ハワイの主要な島々は、生態系が多様かつ不均一で、さほど離れているわけではないのに降雨量や植生が劇的に異なる場合も珍しくない。島外の人は、ハワイが気候の変化に乏しい温暖な場所だとしばしば思い込んでいるが、実情はまったく違う。「総面積の小ささに反して、この諸島には砂漠のように乾燥した地域もあれば、世界でもっとも雨の多い地域もある。高い山では気温は氷点下になり、海抜ゼロメートルでは華氏九〇度〔摂氏約三二度〕を記録する。高山地帯では湿度はほぼゼロになり、湿潤な山岳地帯ではほぼ常に一〇〇パーセントを保っている」[46]

こうした環境は、数少ない例外はあるにせよ、カタツムリの移動を妨げる障壁として機能した。鳥などの移動力のある動物であれば、ハワイ全土を行き来して、自分に適した生息地を見つけることもできよう。しかしカタツムリの場合は、嵐、ハリケーン、洪水、山崩れといった間欠的に生じる外力に頼るか、鳥に運ばれて分散するよりほか方法がない。これはつまり、一度隔離されてしまったカタツムリの個体群は、他の個体群と再び相まみえる可能性が低いということだ。ブレンデンとマイクの重要な研究もこのことを裏づけている。彼らは、わずか数キロメートルしか離れていないアカティネルラ・ムステリナの個体群間であっても、数十万年、おそらくは一〇〇万年以上もの期間、有意な遺伝子流動が起きていないことを突き止めたのだ。[47] こうした地理的隔離は、各個体群を異なる方向に進化させ、それぞれの場所に複数の新種を生み出す理想的な条件となった。

土地そのものの移動が新たな障壁を生むケースもある。たとえば、地滑りによってカタツムリが海に流され、別の島に漂着し孤立することもあるだろう。また、長大な時間をかけて火山性の山脈が侵食され、深い谷ができ、そこにカタツムリに不向きな温暖で乾燥した地帯が生じることで、二つの生息地が分断されるかもしれない。[48]

進化の長大な時間のなかでは、カタツムリの大集団から少数の個体がはぐれ、遠くに運ばれてしまったケースも無数にあったことだろう。その際、ハワイの地形が進化のためのまたとない環境を提供する一方で、カタツムリ自身もまた自分の役割をしっかりと果たしていたはずだ。こうした種分化にとって、カタツムリは理想的な性質をもっている。カタツムリは大半が定住型でありながら、まれに起こる長距離移動にも耐えられる。地形と性質の独特の組み合わせによって、種分化の完璧なレシピが生まれたというわけだ。このような状況の帰結として、ハワイのカタツムリの大部分は、生物学者が「単島固有種」と呼ぶものになった。つまり、個々の島、さらに言えば、島のなかでもごく限られた場所にしか見られない種となったのである。

早い時期からハワイのカタツムリに注目していた博物学者、デイヴィッド・D・ボールドウィン(一八三一―一九一二)は、一八八七年、オアフ島の山々に関連して次のように書いた。「これらの山脈の側面には、全体にわたって深い谷がいくつも刻まれており、高くそびえる尾根を隔てている。こうした谷や尾根がハワイマイマイの生息地である。それぞれの谷や尾根には独自の種が見つかるが、各生息地に挟まれた地域には色や形状が微妙に異なる中間的な個体群が暮らし、全体としてグラデーションをなしている(49)」

ここで重要なのは、これらのカタツムリが語る生態学、進化の物語が、「腹足類が既存の森の景観に適応した、あるいは景観によって変化した」というような単純なものではないことだ。ややもすると私たちはこうした類の進化の物語にとらわれてしまう――比較的静的な環境があらかじめ与えられていて、その環境が進化の過程で種が対応する条件を生み出していると想像してしまうのだ(50)。こうした見方は、ダーウィン以前から、そしてダーウィン以降も批判されつづけてきたが、その短絡的な論理は今にいたるまで健在だ(51)。現実には、どんな環境であっても、それ自体が内包する生物種によってさまざまなかたちで影響を受けている。進化とは、多方向に進みうる相互形成のプロセスなのである。

この視点に立つのなら、ハワイのカタツムリが森の生態系によって形づくられてきたというより、カタツムリこそが森の生態系を生み、維持することに貢献してきたと認める必要があるだろう。この認識は、進化が種に「起こる」という単純な考えを揺さぶる。[52] そして同時に、生き物の暮らし、関係、決断が、環境や他種に影響を与えることなどを通じて、その生き物自身や他の生き物を形づくる、そのさまざまなかたちを理解する余地を生み出す。だがここでもまた、ハワイのカタツムリにはわかっていない点が多く、今後も完全に理解されることはないだろう。

ハワイのカタツムリの研究が、今日の生物学者が「遺伝的浮動」と呼ぶ非適応放散のプロセスについての科学的理解を深めるうえで一役買ったことは驚くに値しない。この点で、一九世紀の博物学者で宣教師でもあったジョン・トマス・ギューリック（一八三二―一九二三）による研究は、特に重要だった。当時出版されたばかりの自然選択に関するダーウィンの著作に深い感銘を受けたギューリックは、オアフ島に生息するハワイマイマイの驚くべき多様性がどう進化したのかを自ら説明しようと試みたのである。

ギューリックは、同時代のボールドウィンと同じように、互いに酷似した森林環境に暮らしているにもかかわらず、色や模様が著しく異なるカタツムリがいることに気がついた。[53] ほぼ同じ環境にいて、同じ選択圧を受けていながら、これほどの違いが生まれたのはどうしたわけか？　その変化はすべて適応によるものなのだろうか？　ギューリックはそう考えなかった。ジョージ・ジョン・ロマネスをはじめとする当時の進化論者との対話のなかで、彼は、生き物には「変化を好む生来の傾向」があると述べた。その傾向のおかげで、隔離された個体群は、たとえ環境に違いがなくても、ゆっくりと枝分かれしていくというのだ。[54]

遺伝的浮動という考え方は、当時は強硬な反発を受けたが、今日では適応的選択と並んで進化の重要な説明として広く受け入れられている。ハワイのカタツムリは、私たちの世界を形づくる進化のプロセスに現代的な理解をもたらすうえで、ささやかな、しかし重要な役割を果たしたのである。

こうした側面からカタツムリの物語を語るには、島の場所や、島と海洋地域との関係についてどう理解し、扱うかを慎重に考えておく必要がある。数十年におよぶオセアニア先住民の研究は、広大な海に土くれをぽとりと落としたような、隔絶された土地として島を見ることに反発してきた。エペリ・ハウオファのような学者は、こうした見方には大陸に暮らす者の意識が透けて見えると指摘してきた。今では古典となったエッセイで彼はこう述べている。

太平洋地域を「遠洋に浮かぶ島々」と見るか、「島々が浮かぶ海」と見るかのあいだには、大きな隔たりがある。前者では、権力の中心から遠く離れたところに位置する乾いた土地という観点が前面に押し出されている。この場合、島の小ささ、隔絶ぶりが強調されることになる。一方後者は、ものごとをその関係の総体として捉える、より全体的な視点だと言える。[55]

このような関係に目を向けることで、オセアニアは各地域が相互に結びついた地域であり、島と住民が長きにわたり関係を築き、歴史、思想、資源、その他多くのものを共有してきたという視点が得られる。言うまでもなく、こうした関係の大部分は、この地域を襲った植民地化の波によってさらわれ、断ち切られてきた。トレイシー・バニヴァヌア・マーが述べたように、植民地化は「それまで人々を互いに結びつけてきた、あるいは引き離してきた境界線や国境を新たに引き直した」のだ。植民地化はまた、グローバル化したネットワークを通じて新たに結びつけることもあったが、多くの場合、さまざまなかたちの「押しつけられた孤立」を通じて、新たな断絶の様態を生み出した。[56] 太平洋地域の専門家の多くは、学問的な関心から生まれる抽象的な疑問を扱うばかりでなく、次のような状況も強調してきた。すなわち、太平洋地域は孤立した、乏しい資源しかもたない狭小な土地であるという考えが、ほかならぬ現地の住民たちによってますます内面化され、ハウオファが言うように「人々の自己イメージに長く残存するダメージを与えてきた」という状況である。[57]

ここで重要なのは、生物科学においてもまた、この地域や島々に対して同様の考え方が支配的だということだ。このことは、島の生態系がしばしば大陸の規範とされるものとの対比を通じて記述される点に見てとれる。そして大陸との対比という観点から見れば、島では特定の動植物集団の豊かさや乏しさが不均等であり、「調和がとれていない」かたちで分布しているということになる。また、大陸に比べて島には捕食者が少ないため、たとえば飛べない鳥など、大陸ではあまり見られない適応が起きているという指摘も頻繁になされる。島は「進化の袋小路」だというよく耳にする仮定も、そのような適応と、島が隔離された状態であることを根拠にしている。要するに、島にやってきて定着した種は、二度と大陸に戻ることはないというのだ。しかし、ここ数十年の研究で、少なからぬ動植物がその種の里帰りをしていることが判明し、この理解は次第に怪しいものになっている。[58] それでも、このような島の理解――とりわけ、島は孤立し、閉じた系であるがゆえに実験に向いているという理解――は、太平洋などでの核実験を可能にするにあたり一定の役割を果たした。この一連の行為は、それ自体が「生態系概念」の出現と深く結びついていた[59]。

カタツムリに向き合うとは、こうした複雑な理解の筋道について熟慮することでもある。先述したように、ハワイという地域、その海と陸地の特殊性は、島に生まれたカタツムリの多様性の形成に深く関わってきた。島の大きさ、不均一な生態系、山の多い地形、湿潤な森を維持できる環境など、どれもが重要だった。また、島にたどり着く頻度、そうした旅を可能にする手段に影響を与えるという点で、カタツムリが数多く生息する場所からの距離も重要だっただろう。繰り返すが、これはちっぽけな孤島の物語にとどまるものではない。とりわけ重要なのは、島にまつわる特定の大きさや距離といったものが、瑣末な要素ではないということだ。そうした要素はむしろ、カタツムリの生活を多様化させ、他では決してお目にかかれない豊かな腹足類の進化を促す、驚くべき原動力だった。加えて、カタツムリに目を向けることで、この「島々が浮かぶ海」が長いあいだ緊密につながっていたことも浮かび上がってくる。遠くで孤立しているように見える場所でも、実際は、この世界の土台をなす移動と交流のパターンによって形づくられてきたのであり、カタツムリもその例外ではない。

謎《ミステリー》について

ブレンデンとの帰り道の途中に、フェンスのある施設に立ち寄った。小さなゲートを開けて足を踏み入れると、それまでとはまったく異なる景観が目に入ってくる。この施設内の環境は、「マノア・クリフ原生林再生プロジェクト」のボランティアによる、およそ一〇年にもおよぶ地道な作業のおかげで生まれ変わっていた。在来植物を植えるために、ボランティアは手作業で外来植物を取り除き、野ブタが入ってこないようにフェンスも設置した。[60] 周囲には、コアやママキといったハワイの固有種が繁茂している。しかし、カタツムリの姿はどこにも見えなかった。

ブレンデンらは以前、この区域でアウリクレルラ・ディアファナをさがしてみたが、結局一匹も見つからなかったという。ほんの一五分も歩けばどこにでもいるカタツムリが、この場所——より良い未来をもたらす可能性のある植生のなか——では見つからないのだ。ブレンデンは、ここにカタツムリを移植することを考えているが、その計画にはリスクもある。わからないことが多すぎるのだ。アウリクレルラ・ディアファナは、一度この区域から完全に姿を消している。もちろん、ボランティアによって植え替えられた施設内の方が生き残りやすい可能性はある。しかしその一方で、ブレンデンが論文で指摘したように、現在多数を占めている外来植物が「捕食者から身を守るための未解明の防衛策を提供している」可能性も同様にある。[61] これらのカタツムリが一見不似合いな場所にいる理由については、誰も確かなことは言えない。

フェンスで区切られた森の小さな一画に立っていると、ハワイのカタツムリの生活と可能性がいかに分断され、孤立してしまったかに否が応でも気づかされた。この島のカタツムリの多くが、このように隔離されたちっぽけな空間でしか生きられないのは、悲しい現実と言うほかない。こうした空間はほぼ例外なく、エクスクロージャーや環境室のように、何かを積極的に排除したり閉じ込めたりするものだ。私はフェンスの内側に立ち、わからない理由で生き残っているとはいえ、すでに孤立した残党と化してしまった個体群にとって、ここも安全な避難所になるのだろうかと考えていた。

ハワイでは、自分をこの世に産み落とした環境、プロセス、関係から切り離されることでしか、カタツムリは生き残ることができないように見える。かつて生存のためだけではなく、驚くべき多様性が広がるための条件をもたらしていた環境は、今やカタツムリにとって致死的、あるいは亜致死的なものになっている。

その日の午後、鳥とコオロギの声が満ちる場所でカタツムリとフェンスについて考えを巡らせていると、週のはじめに交わしたある会話のことがふと頭に浮かんだ。それはハワイの言語と文化の専門家であるプアケア・ノーゲルマイヤーとのやりとりで、私は彼に歌うカタツムリについて質問をした。ハワイの伝統的な物語や考え方で、それがどう扱われているのかを知りたかったのである。彼はその質問に対して、ずいぶん昔のことだが、偉大な作曲家でクム・フラでもあるエディス・カナカオレ（アンティ・エディス）から、こんな話を聞いたことがあると語り出した。あるときアンティ・エディスは、科学者に同行して研究室に足を運び、生物学的に考えてカタツムリが歌うのは不可能だという説明を受けたという。「それに対して彼女はこう漏らしていたよ。『悲しいねぇ、カタツムリは科学者のためには歌わないんだってさ』」

このアンティ・エディスの理解は、カタツムリの物語におけるもう一つの不確かさ、言い換えれば謎《ミステリー》の空間に私たちを引き込む。「不確かさ」と「謎」は同じではない。不確かさとは、将来のある段階で獲得できるかもしれない知識の欠如を表している。それに対して謎は、哲学者のデイヴィッド・E・クーパーが述べたように、原理的な面から見ても世界は十全に知ることができないという認識である。(62)

アンティ・エディスの反応はまた、世界とそれを構成する生き物が、私たちの視線に対して透明でも、容易に明らかになるものでもないことを思い出させてくれる。科学者、クム・フラ、哲学者、カタツムリはそれぞれ、自分の内側から互いを知り、世界を知る。つまり、私たちは誰もが部分的にしか世界を知りえない。多くのことはわからないまま、あるいは他の方法を通じてしかわからないものであり、そうあるほかないのである。

人類学者のデボラ・バード・ローズは、こうした謎は生命には必ずついてまわる特徴だと言った。「人は自分自身をそれが属するシステムから切り離せない。自身がそのシステムの一部であるとき、システム全体は理解の埒外にある」と彼女は書いている。しかし、それでも謎があるのは喜ばしいことだとローズは言う。謎は尊ばれ、大切にされ、守られるべきものだというのだ。謎は、私たちの世界の複雑性と全体性を表している。完全に知ることのできるシステムは、すでに死んでいるか、これから死につつあるものだ。「完全に予測可能であることは、危機があること、つながりが喪失したことを示している[63]」

このような視点に立てば、謎が現実世界のエネルギーと切り離せないことがわかる。だからといって、無知であることを賛美しようというのではない。そうではなく、私たちが共有する世界には多くの階層と可能性があることを謙虚に認めようという意味だ。言い換えれば、ハワイ語で「カオナ」と呼ばれるものを認めることだ。カオナとは、テキストにこめられた複数の意味（その多くは隠されている）を指すときによく使われる言葉だが、カナカの歴史家であるノエラニ・アリスタによれば、ハワイの思想における「言葉間の関係だけでなく、世界間の関係における多重性に対する寛容と選好」全般も表している[64]。

ハワイのカタツムリは、彼らが生きているかぎり、私たちを不確かさ、そして謎に引き込みつづけることだろう。完全な理解を拒むその空間は、カタツムリがハワイにやってきた一つまたは複数の経路のなかに、枯葉の分解や掃除といった生物学的役割との関係のなかに、あるいは、ハワイの人々と共にこの世界で歌い、意味を生み出すありさまとの関連のなかに存在するのかもしれない。そして今、さらなる謎が加わろうとしている。あらゆる困難にもかかわらず、カタツムリはなぜこの場所に暮らしつづけているのか？　カタツムリの未来における最良のチャンスはどこに見つかるのか？

ハワイのカタツムリが姿を消していくにつれ、こうした謎がもつエネルギーもまた脅かされはじめている。理解を拒むこの多様な空間が完全な意味で失われることはないが、私たちがその空間とうまく暮らしていく可能性が潰えることは十分にありえる。敬意に基づいた好奇心、謙虚さ、不思議を感じとる力を携えて、この世界に暮らす可能性が失われるのだ。

種が世界から退場し、なんとか生き延びたものたちの生活もますます分断され、単純化されていくにしたがい、私たちは、自分が知りえるよりもはるかに大きく複雑な存在である、生きている地球と関わり、価値を見いだす方法を発見する能力を失っていく。カタツムリを見つめて、決して解かれることはないが共に生きていかなければならないもの、すなわち謎を目にする可能性が損なわれていくのだ。その謎は、問われ、探求され、不思議がられ、唱えられ、踊られ、歌われるが、それでも最後には理解できない部分が常に残る。

カタツムリとは、私たちよりも大きな世界へと足を踏み入れるための一つ（あるいは一連）の経路である。ハワイで出会ったカタツムリで、私の目の前で歌ったものはいなかった。もしかしたら、歌ってはいたが、私にそれを聞くだけの力がなかったのかもしれない。しかし、カタツムリの傍らで彼らのことを注意深く考えたことで、私はカタツムリを違ったかたちで理解し、その価値を発見し、新たな敬意を抱くようになった。彼らの小さな殻に秘められた生物地理学、進化の濃密な物語は、少なくとも私にとっては、思いもがけない視点と複雑さを教え、刺激的な理解と今も残る深い謎へと導いてくれるものなのだ。

ハワイのカタツムリが積み重ねてきた悠久なる時間の蓄積を真に理解することは難しい。そうした時間について考えるとき、私が思い浮かべるのは、いくつもの撚《よ》り糸が太平洋を越えて、また進化的、地質学的時間枠をさかのぼって広がる、巨大なネットワークだ。一本一本の撚り糸は、それぞれ一つの種を表す。種は、数百万年という歳月をかけて見知らぬ土地を目指し、想像を絶する旅——渡り鳥の体に潜り込み、丸太に乗って漂流する旅——を行った。数百万年という歳月はまた、島々に分散する勇敢な存在、そうした移動が可能になる繁殖能力と適応能力をもつ存在を生み出した。信じられないような偶然に助けられて長距離移動が成功すると、無数の世代にわたるさらなる偶然の移動が、種に隔離と分化をもたらした。

漂流するカタツムリ、地滑りする山谷、浮動する遺伝子。それぞれの撚り糸は、移動、関係、枝分かれした変化の独自の軌跡だ。息を呑むほど多様で、まったく再現不可能なハワイのカタツムリという集合体を生み出したプロセスも、少なくとも一部はそこに含まれている。

このネットワークをたとえ不完全であっても心にとどめておこうと努めることは、カタツムリが重要である理由や、その絶滅によって失われるものの重要性を、別のかたちで垣間見せてくれるかもしれない。そうすることで、この無防備な山腹で生き残った、あるいはパリケア・エクスクロージャーで保護されたアウリクレルラ・ディアファナやアカティネルラ・ムステリナの小さく、はかない個体のそれぞれが、種の「構成員」というよりは、系統の「参加者」であることも思い出せるかもしれない。ここで系統とは、途方もない世代間プロジェクトをつらぬく一つのつながりであり、それぞれが時と共に姿を変え、新しいものを生み出す。種は、適応、隔離、遺伝的浮動といったプロセスを通じて、常にそれまでとは違ったものに近づいていく――変化し、多様化し、増殖していくのだ。したがって、それぞれの種が失うものは、その現在の形状「だけ」ではない。その種がかつてそうだったもの、進化の時が満ちればそうなったかもしれないもの、その種の存在によって他者がなったかもしれないもの、そのすべてが失われていく。(65)

今日のハワイでは、多様なカタツムリの生活、歴史、可能性が無慈悲に断ち切られるか、その枝葉が切り落とされている。しかもそれは、わずか数世代分の人間生活の場で起きたことなのだ。カタツムリがいなくなるのと同時に、数えきれないほどの固有の生き方や、その積み重ねである膨大な進化の遺産――ローレン・アイズリーの適切な表現を借りれば「はてしない旅」――が消えていく。そればかりか、他者の生活様式に責任をもちながらこの世界を生きる道を学ぶ可能性すら消えていくのだ。その他者の生活様式とは、孤立したものでも、かろうじて生き残った個体群でもない。私たちには理解できない時空の海に広がる、絡まり合った生と死の絶え間ないプロセスのことである。

第3章　収集されるカタツムリ——今も続く植民地化の影響

雲は谷から追われるように、視界から忙《せわ》しく消えていった。数時間前から降りつづいていた雨も上がり、山の天気の変わりやすさが肌で感じられる。空はきれいに晴れ上がっていた。オアフ島の東部、ウィンドワード・サイドに位置するハイク・バレーの山中。見渡せば、緑豊かな円形劇場のような谷を、切り立った山腹が波打つように取り囲んでいた。

州間高速道路H-3号線は、この壮観な景色を引き裂くように存在していた。コンクリート製の巨大な支柱によって一五メートルほどの高さに持ち上げられた四車線の道路からは、自動車の走行音がおごそかに響いていた。この高速道路——史上もっとも高価であり、主要基地を結ぶために軍が密かに資金提供したとも言われている道路——の建設は、激しい論争を引き起こした。道路によって環境とカナカ・マオリの文化遺産が破壊されることを危惧した人たちの反対運動によって、完成は大幅に遅れた。しかし、三〇年以上の歳月がかかったにせよ、結局は建設を阻止することはできなかった。(1) 開通は一九九七年。一部のカナカ・マオリは現在でも道路の利用を拒んでいる。

H-3号線は、オアフ島のカタツムリの歴史にとっても特別な意味をもっている。樹上性カタツムリであるハワイマイマイ属（*Achatinella*）が、絶滅危惧種法（ＥＳＡ）によって絶滅危惧種に指定されたのは、道路建設に地元住民が強硬に反対していた一九八〇年代初頭のことだ。指定が決まるまでの道のりは生やさしいものではなく、高速道路の建設もそれを難しくした一因だった。

一九八一年一月、アラン・ハートやマイク・ハドフィールドらが提出した証拠に押し切られるかたちで、魚類野生生物局（ＵＳＦＷＳ）は、「ハワイマイマイ属の全種を絶滅危惧種に指定する」という最終規則を連邦官報に公示した。[2] 規則の発効は、慣行により官報公示の三〇日後と決まっていた。通常であれば、こうした時間のずれには何の問題もない。しかしこのときは、公示のわずか一週間後にロナルド・レーガンが第四〇代アメリカ大統領に就任し、さらにその二日後には大統領から規制緩和に関するタスクフォースの設置が発表された。タスクフォースの目的は、「不合理で無意味な規制を排除し……アメリカ国民の創意とエネルギーを再び解き放つ」ことだった。[3]

規制緩和の対象にはＥＳＡも含まれ、その結果、まだ発効されていない規則はすべて保留されることになった。ハワイマイマイ属もまた、三種の希少植物――ニューメキシコ州のものが二種、テキサス州のものが一種――と共に、絶滅危惧種への指定が月単位で先送りされ、さらなる見直しが必要となった。[4] 特定の種が直接狙われたわけではない。しかし、そこにより大きな計略があるのは明らかだった。つまり政府は、絶滅危惧種の指定と保全がもたらすかもしれない経済的影響を懸念して、「ＥＳＡから手を引くよう議会を説得」しようとしたのである。[5] あるいはそれが難しければ、ある有識者がその数年後に述べたように、指定のペースを「絶滅が危惧されるオアフ島のカタツムリの歩みほどまで」遅くしようと考えた。[6]

マイクの見立てによると、この政府の思惑において、ハワイマイマイは特別な意味をもっていたようだ。一九八一年初頭、マイクと同僚たちは、H-3号線の建設予定地にハワイマイマイが生息しているか否かを確認する調査を請け負った。絶滅危惧種への指定が間近に迫っていることを前提にした依頼である。三月中旬から四月中旬にかけて行われた調査では、死に絶えた個体群の殻は多数見つかったが、生きているカタツムリは見つけられなかった。マイクはその旨を報告し、その直後にハワイマイマイ属の指定が正式に決定した。生きているカタツムリがもしその場で見つかっていたら、高速道路建設の厄介な障害と受け取られていたかもしれず、そうすれば結果はまったく違っていたのではないかとマイクは今でも疑っている。

私がハイク・バレーを訪れたのは、カタツムリをさがすためではなく、高名なクム・フラであるコディ・プエオ・パタに会うのが目的だった。プエオは面会場所として自分の仕事場を提案した。ハイク・バレー内に六二エーカーの敷地を有するパパハナ・クアオラという教育センターである。この施設では多くの職員やボランティアが働いていて、さまざまな年齢層の生徒に対して、差し迫った社会的、環境的困難に対処できるよう、ハワイの豊かな文化遺産――資源や農業の管理から伝統的なモオレロ（物語）やフラにこめられた知識まで――を活用する方法を指導している。センターのウェブサイトにある言葉を借りれば、その施設は「地域の過去を持続可能な未来に接続する、アーイナに基づいた教育団体」ということになるだろう。[7]「アーイナ」とはしばしば「土地」と訳されるハワイ語で、大地そのものだけでなく、そこに暮らす生きた共同体をも包含する語である。ハワイ先住民にとってのアーイナとは、食べ物を与えてくれる源であり、あらゆる生命の文化的背景とされるものだ。

私がプエオに会って聞きたかったのは、そのアーイナの話だった。もちろん、カタツムリの物語やそれに対する彼の見解も楽しみにしていたが、それ以上にハワイの文化と島特有の景観《ランドスケープ》や動植物との関係を知りたいと思っていた。

すわって言葉を交わしながら、私はプエオが「ハーラウ・フラ・オ・カ・マラマ・マヒラニ」というハーラウ（教室）で教えているフラの話に耳を傾けた。そのフラは、ハワイの外で育った人が思い浮かべる絵葉書的なイメージのフラとは本質的に異なるものだ。観光客を楽しませるための浅薄な踊りではないのである。(8) プエオによると、フラは豊かな文化の実践であり、アーイナに関する深い知識や、アーイナとの関係に根ざしたものなのだという。

ハーラウで実践されているフラの中心にはクアフ（祭壇）がある。プエオは、自身が教える伝統的、古典的なフラを引き合いに出しながらこう説明した。「クアフというのは、アクア（さまざまな神々）に祈りを捧げるための場所です。アクアに呼びかけて、クアフへと来てもらうわけです」。ハーラウでのあらゆる活動は、クアフを中心としている。フラダンサーのひたむきなパフォーマンス、技術、献身、汗、そしてマナ（エネルギー）はクアフに注がれる。そうすることで、アクアに呼びかけ、感謝し、讃えることができる。

フラを実践するには、「森のなかを上から下まで這いまわり、……アフプアア（高所から海まで延びる伝統的な土地区分）全体を見ること」が求められる、とプエオは説明した。山頂はカナカ・マオリにとって常に神聖な場所であり、ワオ・アクア（神々が住まう領域）と呼ばれていた。雲をいただく山頂はまた、生命を育む清らかな水を島にもたらす場所でもある。フラを実践する者にとって、森に足を踏み入れることは植物を採集することと重なる。彼らにとって自然の植物はキノラウである。つまり植物は、アクアがこの世界に顕現したもの、アクアの仮の姿と考えられているのだ。[9] 森の植物は決まった手順で採集しなければならず、そうやって集められたものは、クアフに供えたり、フラダンサーが身につけるレイなどの装飾品を作るために使われる。キノラウが器として物理的に存在することで、それを通じてアクアをハーラウへと招くことができる。[10]

プエオのようなフラの実践者が森に立ち入り、そのなかを移動し、言葉を発し、植物を摘み、集めるには、多くの複雑な手順を踏む必要がある。そして、その手順の各段階では、許可を求め、行動基準を厳密に遵守しなければならない。それを実行する際に参照するのが、森をはじめとした島の景観に対する深い知識であり、その知識は、ハーラウ・フラで教えられ、受け継がれてきた、伝統的なモオレロとメレに根ざしている。フラは踊りの形式というよりは、むしろ「生き方」に近い。クム・フラのプアラニ・カナカオレ・カナヘレはこう要約している。「この伝統は、自然現象に感謝し、大地を愛し、生命の存在を認め、讃える方法を教えてくれる。……フラは、人生を映し出すものなのだ[11]」

フラの実践者として森に入ったときにカタツムリに会ったことはあるかとプエオに尋ねてみた。彼の答えは、オアフ島では一度もカーフリを見ていないというものだった。しかし、彼が育ったマウイ島では、ハラペペ（植物）を集めに入ったじめじめした森で、小さいカタツムリを見かけたという。彼はこう語った。「ハラペペを採るときは、プープー（カタツムリ）がいるかどうか、葉を一枚ずつ確認することにしていました。いたときは別の葉に移しました。一本のハラペペの上で一生を過ごすかもしれないですからね。私たちはいつもプープーに目を光らせています。絶対に傷つけたくないからです」

プエオと話していると、ハワイの動植物に付与された宗教的、文化的な意味がとてもよく理解できた。プエオのハーラウは、自分たちが教えるフラの実践が過去から連綿と受け継がれてきたものであることを強調する。しかしその一方で、過去二世紀あまりにわたり続けられたヨーロッパ系アメリカ人の入植と植民地支配が、フラだけでなく、カナカ・マオリの生活に社会的、文化的、環境的な面でいかに大きな影響を与えたかは、私たちの会話のなかで何度も明示的に言及されたのだった。

本章では、ハワイにおいて今日もなお継続している、こうした植民地化のプロセスについて考察する。言うまでもなく、この種の物語を語る切り口は無数にあり、実際これまでもさまざまに語られてきた[12]。しかしここでは、島のカタツムリが植民地化のプロセスにいかに巻き込まれていったかという視点を採用することにしよう。私が特に注目したいのは、カタツムリの殻の収集（コレクション）である。これから見ていくように、カナカ・マオリもカタツムリの殻を収集していたが、その規模や様態は、ヨーロッパ人やアメリカ人の到来によって劇的に変わることになる。新たにハワイにやって来た人々は、カタツムリの殻にすぐさま魅了された。殻への情熱は一八世紀後半の探検家から始まり、一九世紀の宣教師時代、プランテーション時代を経て、二〇世紀初頭に君主制が廃止されて共和国となり、アメリカに併合されるまで続いた。

そのあいだに採集され、コレクションに収められたカタツムリの殻は、想像を絶する数にのぼる。殻の収集にいそしんだのは、学校の生徒、ボーイスカウトやガールスカウト、ピクニックを楽しむ家族、科学クラブの参加者などさまざまだ。殻を集めることは、誰もが気軽に楽しめる気晴らしだったのである。一方で、それなりの科学教育を受けた「本気のコレクター」もいた。そうしたコレクターには、ヨーロッパ系アメリカ人の血を引く男性が多く、一定の厳密さをもってハワイの腹足類の目録を作ろうと野心を燃やしていた[13]。一九世紀半ばから後半にかけて、博物学者をはじめとした殻の愛好家たちが、カタツムリを採集するためにオアフの森をめぐり、時にはサドルバッグを殻でいっぱいにして帰っていったという記録が多数残されている。

後述するように、そうした殻の収集がカタツムリに与えた影響を定量化するのは難しいが、ある時期、ある場所では非常に大きかったことはまず間違いない。マイク・ハドフィールドはこう断言している。「あいつらはやってしまったんだ、絶滅させてしまったんだよ」

殻の収集の流行はカナカ・マオリにも影響を与えた。より具体的に言えば、それはカナカとアーイナとの伝統的な関係を奪い、遠ざけ、上書きする大きな流れの一部だった。ハワイでの殻の収集の歴史をさぐるにつれ、この島における欧米人の存在という大きな物語と分けて考えることは難しくなる。その大きな物語では、ハワイは今日にいたるまでアメリカの占領下にあり、それに付随する植民地主義の社会的、文化的プロセスの影響を受けつづけている。[14] それは二〇〇年以上の歴史をもつと同時に現在まで続く物語であり、従来の関係の分断を語ると同時に継続的な抵抗と生存をも包含するものだ。カナカの研究者であるレオン・ノエアウ・ペラルトの言葉を借りれば、「それは消えていくことを語ったモオレロではない」。あるいは少なくともそれだけではなく、「消失のプロセスを問題視し、抵抗し、克服する方法」を提示しようとするものである。[15]

この時期に収集されたカタツムリの殻の多くは、ホノルルのビショップ博物館はもちろん、世界中の博物館で見ることができる。次章で詳しく述べるように、これらの殻は現在、科学研究においてきわめて重要な役割を果たしており、生き残ったカタツムリ種の保全に役立てられている。言い換えれば、カタツムリの殻は有益な資料となったのである。しかし、そうした正の側面があるにせよ、殻の収集の歴史はやはり問題をはらんでおり、カタツムリにも先住民にも大きな影響を与えるものだった。その意味において、本章は、殻のコレクションに付随するさまざまな視点を一つの枠内で提示する試みだと言えよう。

このテーマを扱うにあたって、私はまずフラの伝統に従った一風変わった収集の物語を紹介した。その物語は、森という神々の住まう領域に対する敬意を土台とし、そこではカタツムリが大量にかき集められる代わりに、細心の距離感をもって扱われていた。カタツムリがカナカ・マオリの生活の影響を受けなかったということではない。農業を理由とした森の伐採が地域によっては深刻な負担となったことは、前章で論じたとおりだ。また、カタツムリがハワイの人によって採集されなかったわけでもない。しかし本章は、こうした収集にまつわる多様な物語と実践を緊張をもって捉えることで、ここ数世紀のあいだにハワイで生じたアーイナに対する理解と関わり方の劇的な変容を、より深く理解することを目的としている。

編まれた生き物たち

ホノルルのビショップ博物館には、ある逸品が収蔵されている。カタツムリの殻の収集とハワイの植民地化の絡まり合った歴史に目を開かせてくれる収蔵品だ。パパハナ・クアオラでプエオに会う数日前、私は幸運にも、博物館の民族学コレクションを見せてもらう機会に浴した。案内された窓のない部屋には、キャビネットが何列も並んでいた。キュレーターのマルケス・マルザンが背の低い脚立にのぼり、上の棚から箱を一つ下ろす。ディナープレートほどの大きさの頑丈な段ボール箱だ。マルザンはその箱を作業台まで慎重に運び、そっと蓋を開けた。箱から現れたのは、カタツムリの殻を使って編んだ二連の壮麗なレイだった。白と茶の縞模様や螺旋模様に複雑に彩られた殻が美しい。
このレイは、ハワイマイマイの殻だけを使った珍しいもので、ビショップ博物館のコレクションのなかでも唯一無二の逸品だ。マルザンの説明によると、美しさもさることながら、元の所有者がまた特別なのだという。この装飾品は、主権国家ハワイの最後の君主、リリウオカラニ女王（一八三八―一九一七）の持ち物だったのである。女王がこれをいつ、どのように、どういった理由で手に入れたのか、確かなことはほとんど伝わっていない。わかっているのは、この種のレイがいくぶん珍しいということだけだ。海の貝の殻を使ったレイは今も昔もありふれているが、カタツムリの殻をこのように使ったレイは類を見ない。一説には、カタツムリの殻を身に着けられるのは、身分の高い女性に限られていたとも言われている。[16]
実際、カーフリのレイはとても珍しく、ハワイ先住民でもめったに目にすることはない。プエオはこの話題に関連して、伝統的なフラの大会でカタツムリの殻のレイをつけた友人の話を教えてくれた。彼によると、そうした場では海のものと山のものを組み合わせてはいけないらしい。「葉を使ったアイレイ（首からかけるレイ）を身に着けるときは、貝殻を使ったレイは身に着けないのが普通です」。プエオの友人は、カーフリのレイに加えて、マイレ（森の植物）のレイも首から下げており、そのせいで、カタツムリの殻を貝殻と見間違えた審査員に減点されてしまったのだそうだ。「山の殻は、山の葉の上で大きくなったのかもしれないですけどね」とプエオは言った。
この話からは、たとえそのレイが珍しい品だったとしても、カナカ・マオリもたしかにカタツムリの殻を収集していたことがうかがえる。小規模ではあれ、彼らは数世紀にわたって収集を行っていたのだ。また儀式や装飾に使うだけではなく、大型のカタツムリを生で、あるいはティーという植物の葉に包んで加熱して食べていた記録も残っている。[17] しかし、それよりも重要なのは、カタツムリがカナカの生活や物語のなかで強力なホーアイロナ（象徴、前兆）の役割を果たしていたことだろう。この生き物は、多くの場合、行動や状況が正しいことを予兆する存在として扱われてきた。すでに見たように、カタツムリの歌はその予兆をもっとも明瞭に示すものである（第2章参照）。

いま挙げたようなカタツムリとの関係は、長年にわたりカナカの生活を形づくってきた、緻密で複雑な宇宙論《コスモロジー》の一部である。この宇宙論は、カナカとアーイナ（土地）との系譜的、一族的な関係に根ざしたものだ。ハワイの人々にとって、この島々に生息する動植物は、文字どおり家族なのである。この関係をもっとも雄弁に語っているのが、リリウオカラニ女王が残した膨大な遺産の一つ「クムリポ」だろう（カラカウア王が公表したものを、妹であり後継者でもあるリリウオカラニ女王がのちに英訳した）。このハワイの創造神話では、幾世代にもわたる人間やそれ以外の生き物を通じて、王家の系譜が語られている。第1章で紹介したように、その起源は粘液までさかのぼる。クムリポにはこう書かれている。「どろどろしたもの、それが大地の源」[18]

クムリポが描く家族的宇宙論において、人間は年少の同胞《はらから》、言い換えれば「この宇宙のマリヒニ（新参者）」として位置づけられている。[19] カナカの研究者であるジョナサン・ケイ・カマカヴィヴォオレ・オソリオによると、こうした関係には、「子供が両親や祖父母に対してもつような本物の依存関係」が見られるという。[20] オソリオは他方、それは義務とクレアナ（責任）の関係でもあると説明している。アーイナは「年長の同胞であり、食べ物を与えることでカナカの面倒を見て、そのお返しとして自分も世話をしてもらう」のである。[21]

先に見たキノラウ、つまりアクア（神々）がこの世でとる形態も、実はこの文脈で理解すべきものだ。

アクアとは、生者の世界から切り離されたものではなく、家族を中心に据えたカナカの宇宙論に欠かせない存在なのである。「人間は、天体、植物、動物、地形、神々からなる巨大な家族の一員だ[22]」。プエオは、「森は祖先たちであふれています。私たちはアクアの子孫であり、アクアは私たちの家族なのです」と言っている。

ハワイに定住したカナカ・マオリは、それ以来ずっと、動植物、水、土地、祖先、そしてアクアと特別な関係を育んできた。互いに栄養を与え合い、世話をするという関係である。カナカはそれを、幅広い環境でカロ（タロイモ）とウアラ（サツマイモ）の栽培を可能にした農業システム、壁に守られた巨大な養魚池、ワア（カヌー）の建造、家屋やヘイアウ（神殿）の建設などを通じて実践してきた。アーイナの上で、アーイナと共に、アーイナのために生きる——カナカは、そうした生き方を通じて、人間以外の存在をも包含する家族的なネットワークに関する知識と規範の体系を緻密に築き上げてきたのだ。

言うまでもなく、カタツムリもまた家族の一員であり、ハワイのモオレロとメレには、その生き物に関する知識が豊富に織り込まれている。そこでは、カタツムリはさまざまな名称で呼ばれている。ハワイの外で生まれ育った私のような人間にとって、それらの名称は（少なくとも最初のうちは）なじみが薄く、むしろラテン語風の長い学名の方がまだ理解しやすく感じられたものだ。本書でもすでに、ハワイでのカタツムリの一般的な呼び名を二つ見てきた。一つはカーフリ。この語には「向きを変える」、「変化する」という意味もあり、一般的には、カタツムリが移動するときに殻が左右に揺れる様子を指していると考えられている。もう一つはプープー・カニ・オエで、直訳すれば「長く音を立てる貝殻」という意味になる。カーフリは陸貝だけに使われる名称で、大きくて色鮮やかなカタツムリに限定して使う人もいる。それに対してプープーは、カタツムリや殻（貝殻も含む）を指す。

カタツムリを表す名称は他にもある。エイミー・ヨウ・サトウらは、それを調べるためにハワイ語の歴史資料にあたり、文化に詳しい人たちに取材した。その結果、カタツムリがポロレイ（完璧な、正しい）やヒニヒニ（繊細な）とも呼ばれていたことがわかった。また、より具体的なイメージを伝えるために、名称が部分的に変化する場合があることも判明した。例を挙げれば、プープー・モエ・オネ（砂のなかで眠る貝殻）、プープー・クアヒウィ（山の貝殻）、ポロレイ・カニ・クア・マウナ（山の尾根での完璧な歌声）といった具合だ。[23] それ以外にも、ヒニヒニ・コノウリ（暗い色合いの殻）やヒニヒニ・クア・マウナ（山の尾根の声）などもあり、バリエーションは無数にあると考えられる。[24]

私が調査をしてきたなかでは、カナカ・マオリがハワイのカタツムリを体系的に分類した痕跡は見つけられなかった。とはいえ、多くの植物や鳥がそうだったように、カタツムリの分類体系が存在した可能性は高い。ノア・J・ゴメスは、ハワイにおける鳥の分類体系の歴史的事例をいくつか取り上げている。[25] そこからわかるのは、ハワイでは主に鳥を次の基準でグループ分けしていたと思われることだ。すなわち、人間にとっての有用性、見つかる場所、そして「その鳥がアオ・ホロオコア（世界）に対してもっている機能、言い換えれば、生態系内での役割」である。[26]

カタツムリ同様、鳥の名称にも一定のパターンが見られる。具体的には、①特殊な外見、②鳴き声、③特徴的な習性や行動、④その種に何らかのかたちで結びつけられる歴史上、伝説上の人物にちなんだ名称がつけられる傾向がある。[27] もちろん、このうちいくつかの命名規則はカタツムリにも当てはまる。カタツムリの名称をつぶさに見ていくと、カナカ・マオリが長いあいだ、この島に暮らすカタツムリの殻、動き、生息地などに強い関心をもっていたことが読み取れる。

レイから殻のコレクションブームへ

カナカ・マオリによるカタツムリの控えめな収集と利用の時代は、欧米人の到来によって唐突に幕を下ろした。[28] その象徴的な存在が、ハワイマイマイの殻だけで作られたもう一つのレイである。一七九六年、イギリス人のジョージ・ディクソン船長はその装飾品をオアフ島で買い求め、ロンドンに持ち帰った。レイに使われていたカタツムリの殻は瞬く間にコレクターの関心を集め、ばらばらに解体されたあと、殻一つあたり三〇〜四〇ドルという高値で取引されたという。[29] それらの殻が、その後どうなったかはよくわかっていない。しかし、ハワイの「生きた宝石」を広く世界に知らしめる役割を果たしたことは間違いない。

一八世紀後半はハワイにとって激動の時代だった。ディクソン船長がやってきた一七八六年は、ジェイムズ・クックがヨーロッパの地図に初めてハワイ諸島を書き入れてから、たった八年後のことだ。当時のヨーロッパの探検家にはよくあることだが、クックもまた自分が発見した島に、現地で流通しているものではなく、自分がふさわしいと思う名前をつけた。ハワイの場合は、彼のパトロンであるサンドウィッチ伯爵にちなんで、サンドウィッチ諸島と名づけた。この時代、ハワイでは複数のモーイ（大酋長）やアリイ（首長）が、領土をめぐって激しく争っていた。カメハメハ（一七三六―一八一九）が台頭して、全島を支配下に置くのは一七八〇年代、九〇年代のことだ。カメハメハはその統一した国を、諸島のなかで一番大きく、自分が生まれた島の名を冠して、ハワイ王国と名づけた。

前章で見たように、この数十年にハワイの景観は一変した。それは、入植者がウシやヤギなどの家畜を持ち込んだことや、同じく持ち込まれた病気によって大量の死者が生じ、農業および灌漑システムが崩壊したことが原因だった。しかし、このような変化の時代にあっても、好奇心の強いさまざまな人々がカタツムリの殻を購入、採集し、自分の国に持ち帰った。そうした戦利品は、博物館や個人のコレクターに引き取られることも多かった。

一八二〇年代に入ると、ハワイの生活にさらなる変化がもたらされた。ボストンからキリスト教の宣教師がやってきて、家族と共に島で暮らすようになったのである。ハワイには、当時すでに（オソリオの言う「大がかりな死」によって）力を失いつつあったとはいえ、カプと呼ばれる重要な社会的戒律が存在していた。しかし、キリスト教の影響によって、カプは一気に崩壊への道をたどった。このように新たにハワイに入植した人々は、政治的、経済的、文化的な面でますます重要な役割を担うようになった。アメリカからの定住者は、島のカタツムリにも劇的な影響をもたらした。彼らは年齢を問わず、カタツムリの殻の収集にいそしんだのである。宣教師の家庭では、子供や若者にそれを奨励すらした。殻の収集は野外での健康的な娯楽であり、同時にまた、「健康な体にも教育にも望ましい活動」とみなされていた。ニューイングランド出身者が多数を占めていたハワイのキリスト教徒にとって、自然に親しむことは一種の宗教活動だった――神の創造物への関心は、神の御心をより深く知るための具体的な手段でもあるというわけだ。前章で紹介した宣教師で博物学者のジョン・トマス・ギューリックも、そうしたコミュニティに属する一人だった。彼の言葉を借りれば、殻のコレクションは「神の偉大なる御業に示された御心をさぐる」ことを可能にするものだった。

この時期に書かれた文献を読むと、世界に存在するものを収集し、名づけ、分類しようという試みと、人間や社会の向上という概念がしばしば緊密に結びついていることに気づく。それがもっとも顕著に現れているのが、設立間もないサンドウィッチ諸島研究所の所長による一八三七年の講演録だ。その講演は、「所員の知識および道徳の向上」という研究所の目的を概説するところから始まり、「所員の諸君には博物学において興味を引くあらゆるものを収集してもらいたいと切に願っている」という言葉で締めくくられている。[34]

ハワイにおけるカタツムリの殻のコレクションは、一八五〇年代にはもはや手に負えない域まで達した。デイヴィッド・D・ボールドウィン(一八三一—一九一二)は、「島では[殻に対する]強烈な関心が湧きあがっていた」と自身の回想録で述べている。この熱狂は地元では「カタツムリ・フィーバー」と呼ばれ、[35]特に若い男性を魅了したという。当時二〇代前半だったボールドウィンも例外ではなく、それ以降も生涯にわたって熱が冷めることはなかったようだ。彼は政治家、実業家として成功した一方で、ハワイのカタツムリの大家としても広く知られている。一八八五年のある新聞記事によると、ボールドウィンの邸宅で開かれた彼の娘の結婚パーティーでは、招待客が「見事な殻のコレクション」を堪能できるよう特別な配慮がなされていた。[36]なお、新郎新婦はその計画にまったく関与していなかったようだ。

生物学者のE・アリソン・ケイは、当時のハワイにおける博物学と宣教師家庭に関する文章のなかで、「一八五〇年代初頭には、ほぼすべての少年が『カタツムリ・フィーバー』に夢中になっていた」と述べている。アレクサンダー牧師が一八五二年に書き残したように、少年たちは「カタツムリを求めて毎日のように渓谷を歩きまわった」のである。[37]この時期の文献資料には、カタツムリを主な目的として、数時間、時には数日間も山に入り、大量の殻を持ち帰ってきた人の報告が多数見られる。ホノルルのプナホウ・スクールは、その一〇年ほど前に宣教師の子弟を教育する目的で設立された学校だが、殻の収集活動の重要な拠点になっていたようだ。実際それを裏づけるように、一八五三年三月のプナホウ・スクールの学校新聞には、四〇〇〇個以上の殻が採集されたピクニックや、二〇〇〇個あまりの殻を集めた遠足の記事が掲載されている。[38] このとき子供たちが数時間で集めた殻の数は、今日のオアフ島に生息しているカタツムリ全体の数より多い。

カタツムリ・フィーバーに熱狂した人物のなかでもっとも有名なのは、おそらくギューリックだろう。彼もまた多くの若者と同じように、膨大な数のハワイマイマイの殻を集めた。彼のコレクションの大半は、アメリカ東海岸の大学に行く前の一八五一～五三年の三年間で収集されたものだ。ハワイを離れるときも、彼は多くの殻を持っていった。のちに彼は、数十年にわたりアジア各地に宣教師として滞在することになるが、そのときも厳選したコレクションを肌身離さず持ち歩いたという。[39] ギューリックにとって、そのコレクションは自身の進化論を発展させる発想の源だった。

一八五三年のギューリックの日記には、殻の採集方法に関する興味深い記述が見られる。それによると、実際に殻を採集するのはギューリック本人ではなく、もっぱら島に暮らすカナカ・マオリだったらしい。ただし、ギューリックが報酬を払ってその作業に参加することもあった。たとえば、一八五三年七月二七日の日記には、二人の友人と「八人の現地人と共に、森に殻をさがしに行った」とある。このときは一つの谷だけで一四〇〇個以上の殻が集まった。[40] また別の機会には、現地の子供たちに手伝ってもらったこともあるようだ。それでもやはり、ギューリックの膨大なコレクションの大半は、カナカの村人たちが集めたものだった。そのネットワークはかなり広範だったようで、ギューリックは村から村へと駆けまわりながら、サドルバックに殻を回収し、次に来る日取りを言い残して去っていったという。

ギューリックの日記からは、彼が一八五三年の夏から秋にかけて殻の採集をしていた時期に、カナカ・

マオリが天然痘にかかり、周囲でばたばたと死んでいく様子が記されている。天然痘はその年にオアフに持ち込まれたと考えられているが、瞬く間に島中に広がり、何千人もの島民が感染することになった。カウアイ島、マウイ島、ハワイ島でも状況は同じだった。死者は、この一年だけで六〇〇〇人あまりにのぼったと見られている[41]。歴史家のセス・アーチャーは次のように書いている。「ホノルルは死体安置所と化した。政府の荷馬車が病人や死人を乗せて町中を走り、玄関には黄色い旗が掲げられた[42]」。ギューリックは感染者の窮状に無関心だったわけではない。村で殻を回収する際に薬を置いていったり、時には知人の回復を祈る言葉も書き残している。ただし、それでも彼の関心の中心は、あくまでカタツムリにあった。

一八五三年九月、ギューリックはモアナルア地区を訪れ、天然痘患者が出た村で、人が「羊のように散らばっている」のを発見した。彼は、いくばくかの薬を置いて先へと向かった。日記にはこう書かれている。「モアナルアを出発してエワを通過し、何か所かに立ち寄ってみたが……ワイアワバレーを通りすぎても殻をもらうことはできなかった。現地人は病気で死にかけているか、体が動く者でも死体を埋めるのに忙しかったからだ[43]」。ギューリックはその夜、「病人の哀れなうめき声と懇願に満ちた」夢を見て不安になったが、翌朝になるとまた精力的に仕事を再開した。「私と現地人の男二人は、八時から午後遅くまで森にいた。森を出る頃には各人が二〇〇~四〇〇個の殻を手にしていた[44]」。天然痘の流行が収束したのは翌一八五四年一月のことだったが、大学入学が決まっていたギューリックはすでにアメリカ行きの船上にいた。

カナカ・マオリは長い時間をかけて土地の所有権を奪われていったが、一九世紀中頃の数年間は、多くの者にとってその収奪がもっとも苛烈に現れた時期だった。一八四八年から、マヘレと呼ばれる土地分割の法律によって、ハワイ社会を構成していた伝統的、慣習的な土地の権利は、根底から覆された。その目的は、私有財産、公共財産という西洋型のシステムを導入することだった。こうした変化の動きは、侵略の脅威、人口の激減とそれに伴う土地の荒廃、入植者やアリイ（首長）による土地の商業利用への圧力など、さまざまな要因によって加速した。[45]

マカアーイナナ（ハワイの一般庶民）の多くは強硬に抵抗した。カナカの研究者であるダヴィアンナ・ポマイカイ・マクレガーは、「ハワイの人々は、肉体への糧、精神的な支柱、経済的な安心を与えてくれるものとして、歴史を通じて土地に信仰を抱きつづけてきた」と論じている。当時の国王カメハメハ三世に対して、外国人に土地を売らないよう人々が嘆願したのは、このアーイナへの信仰があったからだ。マクレガーは書いている。「土地は日々、糧を得ようと努めている。大地は日々、その富と栄誉を受け取りつづけている。民族が終わりを迎えるときまで、その財産が尽きることはないだろう。だが、土地を売って得た金は、一〇年もすれば尽きてしまう」[46]

しかし、それでも変化は避けられなかった。マカアーイナナには、ほんの小さな区画を要求する権利が与えられたが、それが事態を好転させることはなかった。はじめのうち、私有地の大半は国王や少数のアリイが専有していた。しかし、それは徐々に裕福な部外者に取って代わられるようになった。大規模牧場やサトウキビなどのプランテーションとして利用するためだ。[47] カナカの人類学者であるJ・ケーハウラニ・カウアヌイが指摘したように、「ハワイ先住民とその子孫のほとんどが土地なしの人々になる」プロセスが始まったのだ。[48]

このようなプロセスについてサム・オフ・ゴンに尋ねたところ、彼は、この大量死とアーイナとの離別の時代が、深刻な「文化の崩壊」の時代でもあったことを覚えておくのが大切だと答えた。サムは、「ネイチャー・コンサーバンシー」というハワイの環境保全団体の主任研究員、文化アドバイザーであり、また有名なクム・オリ（チャントの教師兼歌手）でもある。知識が口承で伝えられる文化において、これほど多くの人がこれほど短期間で死んでしまえば、影響は甚大にならざるをえない、と彼は指摘した。当時のカナカ・マオリは、文化の喪失に強い危機感を抱いていた。そのため、宣教師がアルファベットと印刷機をハワイに持ち込むと、すぐにそれに飛びつき、一九世紀後半には世界でも有数の識字率を誇るようになった。[49] カナカは、この進歩を自身の目的のために利用し、ハワイ語の新聞を次々と創刊した。新聞は、日々のニュースを伝えるだけでなく（そこには他国による政治介入への反対意見も含まれていた）、伝統的な知識や物語を記録し、それらが失われないようにする役割も担った。[50]

　カナカ・マオリの生活の変化と歩調を合わせるように、アーイナ自体もまた大きく変わっていった。サムは次のように述べている。「人口が減少し知識が失われると同時に、ハワイの在来の動植物も減っていきました。とりわけ低地では、農業や牧畜が始まり、イヌやラットなど新顔の捕食者が持ち込まれたことで、生態系がそっくり入れ替わってしまったのです」。それまでアーイナと深く結びついて生きてきた人々にとって、この変化は非常に重たい意味をもっていた。「宇宙というものが物理的形態をとった神々の集合体から成り立ち、神々の世話をするかぎり、私たちの要求もまた満たされるものなのであれば、その宇宙が自分のまわりで次々と崩れ去っていくのを見るのは、とても悲しい経験ではないでしょうか」

　一九世紀が終わる頃にはカナカ・マオリはさらに広大な土地を奪われ、最終的に国家そのものも失ってしまうことになる。一八九三年、ハワイの君主制が廃された。主権国家であるハワイ王国の最後の君主リリウオカラニ女王は、主にアメリカ人とアメリカ系のハワイ定住者からなる集団によって追放され、ホノルルに駐留していたアメリカ海軍がそれを支援した。追放者たちの望みはアメリカがハワイを併合することだったが、その試みは女王とハワイ国民の一致団結した抵抗によって阻止された(51)。その代わりに生まれたのが共和国制で、実質的に白人による寡頭政治だったが長続きはしなかった。一八九八年、大統領が代わり帝国主義政策を突き進めたアメリカによって、ハワイ諸島は併合された。

博物学的収集と入植の科学

このような動乱の時期にあっても、ハワイの森ではカタツムリの収集が変わらず盛んに行われていた。当時の新聞を見ると、学校やクラブでカタツムリの収集活動が積極的に行われたという記事や、殻の販売広告、展覧会や品評会の案内、採集にまつわる冒険譚などが数多く見つかる。一九一一年のハワイアンスター紙には、「ハワイのボーイスカウト界は、カタツムリの殻を集める以外の有益な活動も少しはやるべきだ」と主張する記事まで登場している(52)。こうした記述からは、カタツムリの殻の収集が、新しい移住者、占領者、植民者を島にうまく「入植」させる過程の一部となっていたことがうかがわれる。

ここ数十年の歴史研究が明らかにしたのは、当時世界中で見られた帝国主義的、植民地主義的、国家主義的な企てが、地球上に存在するあらゆるものを収集し、分類し、研究し、展示するという博物学の仕事と分かちがたく結びついていたことだ(53)。集められた各種標本は、貴重な資料としてロンドン、パリ、ワシントンといった科学の中心地にはるばる送られ、人々の知識の向上に役立てられたが、その一方で、現地でも一定の役割を果たすことがあった。つまり、新規移住者の希望や要求に適合するように地元の土地を翻訳し、変容させるという、科学史家のリビー・ロビンが「入植の科学」と呼んだものに貢献したのである。[54] 農作物の開発から流域管理まで、自然科学が当時のハワイの土地の変化に果たした役割は大きい。[55] しかし、カタツムリの殻の収集が、バードウォッチングやハイキングなどの「自然体験」と共に、ハワイの文化的、政治的背景を形成するうえで重要な貢献をした点については、ほとんど検証されていない。

入植を後押しする動きのなかでも、特に目立つのが一八九五年に開催されたあるイベントだった。リリウオカラニ女王の失脚から二年、そして短命に終わった共和国の崩壊からわずか数か月後、当時設立されたばかりのビショップ博物館が、「カタツムリ展」の構想を発表したのである。最終的にはその年の終わりに開催されることになるその展覧会は、島の住民が自分の殻のコレクションを披露する公募展だった。博物館の初代館長ウィリアム・タフツ・ブリガム(一八四一—一九二六)は、地元紙で展覧会について次のように述べた。

多くの若者が非常に価値の高いコレクションを所有しておりますが、山歩きの戦利品を注意深く丁寧に整理すれば、この愉しい趣味の喜びもさらに増すことが期待されます。互いのコレクションを比較することで刺激を受けて、これまで以上に収集活動に励むようになるかもしれません。[56]

博物館の理事たちもイベントを支援し、地元住民に「自分の研究と労働の成果」を公表するよう促した。新聞に掲載された彼らの短い声明は、「自ら発見した新種に自分の名前をつける栄誉を授かった」コレクターもいるという話で締めくくられていた。

展覧会では、カタツムリの種名が特に重要な役割を果たしたようだ。それがあることによって、収集という作業と科学知識の生産が結びつき、たんなるアクセサリーの材料集めとは一線を画すことになったわけだ。ブリガムは出展者への指示にこう書いている。「殻は所有者の好みに合わせて自由に並べることができますが、標本には必ず名前をつけ、採集地を明記すること」。もちろん、ここでいう名前とは新しくつけられた学名のことであり、ハワイでの呼称ではない。実際その翌年には、学校でのオーレオ・ハワイ（ハワイ語）の教育が政府によって禁止されている。

名づけるという行為は、いつでも強権的に何ごとかを形づくる。次章で見るように、カタツムリの種を同定し、命名する仕事は、現代の保全活動に不可欠だ。しかし、命名はそれ以外にも複雑な意味をはらんでいる。それはしばしば支配の手段であり、また意図的に権威を発動して、現実を分類し秩序づける行為でもあるのだ。(57) 分類が占領と植民地化という今も続くプロセスの内側で行われるとき、この状況はいっそう緊迫したものになる。新しい名前や理解が古いものに取って代わり、あるいは共存するうちに、世界に対する人々の理解や関係も不可避的に変化することになるからだ。

当時のハワイでは、君主制が廃されて社会秩序が荒廃し、島や動植物の生息環境も激変した。カナカ・マオリも病気と死の荒波にもまれていた。オソリオは、このような変化の過程を「ラーフイの解体」と呼んだ。土地や海と密接に結びついていた人々（ラーフイ）と国が、ばらばらにされてしまったという意味だ。言葉も解体に巻き込まれたものの一つだ。ハワイ語は追放され、それ以外の言葉が会話や名前に忍び込んできた。それに伴い、人々と景観の関係も上書きされることになる。

この解体の過程は、ヨーロッパ人がやってきた直後、クックがハワイをサンドウィッチ諸島と名づけた頃から始まった。サンドウィッチ諸島という名称は一九世紀半ばに改められたが[58]、ヨーロッパ人によってつけられたもので今日まで残っている呼び名はたくさんある。事実、宣教師家庭の若い子息たちは、カタツムリの殻やシダ植物を採集するために「マーノア（谷）周辺の丘陵地帯を歩きまわりながら、あちこちの峰に名前をつけるのが常だった[59]」。この時期につけられた名称には、ラウンドトップ、シュガーローフ、オリンパス、そして第2章で私が歩いたタンタラスの丘（かつてはプウオヒアと呼ばれていた地域）などがある[60]。

命名行為には、景観の上書き、現実の再配置が必ず伴われる。名前とはそれほど重い意味をもっているのだ。カナカの詩人、研究者のブランディ・ナーラニ・マクドゥガルは言う。「言葉には絶大な力があることを私たちは知っている。『イ・カ・オーレオ・ノー・ケ・オラ、イ・カ・オーレオ・ノー・カ・マケ（言葉には命があり、言葉には死がある）』というオーレオ・ノエアウ（格言）がある。それは、言葉がいかに現実を生み出す力や、生命を与奪する力をもっているかを示す一つの例にすぎない[61]」。ハワイ文化では地名は特に重要だ。カナカの研究者クウアロハ・ホオマナワヌイが指摘するように、地名には、つながりやアイデンティティの要素がこめられていて、人々を故郷や家族、歴史（物語）に結びつけている[62]。地名を変えることは、関係を揺るがすことでもあるのだ[63]。

景観だけでなく、そこに暮らす小さな存在にも新たに名前がつけられた。新名称の多くは、土地の改変を後押ししたアメリカ人にちなんだものだった。たとえば、アカティネルラ・ドレイ（*Achatinella dolei*）。このカタツムリは一八九五年にボールドウィンによって命名されたが、彼自身は「この美しい殻をハワイ共和国初代大統領S・B・ドール（Dole）閣下に献上できることを光栄に思います」と書いている[64]。

もちろん、これはほんの一例にすぎない。ボールドウィン、バイロン、ジャド、クック、スポルディング……ハワイマイマイ属の学名のリストは、裕福な入植者一族――その多くは宣教師家庭にルーツをもちながら、政治、商業、法律の要職に就いていた――の名士録のようなものなのである。[65]

その他のカタツムリの名前にも、ハワイの伝統的な概念を微妙に書き直したものがある。たとえば、アカティネルラ・ヴェスペルティナ（*Achatinella vespertina*）は、歌うカタツムリの物語を明らかに参照しているが、vesper（夕方の祈祷）とすることで、その歌をキリスト教化している。[66] こうした新しい名前が、あくまで分類学的命名に可能な範囲ではあるにせよ、カナカ・マオリを彼らの土地や伝統からさらに遠ざける役割を果たしたのは間違いない。

この種の命名行為は、カナカ・マオリの知識への経路を切断する一方で、入植者に対しては、その土地を親しみやすいものにし、彼らが（少なくとも可能性としては）それを知り、語れるようにした。宣教師の娘であるルーシー・サーストンの一八三五年の日記に、その片鱗を垣間見ることができる。「私たちはスチュワートの殻を一クオートほども集めました。……［アカティネルラ・ステワルティイ（*Achatinella stewartii*）と名づけられたのは］スチュワート氏がそれを初めてアメリカに持ち込んだからです」と彼女は興奮気味に書き記している。

当時の人たちの多くは、こうした植民地化の力学を自身の博物学への関心と重ね合わせてはいなかった。しかし一方で、その力学を明らかに意識している人たちもいた。そうした人にとって、自然誌、特に収集と展示は、国家に変容をもたらすための意図的な取り組みだった。一八九五年の「カタツムリ展」開催の発表からわずか数日後、地元紙の編集委員ウォレス・R・ファリントンは、ハワイ独自の自然への関心を喚起するための「肩ならし」として、同紙でその展覧会を歓迎する意向を示した。彼の主張によると、その展覧会は、反乱の多い共和国だったハワイの国づくりにとって要となるものなのだという。ハワイをハワイとして見つめ、その政治の歴史、博物学、あらゆるものがもつ特別な魅力に関心をもつことは、ハワイ生まれのアングロサクソン系、ラテン系、アジア系が国家運営に関わるようになるにつれ、ますます重要視されるべきものである[67]。

ファリントンは、この議論から始めて、ごく自然なかたちで「島における英語話者の優位性」へと論を進める。その優位性とは、「秩序こそは、あらゆる英語圏社会の基盤であり、英語を話す人種の第一の本能だ」という彼の認識に基づいたものだった。ファリントンがここで明確に述べているのは、法の支配や政治的秩序のことであり（その直前に君主政が打倒されたことを考えれば皮肉な発言だが）、それは彼の自然誌の議論と明らかに結びついていた。世界――あるいは少なくともハワイ諸島――に秩序を与える能力を誇示するのに、整然と並べられ、丁寧にラベルが貼られたカタツムリの殻のキャビネットほどふさわしいものがあるだろうか？

「殻集めは以前とは違うものになってしまった」

カタツムリの殻のコレクションブームは、二〇世紀前半になってようやく下火になり、やがて完全に沈静化した。この一〇〇年ほどのあいだに殻の収集が島のカタツムリに与えた影響は甚大に違いないが、実際にどれほどのカタツムリが森から消えたかを知る術はない。マイク・ハドフィールドは、現存する（英語で書かれた限定的な）歴史資料をひもといたうえで、そこからは「何千、何万という腹足類が『殻』へと還元される光景が浮かび上がってくる」と指摘した。[68] 事実、多くの個人コレクションでは殻の標本数は一万を超えており、たとえば、ウィリアム・H・マイネッケは一人で一一万六〇〇〇個以上のカタツムリの殻を所有していたと言われる。[69]

森から消えた数と同様、コレクションブームがカタツムリに与えた影響の大きさを断定するのも難しい。ただそのなかでも言えるのは、少なくともいくつかの種では、収集が個体数減少の決定的な要因になった可能性が高いということだ。ハワイマイマイのように繁殖に長い時間がかかり、移動能力が低く、分布がごく局所的なカタツムリには、特にそれが言えるだろう。「殻を求めてやってきた人間のような目の肥えた捕食者は、……孤立した個体群に容易に大打撃を加えることができた」とマイクは述べている。[70]

このような事実があり、しかもカタツムリの減少、あるいは完全な消失を自ら繰り返し報告していたにもかかわらず、自分の行為がもたらす結果を心配するコレクターはほとんどいなかった。個体数減少の原因と一般に考えられていたのは、ウシの放牧とラットによる捕食だったからだ。[71] たしかにこうした動物の出現は、都市開発、牧畜、プランテーションなどによる生息地の消失と並んで、この時期のカタツムリ減少の主な要因だったと考えられる。しかし、ある特定の時期、特定の場所、特定の種にとって、人間による殻の収集が決定的な原因になった可能性は大いにありえる。

趣味で殻を集めていた人の証言からは、カタツムリの数が減ったことで採集をやめたり、やり方を変えたりした形跡はまったくうかがえない。それどころか、当時の新聞記事を読むと、カタツムリが見つかりにくくなったことと、収集に対する若者の興味が刺激されることへの期待が、何のためらいもなく結びつけられている。一八七三年のハワイアン・ガゼット誌の記事は、ギューリックが母校のプナホウ・スクールに殻を寄贈した際に、学校側が「これらの殻の主は、ほとんど、あるいは完全に絶滅していますが、今回の寄贈によって、それら山で見つかる殻に対する関心が改めて呼び起こされることを望みます」と述べたと報告している。[72] 四半世紀後にビショップ博物館で「カタツムリ展」が開かれたときにも同様の願いがささやかれたのは、先に見たとおりである。

絶滅に対する関心の欠如は現代の感覚からすればきわめて異常に見えるが、これは何もハワイのカタツムリに限った話ではなかった。科学史家のデイヴィッド・セプコスキが主張するように、一九世紀後半から二〇世紀の始まりにかけて、欧米における一般市民と科学界の理解は大きく変化し、絶滅は概して、避けられない必然と考えられるようになった。種が互いに争ったり、種自身に備わった「血統の老衰」に屈したりするためだ（同様の考えが非欧米人に対してもしばしば適用された）。その結果、絶滅が解決すべき問題と見られたり、介入すべき（あるいは介入できる）状況だとみなされることはまずなかった。[73]

こうした時代であれば、見つけたカタツムリがその種の最後の個体に思えても、コレクターはかまわず採集を続けるのが普通だった。一九一九年に行われたギューリック自然史クラブの採集遠征の報告書には次のようにある。「殻集めは変わってしまった。というのも、コオラウ山脈のこの一帯では殻がほとんど見つからなくなったからだ。それでも私たちは、アカティネルラ・ヴィリダンス（*Achatinella viridans*）の標本をなんとか七つ手に入れた。これは幸運というほかない」。その後しばらくして、一行はアカティネルラ・ファエオゾナ（*Achatinella phaeozona*）の殻も一二個見つけている。探索は徹底的に行われたようで、なかには「ククイの木のてっぺん近く」で見つけたものもあった。報告書には、「［発見は］

驚きだった。なぜなら、このカタツムリはケアワアワでは絶滅したと聞いていたからだ」と書かれている。この殻も同定のためにビショップ博物館に持ち帰られたようだ[74]。

コレクターがカタツムリに与えた影響は、採集方法によって異なっていたはずだが、残念ながら、これについても私たちはほとんど何も知らない。地面から手が届くところの殻だけを取っていたのか、それとも木にのぼって取ったのか？ 特に目を引く殻だけか、それとも目につくものすべてか？ 成体だけか、それとも全年齢か？ 一九〇〇年に発表された、ボールドウィンによるこの「愉しみ」の若者向け解説では、長さ二・五メートルほどの棒の先に取りつけたフックで高い枝を引き下ろして、カタツムリを採集する方法が紹介されている。そのなかで彼はこうも述べている。「若い友人たちには、幼い個体や成長途中の個体を絶対に採集しないようお願いしたい。殻をきれいに洗浄するのは難しく、標本としての価値はほとんどない。だから、未来の収集家のために木の上に残しておいてほしいのだ[75]」。ボールドウィンのこの訴えを、姿を消しつつあるカタツムリへの保全の倫理が存在した証左として前向きに受け取るか、あるいはむしろ、この訴えの背後にある切迫した状況に目を向けて、コレクターがカタツムリを一掃していた証拠と見るべきかは、判断の難しいところだ。しかしいずれにせよ、彼がそう述べたのはカタツムリや環境のことを思いやったからではなく、コレクターの将来の利益のためだったことは間違いないだろう。

一般のコレクターならまだしも、科学的な興味から殻を集めていた人なら、自分の行動がカタツムリに害を与えないよう配慮していたはずだと思うかもしれない。しかし、常にそうだったわけではないようだ。たとえばギューリックは、自分の活動について「[森を]荒らしまわった」と表現している。一流の科学者たちが二〇世紀初頭に書いた報告書を読みながら、私が憤慨のあまり「採集はもうやめてくれ！」と叫んだのは、一度や二度のことではない。『貝類学マニュアル』の一九一二―一九一四年版では、フィラデルフィアの自然科学アカデミーで「殻部門」のトップを務めていたヘンリー・ピルスブリーが、次のように報告している。「島嶼部で採集をするコレクターにとっては周知の事実だが、ある一つの種が、毎年同じ一本の木や低木に見つかり、その周囲の木々には広がらないということがある」。そしてこう続ける。

ある特定の木に足を運べば、そこ以外では一度も見つかっていない標本や、近隣やその地方では見つからない標本が手に入るというのは、部外者にとってはなんとも不可思議に思えるだろう。その周囲にも同じくらい条件の良い木が何本もあるのに、そこに標本が見つからないのは、何度経験しても驚かされることだ。

カタツムリの極端に限定された分布は一部の人を驚かせたが、それでもコレクターをその木に連れていく妨げにはならなかったようだ。またコレクターの多くも、たとえこの分布パターンを承知していたとしても、自分の活動がカタツムリに与える影響を深く心配することはなかった。あるいは心配していたとしても、自分の仕事はそれを凌駕するほどの価値があると考えていたのかもしれない。あらゆる種類の目録作成や収集プロジェクトで繰り返し見られてきたことだが、カタツムリの個体数が減少しているという知識もまた、コレクターの手を止めるどころか、むしろ、貴重な学術標本が永遠に失われてしまう前に確実に目録を作ろうという、行動への呼びかけとして機能したように思われる。[76]

カタツムリ、アーイナ、ハワイ文化の復興運動

私たちは、穏やかに流れる小川を目指して、ぬかるんだ道を歩いていた。取材を終えたあとに、プエオが私にロイ（タロイモ畑）を見せてあげると言ってくれたのだ。パパハナ・クアオラの敷地を移動し、小川を渡ると、目の前には大きな段々畑がいくつか広がっていた。それぞれの畑には幾筋もの畝が盛り上がり、そこにカロ（タロイモ）が植えられている。

プエオの説明によると、ここでのカロの栽培方法は、島の反対側はもちろん、すぐ隣の谷で行われているものとも違っているのだという。ハワイの人々がもつ知識が皆そうであるように、栽培方法もどこまでもその土地に根ざしたものなのだ。彼らが用いる知識は、伝統的な物語にうまく組み込まれている。この土地のカロは畝で育てなければならないというのも、その一つだ。なぜなら、物語が教えるところによると、この谷の水は湧き水なのでミネラル含有量が多いが酸素は少なく、畝によって根を高くすることに利点があるからだ。

これらのロイは、畑としてだけでなく、教育の場としても活用されている。ハワイの伝統的な慣習や物語から水文《すいもん》科学や農学にいたるまで、さまざまな知識体系を利用して、生徒たちにカロの栽培方法を教えているのだ。それはまた、アーイナの見方や世話の仕方を学ぶことでもある。プエオいわく、この教育プログラムは、「ハワイの問題を解決できる次世代の人間を育て上げること」を主眼としている。

カナカ・マオリは、おそらく一〇〇〇年ほどのあいだ、この島々と共に暮らし環境を管理してきた。食

べ物や水の安全、多様性の喪失、海面上昇など、私たちが現在直面している問題に取り組むには、これまでハワイで培われてきた伝統的なアプローチを中心にすべきだ――そうプエオは力説した。

パパハナ・クアオラでの活動は、それ自体ごく小規模だとはいえ、ここ数十年のあいだに起こったハワイ文化の復興運動《ルネサンス》の一環である。この復興運動の潮流は、航海に関する技術や知識の再生、ハワイアンミュージック、フラ、農業の再活性化など、さまざまな方面に影響を与えてきた。

もちろん、オーレオ・ハワイ（ハワイ語）も復興運動の重要な要素だ。ハワイ語は、一八九六年の禁止令以降およそ四世代にわたり、学校で話されることも教えられることもなかった。しかし、多くの人々による何十年もの献身的な活動によって、ハワイ語は活気に満ちた力を再び取り戻し、今日では、幼稚園から大学までハワイ語で教育を受けることができる。現代は絶滅の時代だが、ハワイはその範疇にとどまらない。ハワイの人々にとって、現代は回復の時代であり、文化の復興運動の時代でもあるからだ。

アーイナは文化と分けて考えられないが、この復興運動とも切り離すことはできない。カナカの研究者ハウナニ＝ケイ・トラスクが指摘するとおり、土地をめぐる闘争、すなわち、カナカ・マオリのコミュニティとその賛同者が土地の所有権やアクセス権を固守あるいは回復する試みは、「近代的な先住ハワイ民族運動の誕生」にとって鍵となる役割を果たした。(77) そうした闘争は、オアフ島カラマ渓谷のような農村から、カホオラウェ島のような軍事演習場にいたるまで、さまざまな背景で生じてきたものだ（第5章参照）。加えて、今日のカナカ・マオリの多くは、アーイナとそこに暮らす動植物のコミュニティを守ることが、自分たちの文化の継続にとって非常に重要な意味をもつと考えている。より具体的には、伝統的な物語やカロの栽培方法といった文化の実践そのものが、ハワイにおける独特なかたちの持続可能性や保全の核心だと捉えられており、そういったものは今、ハワイの教育と自然資源管理にもこれまで以上に取り入れられつつある。[78]

カナカの研究者と活動家の多くは、今も続く植民地化という現実を鑑みながら、この活動の中心をつらぬく糸が、一世紀以上の抑圧と収奪にさらされてきたアーイナとハワイ文化への「再接続」のプロセスであることを理解している。私がタロイモ畑を眺めているときに、プエオはその状況を手短に要約してくれた。彼の考えでは、そうした接続（つながり）を強化することこそが肝要であり、それは彼が教え子と行っている仕事でも大切にしてきたことなのだという。

> この場所に対する誇りや責任感がなかったり、ハワイ人としてのアイデンティティをしっかりもっていなければ、その人たちがここにとどまるのは難しいでしょう。ハワイは物価がとても高いので、毎日八人ほどの住民が他の土地へと転出していきます。正直なところ、よほど伝統的な家庭で育った人でもないかぎり、土地とのつながりはもうないのです。

カナカの研究者、カリ・ファーマンテズも同様の指摘をしている。「今のハワイでは、ハワイ先住民は文字どおりにも比喩的にも居場所を失っている。この種の喪失に対しては、意図的な置き換え、つまり、場所に根ざしたハワイ的な知の方法、存在の方法への再接続を通じて反撃ができよう[79]」

この（再）接続の作業は、土地に深く根ざした文化的資源を通じて行われる。植民地化の過程で失われたもの、損なわれたものは数多あるが、その一方で、それをくぐり抜けたものも少なくない。ダヴィアンナ・ポマイカイ・マクレガーのようなカナカの研究者は、「サヴァイヴァンス」[80]を強調する他地域の先住民の思想家たちと同じように、暗黒時代にも失われることがなかった「文化的なキープカ」とは何かを突き止めようとしてきた。「キープカ」とは、溶岩流が森林をなぎ払ったあとに残される小さな区画を指すハワイ語である。この区画で命をつなぎとめた種子や胞子などが広がることで、荒涼とした風景は再生する。マクレガーはこうした理解に基づき、鍵となる辺鄙な場所——しばしば見過ごされ隔離されてきた場所——が、ハワイの言語、文化、アーイナやアクアとの関係を保存し、二〇世紀までつなげてきたと主張する。[81]

特定の場所だけでなく、フラのような伝統や、ハワイ語で書かれた新聞のアーカイブなどの物理的な資料が、知識を後世に伝える役割を果たしたと考える研究者もいる。[82]こうした多様なキープカは、それぞれ独自のやり方で、次世代のカナカ・マオリのために貴重な文化資源を守り、保存してきた。

このカナカとアーイナの（再）接続、そして植民地化という大きな物語のなかでは、カタツムリも自身のささやかな役割を果たしている。以前、現代のカナカ・マオリにとってカタツムリの絶滅はどんな意味をもつかという質問をサム・オフ・ゴンに投げかけたことがある。彼の回答は、絶滅は現代の深刻な課題と起こりうる可能性の一事例にすぎない、というものだった。「近頃は、動植物の数が減ると、過去に起きた減少のことが思い出されます」と彼は言った。カタツムリばかりでなく、鳥や植物など多くの種が絶滅し、希少になっている今、文化やアーイナとの接続を強化するのはこれまでになく難しくなり、それゆえ重要にもなっている。オアフ島にいれば誰もがハワイマイマイを見つけられた時代は、それほど遠い昔のことではない。もしかしたら、そのカタツムリは庭で群れをなしていたかもしれない。「カタツムリの歌をうたえば、みんなそのことをよく知っていたはずですよ」とサムは言った。しかし今日では、オアフの島民はカタツムリについてほとんど知らず、見たことがあるとしても、おそらく写真のなかだけだ。したがって、「カタツムリがかつてもっていた意味や伝統も知らない」ことになる。

カナカ・マオリの文化のなかでカタツムリが担っていた意味は、ハワイの宇宙論に立脚している。それを踏まえれば、カタツムリの絶滅とは、他の動植物の喪失と同様、家族の一員を失うことであり、同世代の人間が責任をもつべき同胞を失うことである。またそれは、カタツムリの姿態を借りてこの世界に現れたアクア（神々）との接続を失うことでもある。カタツムリなどの動植物が姿を消すとき、それと一緒に信仰の一部も持ち去られてしまう、とプエオは説明した。「顕現した先祖やアクアの姿を見られなくなれば、そうしたかたちの崇拝もなくなるものなのです」

カタツムリをはじめとした生き物はまた、ハワイのモオレロや文化の知識が世界から消えてしまわないように、つなぎとめる役割も果たしている。そうしたモオレロや文化的知識はハワイの歴史を語り、人々はそれを聞くことで、生活の指針やさまざまな生業に関する知見など、多くのものを得ているわけだ。それを示す美しい例が、子供向けに歌われる特に有名なカタツムリのメレ（伝統的な歌）だろう。このメレは一般に「カーフリ・アク」と呼ばれ、カーフリ（カタツムリ）とコレア（ムナグロという鳥）がアーコーレア（シダ）とそれぞれ関わる様子を歌ったものと解される。つまりここには、カタツムリや鳥の生態学的知識が含まれている。

とはいえ、ハワイ語の単語は多様な意味をもつため、歌の解釈は他にもいろいろ考えられる。プエオに尋ねてみたところ、カオナ（隠された意味）の可能性について教えてくれた。彼が受け継いだ伝統的解釈では、「カーフリ・アク」は、水を集めるという比喩を通じて性的親密さを表現したものなのだという。この観点からすると、コレコレアという歌詞は鳥やカタツムリの歌声（だけ）を指すのではなく、森のなかで若者たちがじゃれあい、追いかけっこをする様子を表現していることになる。つまりこのメレは、各家庭が共有する水源のまわりで自然に生まれる、思春期の恋愛をほのめかしている。「水汲みをするのは子供たちの仕事でした。大人ではありません」とプエオは説明した。

このように、ここまで見たような物語や歌――カタツムリやその他の存在を題材にしたと思われるもの――は、今日もなお、生態系と社会の絡まり合った関係やハワイの歴史に対するインスピレーションと洞察の源になっている。そうした洞察の一部は、モオレロやメレそのものに組み込まれているのだが、その意味は、実際の生き物の世界との対話があって初めて十全に理解できるものだ。その関係が崩れてしまえば、物語が「隠された意味」を失うことはどうしても避けられないだろう。

カナカ・マオリの文化とアーイナが密接に絡まり合っている事実は、動植物の喪失が本質的に文化の喪失（あるいは棄損）であることを意味している。つまり、カタツムリを失うことは、祖先、宗教的慣習、神々とのつながり、文化的および生態学的知識といった多くのものを失うことなのだ。しかし、このことは同時に、文化が回復すればアーイナが、アーイナが回復すれば文化が豊かになるということでもある。ハワイの腹足類について言えば、カタツムリの文化的知識は、その瑞々しい生きた姿と切り離すことができない。その二つはこの世界で互いに手を取り合っているが、どちらも脆弱で危機に瀕している。

ハワイ諸島のいたる場所で、カナカの研究者、芸術家、活動家、フラ実践者、その仲間たちが、カタツムリと共に働き、踊り、歌い、考えをめぐらせている。彼らは伝統的なカタツムリの物語を知っていて、その知識を現代の物語や現実との対話に織り込む。第5章では、カタツムリとカナカ・マオリの結束のなかでも特に強力なものとして、マークア渓谷の保全と回復のための闘争を見ていくことになる。

本章で論じてきた殻の収集とカタツムリの命名という活動もまた、こうしたアーイナとの(再)接続の試みに一役買っている。かつて本人から聞いた話だが、ラリー・リンジー・キムラが初めて出会ったカタツムリは、一九六〇年初頭、高校生のときにビショップ博物館で見た殻の標本だったそうだ。おそらく宣教師の子息たちが集めた殻だろう。ラリーはハワイ大学ヒロ校の教授で、「ハワイ語復興の祖父」と呼ばれることもある。四〇年以上にわたりハワイ語の保存と記録に取り組み、ハワイ語が、生きて、変化し、話される言語として新しい世代に受け継がれるよう努めてきた。その一環として設立に協力したのが、言語と文化の専門家からなる「語彙委員会」だ。この委員会は、望遠鏡やコンピュータから子供のおもちゃにいたるまで、あらゆるものに新しいハワイ語の名前をつけることを目的としている。つまりラリーは、名づけることの大切さについて誰よりも考えてきた人物なのだ。

他の無脊椎動物にも言えることだが、ハワイのカタツムリは、ハワイ語の名前をもたないのが普通だ。名づけるにはカタツムリの数が多すぎるということもあるが、ラリーによると、日常的に使われる言葉の優先順位の問題でもあるようだ。要するに、七五〇種のカタツムリすべてに名前をつけるのは過剰であり、それらの種が英語名すらもたない場合が多いことも、その裏づけとなっている。さらに言えば、ハワイ語の名前が現代の分類学的区分に従う理由も実はない。科学者にとって役に立つ区分や世界の分かち方が、他の文化にとっても役立つとは必ずしも言えない。

カタツムリにつけられた学名についてラリーに意見を聞いてみると、そのやり方には改善の余地がかなりあるという答えが返ってきた。彼によると、たとえばアカティネルラ・ドレイ(*Achatinella dolei*)のような、おかしくも悲しい名前は、現地の知識に関心をほとんど示さない「あとからやって来た者の命名法」なのだという。もし学名をつけたいのであれば、ハワイの伝統的な知識をもつ人に相談しながら命名すべきだ、とラリーは提案した。特にハワイの在来種に関しては、「自分たちの土地から現れたものに名前をつける優先権と特権は、先住民に与えられるべき」と考えている。名づけることは、つながりをもたらし、関係を生み出す行為であるべきだ。ラリーの言葉を借りれば、「何かに名前をつけるということは、それを家族の一員に迎えるということなのです」

カタツムリや他の生き物に、その種を「発見した」人物の名前をつけることは近年少なくなった。次章で詳しく見るが、国際動物命名規約には、種に自分の名前をつけることを禁じる規則が明示されている。にもかかわらず、生物の研究や保全に生涯を捧げた人物に敬意を表し、その名前を奇妙なラテン語風にして学名をつけるという行為は、変わらず横行している。(83)

このような現代の分類学的命名は、接続をたしかに生み出すが、その一方で断絶をもたらす可能性がある。ラリーが指摘するように、こうした命名は、土地からも、知識を獲得する手立てからも、カナカ・マオリを遠ざけるプロセスをさらに定着させるかもしれない。外国由来の名前は、どこまでも外国の景観を記述しているように見える。ラリーに言わせれば、「その名前を誰がつけたかは知らないが、自分がそれに関係があるとはとても思えない」ということになる。

この状況に対してどう行動するのが正しいのか、私にはわからない。アオテアロア（ニュージーランド）などでは、学名の再検討を求めたり、命名に関する新しい手順――先住民コミュニティやその命名法を尊重し、連携する手順――の必要性を訴える科学者もいる。(84)またその一方で、既存の学名を変更することで生じる分類学的混乱や、先住民がつけた名前や命名の慣習を分類学的命名法の厳格な枠組みに押し込めることで一種の収奪が生じる可能性を指摘し、そうした提案に懸念を表明する科学者もいる。一つ確かなのは、この問題についてはさらなる対話が必要なことだ。ラリーの言葉は、カタツムリをはじめとした生き物の分類学的研究が、より広い意味での（再）接続の作業に寄与する道を開くものである。（再）接続の作業は、名前をつけることにとどまらず、過去に対する理解を拡張することも含む場合があるだろう。私たちはギューリックのような人物に称賛を向けがちであり、また、学名に名前が用いられたのも当時の西洋人男性が圧倒的に多い。現実には、カナカ・マオリも科学的探求に深く関わっているのだが、そうした貢献はしばしば無視され、たんなる「肉体労働」へと矮小化されてしまっている。[85] こうした歴史的記録の再評価に際しては、ハワイ語新聞のアーカイブがきっと役に立つはずだ。実際、カナカの研究者がそうした目的でアーカイブを利用するケースが次第に増えてきている。[86]

嬉しいことに、近年ではカタツムリの分類学者とカナカ・マオリの話し合いも始まっている。本章で重点的に見てきた殻のコレクションも、その話し合いで取り上げられるものの一つだ。カタツムリ・フィーバーが島を席巻してから一七〇〇年あまりが経過した今日、ビショップ博物館の職員は、殻のコレクションにこれまでとは違った役割を与えようと腐心している。この企ての根幹にあるのは、ケン・ヘイズとノリ・ヨンが主導する大規模なデジタル化プロジェクトであり、殻だけでなく、コレクターが残したフィールドノートや日記も、誰もが簡単に利用、検索できる環境を目指している。

ビショップ博物館の軟体動物コレクションが今日の保全活動に果たしている役割については、次章で詳しく見る。ここでは、博物館がコレクションを利用する目的の一つに、伝統文化の実践者や幅広いコミュニティとの対話があることを指摘するにとどめておこう。コレクションは、カタツムリにまつわるハワイの伝統的なモオレロやメレを解釈するための重要な資料となる。一方でカタツムリは、特定の場所あるいは植物と関連して語られることがある。このようにさまざまな手がかりを結びつけることで、接続を生み出すことができる。

一例を挙げよう。ノリはあるとき、「ヒニヒニウラ」という名前のカタツムリを歌ったチャントについて相談を受けた。ハワイ島北西部のコハラに生息すると言われるカタツムリだ。「ウラ」というのは緋色や赤を意味するハワイ語で、どうやら殻の色を指しているらしい。しかし、ノリが博物館のコレクションを調べてみると、その地域には赤い殻をもつカタツムリが存在しないことがわかった。さらに調査を進めていくと、ヒニヒニウラの候補として、スクシネア属の仲間が浮かび上がってきた。原記載によると、その種は殻が半透明で、軟体部は鮮やかな赤色だという。このカタツムリは現生種で、コハラの丘陵地帯をよくさがせば、その姿を見つけることができる。もし他の多くの種と同じように絶滅していたなら、コレクションとその記録が、チャントとカタツムリのつながりを示す唯一の手段となっていたかもしれない。

なお面白いことに、ヒニヒニウラの名前の解釈はそれ以外にも存在する。ウラはたしかに「赤」と訳されるが、同時に「聖なるもの」や「王家のもの」という意味もある。プエオによると、赤という色が「虹」を指すことがあるのは、そうした理由があるからだ。実際、ヒニヒニウラは「美しい虹色の殻」と訳される場合もあるという(87)。だとすれば、件のチャントで歌われているのが、別の色彩豊かなカタツムリである可能性はないだろうか？　ノリに尋ねてみたところ、そうしたカタツムリはコハラでは知られておらず、現生、絶滅を問わず、その地域では茶色と白の殻をもつ種が支配的だということだった。したがって、少なくとも現時点では、赤い体をもつスクシネア属が最有力候補であることに変わりはない。

以上を鑑みれば、ビショップ博物館の殻のコレクションをハワイの文化の理解や実践と結びつけるのが、なんら簡単な作業ではないことがわかってもらえるだろう。そうしたつながりを見つけるには、カタツムリの生活、景観、言葉、文化的な意味が描く輪郭をしっかりと把握しなければならない。そのためには、研究者と伝統文化の実践者が協力して、殻のコレクションをハワイ語新聞のアーカイブなどの歴史資料と突き合わせる必要があるだろう。とはいえ、その種の作業は今ではかなり困難なものになっている。植民地化と種の喪失の長い歴史が、カタツムリやハワイの人々に甚大な影響を与えてきたからだ。

カタツムリの殻と歴史資料の対照は、ビショップ博物館ではまだ始まったばかりだ。ノリはこう説明する。「コレクションに閉じ込められていた知識が、おぼろげながらようやく見えてきたところです。それを解放すれば、伝統文化の実践者たちがその情報に自分でアクセスできるようになるでしょう」。このようにしてコレクションという遺産は、カナカ・マオリとカタツムリのつながりを強める、ささやかな役割を担いはじめるのかもしれない。

第4章　名をもたぬカタツムリ――分類学と知られざる絶滅危機

引き出しを次々に開けては、なかに居並ぶカタツムリの殻に顔を近づけ、その形状、色、質感を間近に観察してみた。正直に告白すれば、私には自分の目の前にあるものがよくわかっていなかった。種の同定や分類に精通した専門家の鑑識眼は、当時も今も持ち合わせていない。それどころか、ビショップ博物館でこの軟体動物コレクションを眺めつづけるうちに、自分には殻の微妙な違いを判断する能力が決定的に欠けていると認めざるをえなかった。分類学者のように近縁種を見分けるなど、自分にはとてもできない。

カタツムリの世界にどっぷりと浸かっていたこの時期、私にとっては、分類学の初歩である殻のキラリティー、すなわち殻の巻く方向でさえ解決不能な問題のように思えた。カタツムリの殻をじっと見つめて、それが右巻き（時計回り）なのか左巻き（反時計回り）なのかを考えはじめると、頭がくらくらしてしまうのだ。

その一方で、カタツムリの殻に囲まれている時間には妙に瞑想に似たところもあった。標本から標本へと視線を移動させながら、違いを判別できればそれに見とれ、わからなければあまり気にしないようにした。他のことはともかく、私が気にかけたのは、丁寧にラベルが付された標本を見て、これまでの調査や会話で出会ったカタツムリとその殻を、頭のなかで結びつけることだった。殻に名前をつけるというより「名前に殻をつける」と言った方が近いかもしれない。

この機会を提供してくれたのは、コレクションのキュレーター、ノリ・ヨンである。彼女の取り計いで、私は落ち着いた環境で標本を存分に観察できたばかりか、館内を案内してもらい、彼女の仕事についても知ることができた。ノリの仕事のなかでも特に興味をかき立てられたのは、分類学的なもの、簡単に言えば、ハワイのカタツムリの包括的な目録を作る試みだった。ノリと同僚たちは、博物館のコレクションと広範な資料をもとに、かつてハワイにどれくらいのカタツムリの種が生息していたのか、また、現在残っている種はどれほどいるのかを正確に突き止めようとしている。

ハワイでは、これまで七五九種のカタツムリが確認されているが、この数字は決定的なものではない。新種が発見されたり、過去――一〇〇年以上前のこともある――に同定されたものが訂正されることもあるからだ。たとえば、二つの異なる種だと思われていたものが実は同じ種だったり、反対に同じ種だと思われていたものが異なる種だとわかるケースもある。

生物の保全活動では、こうした分類学的研究の成果が当たり前のように求められる。とりわけ、同定にまず問題がなく、生活史や分布についても詳細にわかっている、哺乳類や鳥類といった脊椎動物の保全活動ではそれが言える。他方、カタツムリなどの無脊椎動物では、わかっていない事柄が多すぎる。ごく基本的なこと、たとえば、この二匹のカタツムリが同種なのか別種なのかということすら不明な場合があるのだ。こういった情報がなければ、保全活動が必要なのかどうか、ましてやそれにどう取り組むべきか判断のしようがない。

私たちの科学知識の空白は、一般に思われているよりもずっと広大だ。脊椎動物という馴染み深い領域から一歩外に踏み出したとたん、知られている種より知られていない種の方がずっと多くなる。未知の種はほとんどが無脊椎動物、つまり、カニ、タコ、クラゲ、昆虫、クモ、ミミズ、そしてカタツムリといった背骨をもたない動物たちである。

大衆向けのニュースでは、新しい種が発見されたという話が、あたかも新種が珍しいものであるかのように報道される。しかし、現実はそれほど単純ではない。このあと見ていくように、新しい種を同定し記載するには一連の手続きを踏む必要があるが、それでも発見される新種の数は毎年一万種を優に超えている。(1) 私たちの身のまわりには、科学上未知の種が大量に存在している。

生物の目録を作るという近代科学の取り組みは、一八世紀のスウェーデンの植物学者、カール・リンネの仕事までさかのぼるとされる。著書『自然の体系』のなかで二名法——種に属名と種小名という二つの部分からなるラテン語形式の名前をつける方式——を発展させ、普及させたのはリンネであり、私たちはそれによって、偉大なる自然に名前と秩序を与えるための統一された基準を手にすることになった。

しかしながら、リンネ以降二〇〇年以上にわたり分類学的研究が進められてきたにもかかわらず、解決すべき問題は山積している。たとえば、私たちの手元には信頼できる確かな数字がない。地球上にどれくらいの種が存在しているかもわからなければ、一つのリストとして網羅されているわけでもないので、すでに記載されている種の数すら正確にはわからないのだ(ただし現在では、オランダに本部を置く「カタログ・オブ・ライフ」という国際共同事業がリストの作成に取り組んでいる)。この種の数字で現在もっとも妥当性が高いのは、地球に存在する植物、動物、菌類の総数はおよそ一〇〇〇万種にのぼり、そのうち約二〇〇万種が同定されている、というものだ。[2] つまり、未知の種が八〇〇〇万あることになるが、その大半は無脊椎動物（主に昆虫）だと考えられている。

いまだ知られていない種が八〇〇〇万もあることは、たしかに分類学者の好奇心を刺激するかもしれない。だが、ここで重要なのはその点ではない。今こうしているあいだにも、私たちがそもそも目にしたこともない種の多くが、地上から永遠に姿を消そうとしている点こそが問題なのだ。科学が命名も記載もしていなければ種は絶滅から守られる、ということはありえない。それどころか、未知の種が、少なくとも既知の種と同じくらい急速に、つまり圧倒的な速度で失われていることを信じる理由はいたるところに見つかる。

この状況が知られるようになったのは、二〇一九年、環境保全に関わる国際機関のＩＰＢＥＳ（生物多様性及び生態系サービスに関する政府間科学－政策プラットフォーム）が、地球上で一〇〇万種以上の生物が絶滅の危機に瀕していると発表したときのことだ。[3] 発表に納得がいかない人々は、この種のリストではもっとも包括的なＩＵＣＮレッドリストでさえ、二万八〇〇〇種あまりの絶滅危惧種しか掲載されていないとすぐさま反論した。私たちがいま問題にしているのは、これら二つの数字に見られる大きな隔たりだ。先述のとおり、レッドリストに掲載されている絶滅危惧種は、すでに新種記載され存在を知られているばかりか、詳細かつ継続的な研究の対象となっている。一方、ＩＰＢＥＳによる一〇〇万種超という推定は、ほとんど知られておらず、名前すらもたない多数の種をも対象とした数学モデルに基づくものだ。

ノリは、この未知の種が失われていくプロセスを目に見えるかたちで示してくれた。収蔵室のキャビネットには、丁寧に整理された殻が収められている。しかしここでは、それ以外の場所、たとえば戸棚や部屋の片隅にも多くの殻が保管され、分類されるのを待っている。そのなかには一〇〇年以上前に採集されたものもあれば、個人のコレクターから寄贈されたもの、博物館による調査で集められたものもあるという。いずれにせよ、十分な調査をする時間も予算もないまま博物館にやってきた殻も少なくない。こうした殻のなかには、まず間違いなく数多くの「新種」、つまり、まだ研究者に知られていない種が含まれている。だが、いつの日かそれらの殻が新種として記載されたとしても、その時にはすでに絶滅していたと判明するケースが大半だろう。要するに、その場合の新種記載は、起きたときには知られていなかった絶滅を時間遅れで告知する役割しか果たさないのだ。

未知の種の消滅は、生物多様性が地球規模で大量に失われている現代の特徴であり、あらゆる場所で起きているにもかかわらず、ほとんど議論されていない現象である。そして後述するように、そうした未知の種の消滅は、その種の「知られざる絶滅」をもたらすものと理解できる。本章は、その視点に基づき未知／知られざる存在に挑もうとする試みだ。その過程では、ハワイのカタツムリが科学界に知られ、保全されるようになった経緯、その経緯がはらむ課題と限界についても検討することになる。そうすることで、カタツムリなどの多くの無脊椎動物の喪失にまつわる無知や無関心という脅威に光を当てようというのが、この章の目的である。

生物を分類する方法は幾通りもある。科学的な分類法と一致するか否かは別にして、世界中のあらゆる共同体が、その独自の分類体系と「通俗名」をもっている。前章では、カナカ・マオリが用いるカタツムリの呼び名や、彼らがより広い視点からカタツムリの存在を理解し、物語ることを見た。こうした人間の共同体による分類法の違いを知るのは、もちろん重要だ。その一方で、生物もまた自分なりの「分類上の」区別を行っていることも忘れてはならないだろう。第1章で見たとおり、カタツムリもさまざまな分類を行っている。粘液の痕跡から、そこを通ったのが仲間なのか、交尾相手なのか、それとも今度の食事になるのかを判断するのも、その例だ。

したがって、本章で扱う分類学とその分類領域、名前をもつものともたないものの議論を、その可能性がもつ絶対的、普遍的な限界に関する説明と受け取ってはならない。ここでの議論はむしろ、ある特定の時点における、分類学のある特定の実践であり、生物を理解し秩序づける非常に重要なかたちを示すものだ。分類学の仕事が少しずつわかってくるにつれ、私は、それが生物の世界を眺めるための魅力的な窓であることに気づきはじめた。それは、生物が生まれ、形状をもち、死にゆく複雑なパターンとプロセスを新しい視点から理解するのに役立つ窓である。

宝の地図

コニア・ホールの最上階にあるビショップ博物館の軟体動物学部門の収蔵室は、どこか掩体壕《バンカー》〔トーチカに似た軍事施設〕を思い出させた。ほの暗い照明、打ちっぱなしのコンクリート壁、断続的に響く空調の音からは、この部屋が安全に保護されていることがうかがえた。外部の光や温度の変化とは無縁の空間である。ドアを開けると、その瞬間に白と灰色の金属製キャビネットが列をなしているのが目に入ってきた。二段重ねのキャビネットには、貴重な標本、つまりカタツムリの殻が収められている。各列は四〇台のキャビネットからなり、一台につき二二の引き出し、それぞれの引き出しは大小さまざまな厚紙のトレイで仕切られている。そして各トレイには、採集時期と場所が明記されたカタツムリの殻が種ごとに分けられている。

この見事なコレクションは、チャールズ・モンタギュー・クック・ジュニア（一八七四―一九四八）とヨシオ・コンドウ（一九一〇―一九九〇）の人生と密接に結びついている。コレクションの誕生からおよそ八〇年にわたり深く関わってきたのが、この二人の人物なのだ。クックはホノルルで生まれ、イェール大学で教育を受けたあとにハワイに戻り、一九〇七年にビショップ博物館で有肺類（カタツムリとナメクジもここに分類される）担当の初代キュレーターとなった。[4] 以降四〇年以上にわたり、クックは高名な軟体動物学者として活躍し、ビショップ博物館を太平洋地域に生息する軟体動物研究の一大拠点に育てあげた。クックのキャリア晩年、およそ一〇年のあいだ苦楽を共にしたのがコンドウである。コンドウは当初、軟体動物学部門の助手を務め、その後ハワイで生物学を学んだのち、ハーバード大学で博士号を取得した。クックの没後は部門長を引き継ぎ、一九八〇年に引退するまで約三〇年間その職にとどまった。[5]

ビショップ博物館の軟体動物コレクションを前にすると、どこを見てもこの二人の遺産がたちどころに目に入ってくる。壁には二人の写真が掛けられており、殻を収めたキャビネットにはクックのパイプタバコの痕跡がいまなお残っている。「コンドウ・ライブラリー」の入口の上には看板が掲げられ、キャビネットのなかには、二人が数十年にわたるフィールドワークと調査を通じて作成した原稿、スケッチ、手書きの地図が詰まっている。また、壁際には二人が特注した木製の戸棚が置かれ、そのなかにはカタツムリの軟体部を保存した何百ものガラス瓶がずらりと並んでいる。ノリによると、当時の軟体動物学者はカタツムリの軟体部を破棄するのが普通だったが、「クックは先見の明があったのでしょうね。自分が採集したカタツムリの軟体部はすべて保存していました。……そのほとんどは、彼自身がパイナ

ビショップ博物館のコレクションに収められたハワイマイマイの殻。
ラベルはクックの手による

ップルから作ったアルコールで保存されています[6]」

言うまでもなく、科学的価値と純然たる規模の両面でもっとも重要な遺産は、殻のコレクションそれ自体である。キャビネットのなかの標本をじっと眺めていると、殻の美しさに目を奪われるのはもちろんのこと、その表面に小さく書き込まれた几帳面な数字にも注意を引かれた。ノリに聞いてみると、「ええ、それはクックが書いたものですよ」という返答だった。彼女によると、コンドウの時代にもコレクションは増加したが、標本がもっとも増えた時期に指揮をとっていたのはクックだったという。

コレクションに収められた殻には、クックとコンドウ、その同僚たちが個人的に採集したものも少なくない。特に、ビショップ博物館が二〇世紀前半に主催した大がかりなプログラムでは、ハワイおよび太平洋地域での調査探検や小規模な採集行事を通じて、多くの殻が採集された。なかでも重要だったのは、少人数の科学者を率いてソシエテ諸島、ガンビエ諸島、オーストラル諸島をめぐった一九三四年のマンガレバ遠征で、六か月間、一万四〇〇〇キロメートルにもおよぶ長旅だった[7]。船の機関長を務めていた若き日のコンドウが軟体動物学と出会ったのも、この遠征でのことだ[8]。コンドウはこうしてカタツムリを中心とした研究にのめり込み、太平洋地域での採集旅行に数多く参加することになった。

こうした大規模な収集活動は数十年間続いたが、所属の研究者以外が集めた標本も博物館のコレクションのかなりの割合を占めている。前章で見たような博物学者や熱狂的なコレクター個人から、購入、寄付、遺贈などを経て、博物館へと収蔵されたものだ。殻の収集に情熱を注いだジョン・トーマス・ギューリックも、晩年に研究を終えると大切な殻を手放した。四万点を超えるコレクションを二〇組に分割して、各地の博物館に売却、寄贈したのだ。クックは在任中に、このうち一一組を手に入れている[9]。

一九四八年にクックが亡くなるまでに、コレクションの標本数は約五〇〇万点まで膨れ上がった。今日では、総数はさほど増えていないが、太平洋諸島の陸貝（カタツムリ）、海貝、淡水貝の殻をおよそ六〇〇万点収蔵しており、この種のコレクションとしては世界でもっとも包括的なものと言えるだろう。殻は太平洋の二八の島々で採集されたが、コレクションの約四〇パーセントはハワイ固有のカタツムリである[10]。

コンドウが引退したあとの数十年は、コレクションにとっても、ハワイのカタツムリの分類学研究にとっても、浮き沈みの激しい時代になった。コレクション担当のキュレーターをコンドウから引き継いだのは、カール・クリステンセンである。彼は一九七八年に博士号を取得し、無給の研究員として博物館で働きはじめた。従事したのは、はるか昔に死んだ海産軟体動物の化石を考古学者と協力して特定する仕事だった。その後、一九八〇年にコンドウが博物館を去ると、有給の軟体動物研究職という貴重なポストが空いた。カールはそれに飛びつき、高校時代の夏のインターンで扱ったことのあるコレクションを担当することになった。

しかし当時のハワイは、カタツムリの研究を進めるには、お世辞にも理想的とは言えない環境だった。一九七〇~八〇年代は、その種の研究に対する関心が低く、資金援助もほとんどなかったのである。カールの証言によれば、当時「ハワイのカタツムリに専門的な関心を向けていたのは、［島内では］マイク・ハドフィールドと私だけだった」という。さらに環境を悪化させたのは、コレクションも予算不足に苦しむようになっていたことだ。コレクションを確認すると、殻に白い粉のようなものが付着していることがよくあった。軽く粉がふいただけのものもあれば、ひどく損傷して崩れかけているものもある。

カールは、この状況をバイン病によるものと考えた。バイン病は、一八九九年にこの現象について書き記したイギリスの博物学者、ロフタス・セント・ジョージ・バインにちなんで名づけられたものだが、そのバインの分析自体は、解決に特に役立つものではなかった。フィラデルフィア自然科学アカデミーの軟体動物コレクションの責任者、ポール・カロモンはこう述べている。「バインの結論のほとんどが間違っていた。彼はこの問題が細菌由来だと考えていたのだ。バインの提案した対処法は役に立たないばかりか、かえって状態を悪化させる場合すらあったが、それでも彼の名前は残った」[11]。やがて、バイン病が実は「病気」ではないことが研究から明らかになった。バイン病と呼ばれるものは、木材、段ボール、紙といったセルロースを含む素材が分解されるときに自然に生じる、酢酸とギ酸が原因で起こる崩壊現象だった。酢酸とギ酸は殻の炭酸カルシウムと反応し、酢酸カルシウムとギ酸カルシウムという塩《えん》を生成する。この塩が殻の表面に白い粉や白華《エフロ》現象として現れ、それによって殻が傷んでしまうというわけだ。

しかし、カールがこの問題に本格的に取り組もうとした矢先、彼の就いていたポストが突如廃止されてしまう。一九八五年六月、カールは引き継ぎとして、当時の動物学部長であり直属の上司でもあったアレン・アリソンにメモを残し、バイン病の問題とその潜在的な影響について説明した。それを読んだアリソンは、状況を分析するためにコンサルタントを雇い、殻の保管環境の改善に着手した。具体的には、空調を導入し、収蔵室を密閉するようにした。部屋の温度と湿度を下げて一定に保つことで、バイン病を引き起こす化学反応を遅らせるという対策は、ハワイのような熱帯気候では特に重要だからだ。ただしその時点では、コレクションの大部分はまだ木製のキャビネットや段ボールに保管されており、それを買い替える資金もないため、問題が完全に解決されたわけではなかった。

コレクションのキュレーターのポストが廃止されたのは、カールがその職を得てからわずか五年後のことだった。このとき博物館では、研究系職員の約四分の一が解雇された。これは博物館の上層部が変わったことによる大規模なリストラの一環で、調査やコレクションよりもパブリック・エンゲージメント（市民参加）を重視した結果のようだ。[12] カールはその後も軟体動物学の仕事を探したが見つからず、結局は三九歳で進路を一転させ、ロースクールに通うことにした。そこから五年間、軟体動物コレクションは担当キュレーターのいない「孤児」となった。この時期に日常的な管理を引き受けたのは、海洋生物コレクションの専門技術者だったリジー・カワモトである（このポストは軟体動物学者のE・アリソン・ケイから資金提供を受けていた）。

一九九〇年になると、ロバート・カウィがコレクション担当のキュレーターとして新たに雇用されることになった。採用の背景には、初代キュレーターのチャールズ・モンタギュー・クック・ジュニア（正確にはその一族）の助力があり、最初の二年間の給与はクック財団――モンタギューの母、アンナが一九二〇年に設立したもの——から支払われた。キュレーターとなったロバートがまず取りかかったのは、収蔵室設備を新調するための助成金の申請だった。それこそがコレクションの長期保存に必要なものだったからだ。この働きかけは功を奏し、博物館はアメリカ国立科学財団（NSF）からの多額の助成金で、ようやく金属製のキャビネットを購入することができた。そして、これも助成金で雇った職員やボランティアの協力をあおぎながら、コレクションをそれまでの保管場所から新しい場所へと移し替え、同時に古いラベルやノートをアーカイブ化した。ロバートはその仕事についてこう語っている。「永遠に終わらないと思うくらい時間がかかったよ。それが博物館での最初の四年間に私がやった仕事だった」

ロバートは、この多忙な時間の合間をぬって、もう一つの画期的な仕事もやりとげている。生物学者や博物学者が過去二〇〇年あまりに書いた数百点もの文献を渉猟し、ハワイ固有の陸産、淡水産の軟体動物に関する初の包括的かつ厳密な目録を作成したのだ。この目録は、カールそして同僚のニール・イーヴェンハウスの多大な協力のもと作成され、当該分野における分類学研究の一つの基準となった。[13] 後述するように、分類学的な発見や改訂は今日も続いているが、現在確認されているハワイ固有のカタツムリが七五九種だというのは、この目録（およびその後記載された数種）に基づいた数字である。[14]

ロバートは、殻の保管場所を移動させる作業と目録作成のための調査を通じて、コレクションの実態と価値が骨身にしみてわかったという。と同時に、世界各地の軟体動物学者のために「コレクションに再び光を当てよう」とも思い立ったそうだ。ロバートが目指したのは、収蔵品貸出の拡大や、コレクションに関与する客員研究員の増大などを足がかりにして、コレクションとハワイのカタツムリがどちらも活気ある研究対象だと広く認知してもらうことだった。

このようにコレクションの保存と発展に尽力したロバートだったが、二〇〇一年にハワイ大学へと移ってしまう。そのポストの方が、研究資金も豊富で安定していたからだ。こうしてコレクションは、またもやキュレーターを失うことになる。コレクションの管理、データの更新、貸し出し依頼の対応といった日常業務は、このときもリジーが受け持った。この状況は、二〇一五年にノリが着任し、一〇〇年間で五人目のコレクション担当キュレーターになるまで一〇年以上続いた。ハワイのカタツムリを保全する取り組みと同様、コレクションを良い状態のまま後世に伝える仕事は今も続いている。ノリの業務は多岐にわたるが、現時点では、小さな殻を保存している一一万七〇〇〇本のガラス瓶内の緩衝材を、コットンから合成繊維へと取り換えるプログラムの陣頭指揮をとっている。

バイン病からコレクションを守る取り組みは、近年ではNSFからも助成金を受けているが、これはノリとケン・ヘイズ（分子生物多様性パシフィックセンターのセンター長）が監督する大規模プロジェクトの一環としてのことだ。二人が協力して取り組んでいるのは、コレクションの保存と利用しやすさの向上であり、そこには前章で見たデジタル化の推進も含まれる。彼らはまた、助成金によって得た機会を利用して学生やボランティアのインターンをコレクションに呼び戻し、膨大な作業を手伝ってもらうと共に、分類学、キュレーション、保全生物学などの研修も行っている。ノリは、こうした試みが「コンドウの教えをたどる」ことであり、次世代の研究者を育ててコレクションとカタツムリを守ることにつながると述べている。

ビショップ博物館のすばらしいコレクションを最初に目にしたとき、おそらく多くの人がそうだと思うが、私もまたそれを埃をかぶった過ぎ去った日々の遺物と考えた。しかし、それは真実ではない。ハワイでの殻の収集ブームはとうの昔に終息したが、ゆっくりとではあれコレクションはまだ増えつづけているからだ。収蔵品の増加は、コレクションが依然として生きていることの証拠である一方、ハワイで生き残ったカタツムリを理解、保全するのに必要な仕事にもつながる。実際、このコレクションが教えてくれる重要な教訓は、カタツムリの理解と保全は無関係な事柄ではないということだ。この二つは、すぐには目につかない深いところで、どちらも互いを必要としている。

ノリとケンはここ一〇年ほど、姿を消したカタツムリをさがす大規模な調査に博物館のコレクションを活用することを念頭に研究を進めてきた。ケンの説明によると、この計画の萌芽は、彼とノリが大学院生としてハワイ大学でロバートの助手をしていたときに生まれたのだという。当時、ロバートとケンは、ハワイに持ち込まれて農業や住民の健康に悪影響を与えていたリンゴガイなどの外来腹足類の理解を深めるため、さまざまな調査を行っていた。

ところが、野外調査を重ねるうちに、誰も同定できないカタツムリを発見する機会が増えてきた。ケンが気づいたのは、そうしたカタツムリの多くが実は在来種であり、これまで研究者の目を逃れてきたということだった。ケンの説明によると、「たぶん一九一〇年代か二〇年代の原記載」のときに見つかったのが最初で最後だった種もあったという。いずれにせよ、絶滅したと考えられていたか、少なくとも軟体動物学者のあいだでは忘れ去られていた種が、調査を通じて数多く発見されたのである。ケンは、それらの種を同定するために博物館のコレクションに目を向け、他にどれくらいの未発見のカタツムリが（おそらく絶滅寸前の状態で）ハワイに生息しているかと考えるようになった。

二〇一〇年以降、ノリとケンは共同研究者たちと共に、ハワイ全島のおよそ一〇〇〇か所を調査してきた。このプロジェクトは、それまでハワイで実施されたカタツムリ調査のなかでも最大規模のものだ。

調査は当初、NSFの助成を受けてロバートの研究室が行っていたが、ノリがビショップ博物館のキュレーターになったのを機に、増えつづける殻の標本と共に博物館に移管された。開始以来、このプロジェクトには、デイブ・シスコやカタツムリ絶滅防止プログラム（SEPP）のスタッフ、カタツムリが生息している可能性の高い地域で活動する他の組織など、多くの人々が参加してきた。その際、主要な参加者には同定に役立つ分類学の研修も行われた。

ビショップ博物館のコレクションは、こうした活動が問題に直面したときに立ち返るべき指針だった。標本の殻そのものが重要なのはもちろん、科学志向の強いコレクターたちが残した、一九世紀半ばから現代にいたるまでの日記や地図、記録にも大きな価値がある。過去のコレクターのなかには、丘や谷の詳細なスケッチを描き残し、どこで何が発見されたかを正確に記録していた人もいる。こうした資料が、今日生き残っている可能性がある個体群への道しるべとなっているのだ。「このコレクションは、私の宝の地図のようなものです。これがなければ、どれだけのものが失われたのかも、どれだけのものがまだ救えるのかもわからないでしょう」とノリは語っている。

コレクションから得られる洞察はそれだけではない。特に各種の資料を組み合わせて推論できる人にとっては、コレクションは情報の宝庫だ。たとえば、どれくらいの殻が採集されたかを調べれば、種同士を比較して、過去の相対的な個体数を推定することができる（ただし変数の調整は必要になる）。日誌に記録された過去の個体数と、現在の調査データを比較することも可能だ。また、殻の採集地をデータ化することで、過去の生息域を推測できる場合もある。第2章で見たように、アウリクレルラ・ディアファナ（*Auriculella diaphana*）の生息範囲が九九・九パーセント縮小したとブレンデンが結論できたのは、クックが一九一二〜一四年に発表した分布記録があったからである。

ビショップ博物館が現在のような活動を始めた背景には、ハワイのカタツムリ研究が長期間にわたり停滞気味だったという事実がある。軟体動物学や環境保全のコミュニティでは、種が消えつつあると認識していた人もいるし、それに対して注意を喚起する論文も発表されていた。しかし、一九六〇年代からの数十年間には、カタツムリの喪失を記録、研究するための新しい調査はほとんど行われなかった。[15] ノリとケンは、シカゴのフィールド自然史博物館のアラン・ソレムの言葉を借用して、これをハワイにおける「軟体動物学の沈黙」の時代と呼んでいる。[16] ビショップ博物館の例ですでに見たとおり、この状況は、支援不足や資金不足によって一段と悪化することになった。

その後一九八〇年代になると、マイク・ハドフィールドやアラン・ハートらがハワイマイマイ属(*Achatinella*)の保全と啓蒙に努めたことで、状況は好転のきざしを見せたが、それ以外のハワイのカタツムリの大部分は依然として無視されつづけ、その多くが静かに姿を消していった。ノリとケンはＳＥＰや他の人々と共に、このハワイマイマイ中心主義を変えようと一〇年あまり取り組んできた。たしかに数十年前であれば、大型でカリスマ性のあるカタツムリに集中するのは有益なアプローチだったが、現在では反対にそれが仇となっている。したがって、見かけがどれほど地味で平凡だろうが、ハワイに生息するカタツムリを漏らさず研究、保全するのが重要だと、今では彼らは考えている。そうした考えに基づいて調査をすることで、「すでに絶滅したと思われていたカタツムリを何十種も再発見できたのです」とケンは言った。

カタツムリの再発見は嬉しい事実には違いない。だが、それが圧倒的な喪失の物語のなかで起きていることを忘れてはならない。一例として、シイノミマイマイ科(amastridae)について考えてみよう。二〇一五年の時点で一五種が現存すると考えられていたこのカタツムリは、ノリとケンの調査によって、今では二三種が確認されるまでになった。永遠に失われたと思われていた八種が再発見されたのである。これ自体は間違いなく良いニュースだ。しかし、かつてのハワイでは、この科は飛び抜けた多様性をもっており、少なくとも三二五種が確認されていた。言い換えれば、私たちは今日まで約三〇〇種のシイノミマイマイ科を失ってきたのだ。

同様の出来事はハワイのいたるところで何度も繰り返され、現在の苦境を生み出した。ノリとケンの現地調査によると、これまで約四五〇種のハワイ固有のカタツムリが失われ、生き残っているものでも、ほとんどが先行きの不安定な状態にあるという。本書冒頭で述べたように、彼らの最新の数字に従えば、ハワイに残された約三〇〇種のうち、「安定している」と分類されるのは一一種にすぎない。[17] 絶滅したと思われていたシイノミマイマイ科などのカタツムリが複数種生き残っていたことは、素直に祝福したい。しかし、現在の状況を考えれば、この朗報を時間をかけて味わうのは、瓦礫《がれき》のなかで希望の光をさがしまわるようなものなのかもしれない。

無脊椎動物の危機に対するトリアージ分類学

カタツムリからDNAを抽出する方法はいくつかある。過去に行われていたのは、カタツムリの足や軟体部全体から組織を切り取る侵襲的、ときに致命的な方法だった。これはどのカタツムリにとっても理想的な手段とは言えず、絶滅危惧種の場合には特に問題が大きい。しかし近年では、遺伝子工学の感度が上がったことで、他の選択肢もとれるようになった。たとえば、ハワイマイマイのような大型のカタツムリでは、Qチップ〔綿棒〕を使って粘液を採取するだけの簡単な手順で済むケースが多くなった。十分な量の粘液が採取できない小型のカタツムリの場合は、FTAカード（粘液中のDNAを保持するよう化学処理された紙）の上を這わせる方法で対処できる。[18]だが、全長五ミリメートル以下の特に小さい種に対しては、この非侵襲的な方法すら有効ではない。FTAカードは塩分を含んでおり、それが死因になりかねないからだ。

私がこうした技術の存在を知ったのは、ケンの仕事について本人と話をしているときだった。ケンは、ビショップ博物館の一部門である分子生物多様性パシフィックセンターのセンター長で、そのオフィスは軟体動物学部門の入っている建物のすぐ隣にある。しかし、中身はまるで別世界だ。軟体動物学部門では収蔵室がキャビネットで埋め尽くされていたが、パシフィックセンターでは、分子解析や組織凍結保存のための設備やコンピュータが作業台の上にずらりと並んでおり、ハイテクな雰囲気を醸し出している。

ところが、最初の印象とは裏腹に、この二つの部門が実は同じ仕事の別の側面を扱っていることに、私はまもなく気がついた。この二つは互いに補完し合っている――カタツムリの新種を同定し、既知の種に関する理解を深めるためには、どちらの役割も必要不可欠なのだ。昔であれば、カタツムリの新種の判断は、もっぱら分布と殻の形態（物理的な特徴）に基づいて行われてきた。あまりに殻ばかりに関心を向けるので、カタツムリの分類は殻を重視する貝類学者の領域だと長いあいだ理解されてきたほどだ。こんな状況であれば、新たに妥当性が再検討されるたびに、種が（分類学上で）増えたり減ったりするのも仕方のないことだろう。一九世紀にハワイマイマイが特別な関心を集めたときにも、種の分類についての論争が起きた。その結果、二〇年ほどのあいだに新種として提案され、取り消され、また復活した種も現れた[19]。

一九世紀後半になると、殻への過剰な信頼にも変化が見られるようになる。カタツムリを分類する際に、炭酸カルシウムが必ずしも正確な情報を与えてくれないことが次第にわかってきたからだ。軟体動物学者のロバート・キャメロンが述べたように、「体の解剖学的構造は別のことを語った」のである[20]。分類学研究においてハワイのカタツムリの軟体部に真剣に関心をもち、それを保存したのは、おそらくクックが初めてだろう。そうすることで彼は、生殖器系などの解剖学的特徴を比較し、分類のための重要な手がかりを得ようとした[21]。

今日では、分子生物学というツールがラインナップに新しく加わった。分子生物学では、カタツムリからDNAサンプルを採取し、遺伝子配列を解析して比較する。個体間の遺伝的な類似度は、それらが同じ種かどうかの判断に役立ち、異なる種間の遺伝的な類似度は、それらが系統上どれほど近縁なのかを教えてくれる。ちなみに、DNAは生きたカタツムリからしか採取できないわけではない。実際、クックお手製のパイナップルアルコールで保存した標本は、絶滅したカタツムリのDNAが採取できる、きわめて貴重な資料となっている。

生物の分類は、細部への周到な配慮が必要とされる仕事である。気をつけたいのは、分類学において新しい手法が古い手法に完全に取って代わったわけではないことだ。新旧の手法は重なり合って統合的なアプローチを生み出し、今ではそれを利用しなければ優れた仕事はできないと多くの人が考えている[22]。カタツムリの場合で言えば、そのアプローチは、殻、体の解剖学的構造、DNAのどれか一つの要素だけを参照しても、明快で決定的な答えは得られないという理解に基づいたものだ。どの要素においても、類似点や相違点は系統関係を反映しているかもしれないし、収斂進化の結果かもしれない。たとえば、似ているのが殻の形態ならば、それは共通の捕食者や生活様式に適応した結果と考えられる。その好例が、殻の見かけはとてもよく似ているが実は無関係の二種、ハワイのハワイマイマイ属とフロリダのリグウス属である。この二種は、生活様式が似ていることで、ほぼ同じ見かけの殻へと収斂したと考えられている。ノリとケンによると、遺伝的な類似性にも同様のことが言えるかもしれない。たとえば、温度耐性に関連する遺伝子を調べているときに、同じような選択圧を受けてきた二つの種が同様の変異を受け継いでいて、実際よりも近縁に見える可能性がある。この問題は、遺伝子配列を複数比較することである程度対処できるが、それでも完全な解決は望めない。

このようにさまざまな要素を検討して、その生き物が新種だと判明すると、今度はそれを論文として発表することで、その新種が正式に科学知識として扱われるようになる。こうした手続きは、リンネによる近代分類学の誕生までさかのぼるものだが、それから数百年経った今日では、形式化がさらに進んでいる。新種記載の手続きは、動物であれば「国際動物命名規約」におおむね従うが、どういった情報を載せて、どこで発表するかについては、まだかなりの自由が残されている。最近では、優れた記載論文は、解剖学的および分子生物学的特徴、個体間の変異、ライフサイクル、生息地、分布などの情報を、写真や図版などと共に報告しているようだ。要するにそこには、ケンが述べたように、「自分が野外で発見した個体と、論文で報告されているものが同じかどうかを見分けるために必要なすべての情報」が含まれているのだ。もちろん、論文には学名も明記されている。

これに加えて、新種を記載する際には、その記載に用いた標本を「タイプ標本（あるいはホロタイプ）」として博物館などの安全な保管場所に預ける必要がある。この新種の基準となるタイプ標本は、現代分類学においては必要不可欠な役割を担っている。科学史家のロレイン・ダストンに言わせれば、それ

166

は「原記載や学名にしっかりと結びつく」ことで後世の分類学者が参照可能となる個体の標本のことである[24]（カタツムリの場合は殻が一般的だが、保存された軟体部の場合もある）。

ノリとケンをはじめとした分類学者たちと言葉を交わしているうちに、徐々にではあるが、この仕事がどれほど複雑なものなのかが私にも飲み込めてきた。優れた分類学研究は、安楽椅子《アームチェア》に腰かけたままでは成しとげられない。いくつもの情報、技術、手法、専門知識を動員する必要があるのだ。ノリとケンの仕事の場は野外と研究室にまたがり、自らのコレクションだけでなく、世界各地の博物館のコレクションにまでおよぶ。私は、彼らの仕事が本当に骨が折れるものである証拠を実際に目撃したことがある。ロンドンの自然誌博物館で、カタツムリのタイプ標本のコレクションを拝見させてもらったときのことだ。そこでハワイの固有種に出くわすたびに、殻に小さなメモが付されているのに気づいた。「二〇一四年三月一〇～一四日、調査／撮影ノリ・ヨン」。そのメモは、まるでハワイからの一風変わった短い便りのように私には思われた。

いま見たように、分類学は細部への注意が要求される仕事だが、それと同時により広い意味でのケアを必要とする仕事でもある。というのも、この分野は、多様な生物の世界を正確に記録することが種の存続に不可欠だという考えに突き動かされ、導かれているものだからだ。ケンが説明してくれたように、保全活動家の目から見れば、カタツムリをはじめとした無脊椎動物は実に難しい状況に置かれている。現在絶滅の危機に直面している鳥類や哺乳類については、豊富な情報がそろっている場合が多いが、それと同じことが他の生物にも言えるとは限らない。

私たちは生き物を救う術を知らない。なぜなら、名づけることすら満足にできないからだ。名前がわからなければ、同じ種かどうかもわからない。名づけられないのだとすれば、生態について語れるわけもない。その生き物は、何を食べて、どうやって交尾して、一年にどれくらい子供を産むのか？そうしたことがほとんどわからないのだ。

種の同定と命名は、生物多様性の保全において実践されているケアの仕事の欠かせない一部だ。哲学者のジョシュア・トレイ・バーネットが次のように指摘するとおり、分類学の仕事は、種を（ある意味）個別の具体的な存在へと変容させる。「名づけるという行為は、厳密に言えば決して観察できるはずのない『種』を、意識的に考察し、思いをめぐらせ、書き記し、大切に思えるものとして、われわれに引き渡す」[25]。このことはすべての種に言えるが、明確な種の区別からはほど遠く、ひいては視界に入りづらい無脊椎動物には特に当てはまるだろう。それゆえ私たちは、先に見たように貝殻学から遺伝学までさまざまな分野の知見を総動員して、無脊椎動物の種を注意深く分類していかなければならない。

もちろん、新種の記載と保全の関係はそれほど単純なものではない。記載は保全の十分条件でもなければ必要条件でもない——記載されたからといって必ず保全されるわけではないし、保全対象になった種が必ず記載されているとも限らない（たとえば、たまたま保護区に生息していた場合など）。実のところ、新種として記載したがゆえにコレクターに目をつけられ、脅威が増す場合すらある。しかし、それでもやはり、今日の分類学による命名が、種の可視化とケア——ここには、ケンが述べたような基礎研究や、アメリカの絶滅危惧種法といった種を中心にすえた制度下での保全資金の配分も含まれる——の前提条件となっているのは間違いないだろう。

ハワイのカタツムリのように、種類は多いが研究がさほど進んでおらず、しかも急速に数を減らしている生物の場合、分類学は独特のかたちをとることになる。このとき、分類というものを単純に考えることはできない。それはもはや、いつもは鳴りを潜めていて、たとえば、ある種が亜種へと分類しなおされるときだけ頭をもたげるようなものではなくなっている。カタツムリなど多くの無脊椎動物を扱う場合、分類の仕事は、保全活動の取り組みとの継続的な対話の上に成り立っている。私がこの状況を思い知らされたのは、ケンが自身の仕事を「トリアージ分類学」と呼んだときのことだ。ケンをはじめとする研究者たちは、種を救う試みの一環として同定を行う。まだ救済する時間がある種だけに対象を絞り、いつの日か絶滅危惧種に正式に指定される可能性を考慮して、種を記載しているのだ。

ビショップ博物館が収蔵している殻、軟体部、DNAサンプル、文献などの軟体動物コレクションは、この仕事に欠かすことができない。といっても、コレクションはどんな状態でもいいわけではない。見捨てられて埃をかぶったものではなく、よく管理され、十分なリソースをもったコレクションでなくてはならない。そうしたコレクションは、それを利用するコミュニティと結びついた場所に置かれるべきだ。ハワイのカタツムリであれば、前章で取り上げたカナカ・マオリの伝統文化実践者や、本章で見た保全活動家がそうしたコミュニティにあたるだろう。

ノリの監督のもと、ビショップ博物館のコレクションは今も増えつづけている。ノリとケンは、私たちの理解とカタツムリを取り巻く環境の変わりぶりを未来に伝える記録として、コレクションを拡張しつづける必要があると主張しているが、そのとおりになっているわけだ。もちろん、知識や技術の発展によって収集の方法が変わったおかげで、クックの時代や一九世紀のような収集規模は、たとえそれが可能だったとしても現代では求められていない。しかしそれでも、ある一定の採集は依然として必要だ。一部のカタツムリは今日でも博物館に持ち帰られ、コレクションの標本と細かく比較されたり、研究室でDNA分析にかけられたりしている。その後は丁寧に保管され（その際、カタツムリの死は避けられない）、今度はそれ自体がコレクションに組み込まれ、ハワイのカタツムリの豊かな物語をゆっくりと語りはじめる。

今日の生物多様性危機の中心には「無脊椎動物バイアス」がある——ビショップ博物館の職員と話をするうちに、私は初めてそう実感するようになった。這い、匍匐《ほふく》し、ブンブンうなり、羽ばたき、粘液を分泌する無脊椎動物の世界について、また、そこにどれほど多様な種がひしめいているかについて、私たちがいかに何も知らないかをうまく表現するのは難しい。未踏の深海から遺伝子の細部にいたるまで、生物の世界について学ぶべきことはあらゆる分野に大量に残されているが、庭や辺鄙な場所に見つかる小さな無脊椎動物の多くもまた、現代科学の集合知における大きな空白の一つなのである。

無脊椎動物の種数は動物界において圧倒的多数を占めており、その割合は九九パーセント程度になると考えられている。トラ、クジラ、フクロウ、カエルのそれぞれ一種に対して、およそ一〇〇種のカニ、アリ、ミミズ、クラゲ、カタツムリがいる計算だ。そうした無数の種の存在なくしては、生態系を健全に保つことは不可能だろう。わかっていないことが依然多いとはいえ、近年では、無脊椎動物が分解、花粉媒介、種子散布、養分循環において重要な役割を果たしていることや、無脊椎動物が減少した結果、その役割も消えつつあることを指摘する研究が増えてきている[26]（ここで忘れてはならないのは、第2章で見たように、無脊椎動物がたとえそうした役割を果たさない、あるいは果たせなくなったとしても、それらの種をケアする必要は消えてなくならないということだ)。

無脊椎動物に関する科学知識が不足している背景には、研究者の数が脊椎動物に集中しており、しかもその傾向がますます強まっていることがある。世界中の動物学者を専門で二分すれば、脊椎動物の研究者の数は、無脊椎動物の研究者のおよそ一〇〇倍になるだろう。[27] 付け加えて言えば、両者は往々にして研究の方向性も違っている。つまり、無脊椎動物の研究では、分類学や基礎的な生物学に依然として多くの時間が割かれるが、哺乳類や鳥類では、生態や行動、保全状況に関する全体像を描こうとする傾向がずっと強い。

この事態は、私たちが身のまわりの世界をどれほど理解しているかだけでなく、私たちにその世界を守り、維持することができるかという問題とも深いところで関わっている。無脊椎動物の大半は記載すらされていないため、保全の対象外となっているケースがほとんどだ。しかし、たとえ記載されている種であっても特別視されているわけではない。そうした種の大多数には、保全状況を評価するためのデータが欠けている。ある研究によると、哺乳類、鳥類、両生類の九〇パーセントは保全のためのデータをもっていたが、記載済みの軟体動物では、その割合は三パーセントにとどまったという。それでも、無脊椎動物のなかでも特に研究が進んでいる軟体動物はまだ良い方で、昆虫になると、その割合は〇・〇八パーセント近くまで下がってしまう。[28] ノリが説明してくれたように、世界の無脊椎動物は一パーセント未満しか保全状況が評価されていない。それ以外の九九パーセント以上の種については、どのような状況にあるのか、はっきりとわかっていないのである。

単純に事実を述べるなら、IUCNレッドリストのようなシステムは無脊椎動物のために設計されたものではない。実際、軟体動物が掲載されたのは、そのリストが創設された約二〇年後の一九八三年のことだった。しかも、ある著名な科学者グループが指摘したように、そのリストに掲載された軟体動物は「きわめて数が少ない」(29)(これと同じことは、種の分類がはるかに難しい細菌や古細菌は言うに及ばず、他の無脊椎動物、植物、菌類にも言える)。このような状況になったのは、レッドリストの評価のためには種の生息域や個体数に関する詳細な情報が求められることが大きい。情報を得るには長期間にわたる調査が必要だが、無脊椎動物の大半にはその労力がさかれていないのである。リストに掲載されている無脊椎動物であっても、わずかな例外を除いて、知られている事柄は非常に少ない。たとえば、脊椎動物と比べると、保全に関する論文の数は一二分の一程度しかない(30)。

こうした偏りは、IUCNの他の活動でもはっきりと確認できる。例を挙げれば、「種の保存委員会」の専門家グループの構成もその一つだ。このグループは、任意の分類群に焦点を絞り、その保全に貢献することを目的とした専門家の集まりである。現在、脊椎動物を担当する専門家グループは七三あるが、動物界の九九パーセントを占めるその他の分類群の担当は一二グループしかない(31)。また、いささか極端な例ではあるが、カタツムリ、ナメクジ、タコ、イカなど一〇万種以上を含む軟体動物門全体を担当しているのは、たった一つの専門家グループであり、アフリカゾウ、アジアゾウについては、それと同規模のグループがそれぞれ一つずつ存在する(32)。ゾウやその専門家を嫉《ねた》むわけではもちろんないが、これではどう考えてもバランスがとれていない。

言うまでもなく、このような偏りはIUCNだけの問題ではない。無脊椎動物が脊椎動物と同程度に研究されたり、助成金を受けたり、世間の関心を集めることはめったにない。これはたんなる事実であり、政治のあらゆるレベル、NGOの優先順位、動物園、児童書、生物多様性教育など、いたるところ、さまざまなかたちで目にすることができる。そしてこの状況は、詰まるところ、無脊椎動物のある種が絶滅危惧種に指定されるまでのハードルをすべて越えられたとしても、保全活動の成功に必要な一般市民からの支援や関心を集める可能性がそれだけ低いことを意味している。

無脊椎動物は今、三重の無知に苦しんでいる——私たちは種の大部分を知らず、知っている種でも絶滅危惧種に指定できるほど深く知らず、指定できた種でも十分に保全できるほどよく知らない。これらの無知の根底にあるのは、それに名前があろうが、記載されていようが、レッドリストに載っていようが、ともかくほとんどの無脊椎動物に対して、世間が関心をもっているようには思えないという事実だ。無関心と無知は互いを成長させ、強化し合い、それによって世界中の無脊椎動物の多様性が絶え間なく失われつづける。生物学者のニコ・アイゼンハウアーらが述べているように「静かに、かつ過小評価された」かたちではあるが、無脊椎動物の種は驚異的な速度で消え去っている。[33]

無脊椎動物に対する私たちの現状の知識は、ある種を「知っている」と言うためには、種を認識し記載するよりもずっと多くが必要になることを思い起こさせる。既知と未知、「知っている」と「知らない」の区別は、白か黒かといった明瞭なものではなく、灰色のグラデーションである。生物学者のアラン・デュボアは次のように述べた。「これら一七五万の『名前をもった』種が『科学的に知られている』と考えるのは早計だろう。実際には、その多くは（割合はわからないが）タイプ標本を指定した一件の科学論文の対象となっただけであり、リストに掲載された名前以上のものでは、、、、、、、、、、、ない」[34]

現代という時代が、地球を共有する小さな生き物たちの生活に一心不乱に没頭する時間を必要としているのは明らかだ。たしかに分類学者はそのために大いに奮闘してくれている。しかし、私たちが時間内に仕事を終えられるという確証はどこにもない。ケンは今日の研究者が抱える数多くの難題を私に教えてくれたが、なかでも特に衝撃的だったのは、現時点で考えられる分類学の作業速度では、世界中の無脊椎動物を記載するのに、あと五〇〇年はかかるという見通しだった。現在の絶滅率を考えれば、それまでに何十万、何百万という種が絶滅するのは間違いない(35)。

知られざる絶滅

ビショップ博物館に収蔵されているカタツムリの殻は、すべてが整理されてキャビネットに収められているわけではない。すでに触れたとおり、コレクションは一〇〇年以上にわたり増えつづけており、一つひとつを処理する時間もリソースもないまま、大量の殻が届けられてきたからだ。現在でも、そうした標本は雑多な容器に入れられて、調査、同定、目録化されるのを待っている。コレクションには、こうした未分類の殻だけでなく、一応の処理は終わっているものの、さらなる調査が必要な標本もある。たとえば、博物館到着時に仮の種名がつけられたものや、科や属といった階級までしか同定されていないケースがある。そうした殻の正体は誰にもわかっていない。

ノリの推計によると、コレクションには、未調査あるいは重要な情報が欠けている殻が合計で約三〇〇万あると考えられている。そのなかに記載を待っている科学的に未知の種が数多く含まれているのは、まず間違いないだろう。つまりこのコレクションは、野外で絶滅したり希少になったカタツムリを突き止めるための貴重な根拠というだけでなく、それ自体が新種発見のための発展的な資料になっているのだ。

先述したとおり、新種を記載する手続きには相当の調査と時間が必要になる。そのため、標本が収集されてから正式に記載されるまでには、どうしても時間のずれが生じてしまいがちだ。この時間のずれは長期におよぶ場合が多く、ハワイのカタツムリも例外ではない。収集から記載にいたるまでの期間は、平均で二一年と言われている。[36] 最近のある研究によると、その結果、世界中の博物館に収蔵されている未記載種は五〇万種にのぼると推定されている。[37]

ビショップ博物館のコレクションは、カタツムリの新種発見において重要な役割を果たしてきた。私が前回訪れたときも、ノリやケンをはじめとする職員が、一九二四年にクックが採集したある殻を新種として記載する仕事に取りかかっていた。当時のクックも、それが新種ではないかと考えていたが、記載する時間を捻出できなかったようだ。ケンの説明によると、クックの時代に収集されたコレクションのおよそ半分が未記載種だったという。現在では調査も進み、その割合は一〇パーセントほどまで減ったが、それでも残りすべてを記載するにはまだかなりの時間と労力が必要だ。

コレクションに含まれる記載待ちのカタツムリのなかでも、特に数が多いと見られていたのがエンザガイ科（Endodontidae）である。この小型のカタツムリは、太平洋の島々に広く分布しており、かつては地域でもっとも多様な科だったと考える研究者もいる。[38] エンザガイは、それぞれの土地で進化して新種になった。なかには大部分が新種という土地もある。アラン・ソレムは、一九七〇年代にビショップ博物館のコレクションを見てたいそう驚いたという。ソレムは、太平洋地域のエンザガイをテーマに二冊の大著を出し、多くの新種も記載した人物だが、コレクションを見て、ここにはもう一回人生が必要なほどの仕事があると報告したのだ。コレクションには、エンザガイ科に属する未記載のハワイのカタツムリがおそらく三〇〇種以上収められていて、分類学者の関心が向く日を辛抱強く待っていた。[39] それから五〇年経った現在でも、その状況は変わっていない。

どうしてこれらのカタツムリを記載しようとしないのかと、ノリとケンに尋ねてみた。彼らの答えは、本章の主な題材でもある無脊椎動物バイアス、腹足類の分類、保全、絶滅といった複雑な論点を浮き彫りにするものだった。この問題の根底には、これらの「新種候補」についてわかっているのが殻だけしかないという状況がまずある。有用な形態学的データばかりか、より簡単で迅速な分類を可能にする分子遺伝学的データも欠落しているのである。三〇年以上もこの科の分類に携わってきたソレムならば、殻をもとに種を見分けられたかもしれない。しかし、ケンが言うように「彼みたいな人はもういない」。ケンによると、ハワイにおけるエンザガイ科の実態を本気で突き止めようとすれば、一〇年の歳月を費やす覚悟が必要だという。ハワイの地でカタツムリを観察、理解し、種を同定するのに必要な経験を身につけるには、それくらい時間がかかる。だが、誰がそんな仕事を引き受けるというのか？　それほどの時間と労力をさける人がどれほどいるのか？　ケンとノリは、この仕事は若手研究者にとってキャリアの袋小路になる可能性が高いとも付け加えた。こうした昔ながらのアプローチを評価してくれるポストは非常に少ないからだ。

この話にはもう一つ重要な点がある。エンザガイ科に属するハワイのカタツムリは現在三六種が知られているが、そのほとんどがすでに絶滅しているという点だ。事実、ノリとケンによる広範な野外調査でも、わずか二種しか見つけることができなかった。トリアージ分類学の観点から見れば、「エンザガイのようなカタツムリは優先度は低い。すでにほとんどが絶滅しているからです」と二人は説明した。したがって、将来誰か熱心な人が記載の作業に取りかかり、一〇〇種でも三〇〇種でもこの科に新種を追加したとしても、おそらくすでに手遅れで、絶滅リストがさらに長くなるだけの可能性が高い。

ハワイのエンザガイの悲惨な状況は、私たちの知らないうちに多くの種が日常的に絶滅していることを示している。この状況をそれ以外にどう解釈できるだろうか？　未記載種は八〇〇万にのぼると推測されており、それら未知の種が今日の大量絶滅時代の影響を免れていると考える理由はない。実のところ、そうした種の絶滅水準について考えてきた研究者の大部分は、どちらかと言えば、未知の種は既知の種よりも早いペースで絶滅している可能性が高いという結論に達している。なぜなら、未知の種の分布は限定的なことが多く（一般的に絶滅のリスクが高くなる）、おそらく生物多様性ホットスポット（生息地の消失が頻繁に起こる場所）に偏って生息していると考えられ、また、保全活動の対象にもならないからだ。[40]

　このように人知れず絶滅している種の大半が無脊椎動物なのは間違いなく、当然ながら、そこにはカタツムリも含まれている。ハワイのカタツムリは世界でもよく研究されている方で、他の地域ではより多くの未記載種が見つかる。そうした未記載種の数は、もっとも信頼できる推定値でもかなりの幅がある。具体的には、世界で約二万九〇〇〇種のカタツムリがすでに記載されている一方で、一万一〇〇〇～四万種がいまだ同定されていない。[41] ある研究が指摘しているように、陸生の腹足類が「特に絶滅に近い分類群であるのは間違いない」ことを考慮すれば、最終的に記載されたとしても、そのときにはすでに多くの種が絶滅していると考えるのが自然だ。[42]

　ここ一〇年ほどのあいだに、これまで知られていなかったカタツムリが近年絶滅していたという具体的な事例がいくつも報告されている。そうした種には、博物館のコレクションから見つかったものもあれば、砂丘などに堆積した殻から見つかったものもある。いずれの場合も、それが新種だとわかった時点で残されているのは殻だけだと判明している。
最近のある研究では、仏領ポリネシアのガンビエ諸島の新種が九種発見された（すべてヤマキサゴ科（Helicinidae）だった）。その九種は、クックのマンガレバ遠征で採集されて以来、ビショップ博物館のコレクションに未記載のまま眠っていたものだった。だが悲しいことに、研究者による追跡調査の結果、それらの新種は――同じ諸島に生息していた三三種のカタツムリと共に――すでに絶滅していることが判明した。原因は、森林の伐採とそれに伴う生息地の消失だと考えられている。[43]
同様に、仏領ポリネシアのルルツ島でも、過去数十年におよぶ調査によってエンザガイ科のカタツムリが新たに八種発見されている。すでに記載されていた一一種と合わせて、これで一九種が発見されたことになる。だがこの場合もまた、八種の新種は殻でしか見つかっていない。研究者は次のように結論している。「ルルツ島におけるエンザガイの分布は、かつて考えられていたよりずっと広いことがわかった。だがわれわれは、ルルツ島ではこの科に属するすべての種が絶滅したと考えている[44]」

こうした知られざる絶滅、発見と同時に喪失が判明した種の意味を理解するのは難しい。その種は、命名、記載される準備が整った状態で突然この世に現れる。だが同時に、それはすでに存在しない種であり、たとえば殻のような、その種が存在していたという記録でしかない。はるか昔に地上を闊歩していたブロントサウルスやマンモスの化石であれば、直感的に理解できるかもしれない。しかし、それが同時代の仲間になると、どういうわけか私たちは不安な予感にとらわれてしまう。
知られざる絶滅という現象は奇妙なものに思えるかもしれないが、実際にはこちらの方が圧倒的に主流だ。そもそも未記載種の数は、記載種の約四倍にのぼるとされる。おそらく多くの人にとって、知られざる絶滅が現代に蔓延していることは驚きだろう。動物界では記載されたごく一部の種ばかりが注目を集めているからだ。

私たちは今、知られざる絶滅危機のただなかを生きている。存在に気づかれることもないまま、この世界から退場する種は数えきれないほどいる。存在を知っているがゆえに名前をつけたり部分的に理解することができる多様な動植物が恐ろしい勢いで失われているのは、現実の一つの側面にすぎない。今日失われつつあるすべての種について、まだ知らないことや、積極的に無視していることが多いのは間違いないが、それとは異なる事態も進行していることに気づくのは非常に重要だ。未知の種の絶滅は、私たちの予想をはるかに超えた規模で進行している。

発見前に絶滅してしまったカタツムリの物語が特異なのは、その事実そのものではなく、そうしたカタツムリが存在し、絶滅したことがともかくも知られるようになった点にある。知られざる絶滅では普通、種の最後の一個体が死ぬと、その個体と共にその種の記録もすべて失われてしまうものだ。哲学者のミシェル・バスティアンは、このような事態を「決して知られることのない絶滅」と表現した[45]。たとえば、化学製品を土壌に大量に散布するタイプの農業によって消えてしまった、土壌生物相の多様な生態系がその一例だろう。あるいは、商業捕鯨によってクジラが海から消えてしまう前に存在した、海底に沈むクジラの死骸を食べる無脊椎動物の複雑なコミュニティを思い浮かべてもらってもいい。こうした例をはじめとして、数知れない生態系に生息していた無数の種が、痕跡も残さず消え去ってしまったことは明らかである。

ところがカタツムリには、絶滅後に発見されるということに関して、他種に比べて特別有利な点がある。無脊椎動物の大半は体が柔らかく、死んだあとは死体が消えてしまうものだが、カタツムリには炭酸カルシウムでできた殻がある。たとえ不完全だったとしても、カタツムリは殻を通じて自分が存在した証拠を残すのだ。

カタツムリの殻は奇跡のようなものだ。この小さな生き物は、何千万年ものあいだ地球——その海、川、陸地——を放浪し、柔らかい体を炭酸カルシウム製の頑丈な構造物で守りつづけてきた。殻はカタツムリの生涯を記録している。殻の頂点、つまり渦巻きの中心は、殻のなかで一番古い部分だ。誕生したばかりのカタツムリは、その小さな殻を背負ってこの世界を歩みはじめる。そして成長するにつれ、外套膜から炭酸カルシウムなどを分泌して開口部に殻をつぎ足し、渦巻きを次第に大きくしていく。成長のためには外骨格の脱皮が必要となる節足動物などの無脊椎動物とは異なり、カタツムリは成長と共に殻という保護機能も拡張するため、無防備な状態にさらされることがない。しかし、この機能には代償が伴う。カタツムリの殻は、成長に必要なエネルギーのおよそ半分を消費してしまうのだ[46]。その殻の渦巻きを頂点から開口部に向けて目で追っていけば、カタツムリの生活史をたどることができるだろう。

カタツムリの殻をさまざまな方法で読み解くことで、そこに込められた生活の情報、つまり、殻として凝縮され、固められ、「具現化された歴史」を手に入れることができる[47]。たとえば、殻の厚さからは、当時の環境で得られた栄養の多寡が推測できる。また、殻の成長が完全に止まったことは、「バレックス」と呼ばれるささやかな痕跡でわかる。もっと長い時間尺度に目を向ければ、殻は、生息地、食性、周囲の捕食者など、その種の生活の特徴も記録している。読み解ける人にとっては、殻はすでに絶滅した種の存在を知らせるだけでなく、それがどのような生活をしていたかを垣間見せる重要な手がかりとなる。

もちろん、他の生物であっても絶滅後に重要な痕跡を残すことはある。温湿度管理された博物館では、ボードにピンでとめられたチョウや本のページのあいだに挟まれた花や葉など、どれほど小さく脆弱な種でも、絶滅してから長い時間が経過したあとに発見される場合がある。そう考えれば、過去に多くのコレクターを魅了した動植物は、それ以外の種に比べて「知られざる絶滅」に気づかれる可能性が特に高いことになるだろう。

ここまで見たようにカタツムリもまたコレクターを大いに魅了してきたが、その一方で、博物館以外の場所にも絶滅の証拠が残る、数少ない無脊椎動物の一つでもある。ガンビエ諸島の九種のカタツムリの新種を発見した生物学者、アイラ・リッチリングとフィリップ・ブシェはこう書いている。「科学的な収集が実施されていない状態で絶滅を立証できるのは、基本的には脊椎動物、カタツムリ、一部の甲殻類に限られる。これらの分類群に共通しているのは、考古学的記録、地層、洞窟の堆積物からたどれる遺骸（骨、殻、甲羅）を死後に残すことである[48]」

カタツムリの殻がどれくらいの期間保存されるのか、正確な数字はわかっていない。ただし、殻の大きさや厚さ、土壌や気候などの環境条件に大きく左右されるのは間違いない。保存されているのが浅い表土であっても、結果はさまざまだ。わずか数か月で著しく劣化する場合もあれば、数十年、ときに一〇〇年以上も状態が変わらない場合もある[49]。もう少し深いところに埋まった半化石となると、数万年、ことによっては数十万年ものあいだ、ほとんど無傷のまま残っていたケースもある[50]。この種の殻については、本書のエピローグでいくつか見ていくことにする。

このようにカタツムリは、知られざる絶滅という蔓延した現象に介入し、私たちの注意をそれまで気づかれなかった喪失へと向け、それを見つめるように仕向ける能力を、おそらく他のどんな生物よりも有している。多様性に富み、長期間にわたり残りうる体の構造をもつカタツムリは、ある意味、無脊椎動物と脊椎動物の中間に位置した生き物だと言えよう——前者には豊富な種が存在し、後者は堅固な身体構造をもっている場合が多いからだ。カタツムリが象徴的な存在となり、さらには、知られざる絶滅という急速に広がる危機を食い止める存在にもなりうるのは、このユニークな立ち位置のおかげである。

知られざるものたちへのケア

ビショップ博物館で出会ったカタツムリでいちばん驚いたのは、腹足類部門の一角にひっそりと置かれた古いワイン用冷蔵庫のなかに見つけたものだろう。それを驚くべき存在にしていたのは、同じ部屋で見つかる大量の殻とは異なり、そのカタツムリが生きて、繁殖しているという事実だった。この個体群が今日まで生きながらえてきたのは、ひとえに生物学者ダニエル・チャンの数十年にわたる仕事のたまものである。一九八〇年代後半、ダニエルは、小型で地味な地上性カタツムリの多くが消えつつあることに気づいた。色鮮やかな樹上性のハワイマイマイを保全しようという機運がようやく芽生えてきた頃の話だ。そんな時代であれば、当然ながら、見栄えのしないカタツムリに政府や世間の関心やリソースが注がれるはずもなかった。そうしたカタツムリは、サイズが小さく、色が暗く、枯れ葉や土にまみれている。保全に使える予算に制限があるなかで、とりわけ無視されやすい存在だった。

そこでダニエルは、ある行動に出た。本人の説明によると、許可を取ってからそうすべきだったという考え方もあるが、それよりもすぐに行動して、必要があればそのあとに許可を取ればいいと結論したそうだ。「どっちにせよ、無脊椎動物に何をしようが誰も気にしないですからね」と彼は言った。

ダニエルが彼の小さな生き物のために新しい葉を用意しているあいだも、私たちは気楽な会話を続けた。彼が世話をしているカタツムリはすべて腐食性で、枯葉や腐葉土などを食べる。確実なことはわからないが、その多くが非常に希少で、野生下ではおそらく絶滅した種もいるようだ。ここで飼育されているのは約二〇種で、ほとんどがシイノミマイマイ科。すでに触れたように、このハワイ固有のカタツムリは二三種しか現存しておらず、すでに三〇〇種以上が絶滅したと見られている。

当初、これらのカタツムリはダニエルの自宅で飼われていた。カタツムリは、SEPPの環境室に似せて作った改造冷蔵庫に暮らしていたが、のちに現在使っているワイン用冷蔵庫へと引っ越した。ダニエルは手探りで飼育法を見つけ出し、ついには繁殖のコツもつかんだ。そしてこの二〇年ほどは、大半が博物館で飼育されるようになり、より安全で安定した環境を手に入れることになった。

ダニエルは、部屋の片隅にぽつりと置かれた冷蔵庫から小ぶりのプラスチック容器を一つずつ取り出し、なかの植物を新鮮なものに交換してから、再びそれを元の場所に戻す。その作業を眺めていると、それらのカタツムリは、目立たない無脊椎動物であったがゆえに保全の世界の周縁に追いやられ、早々に博物館の標本にされてしまったと結論しないわけにはいかなかった。

しかしそれでも、それらのカタツムリは未知ではない。ごく少数ではあっても、その存在を知っている人がいるからだ。いささか型やぶりで非公式なやり方ではあったが、今でもそのカタツムリたちは世話をされ、生き延びている。実のところ、近年ハワイのカタツムリの保全への関心が高まるなか、博物館の片隅にひっそりと暮らすこの個体群の意義は、より広く評価されるようになってきている。

博物館で飼育されているカタツムリには、たとえば、アマストラ・インテルメディア（*Amastra intermedia*）がいる。この茶色い円錐形の殻をもつやや大きめのカタツムリは、ダニエルがいなければ、おそらく絶滅していたことだろう。二〇一五年、デイブとSEPPチームは、一匹のアマストラ・インテルメディアを採集した。自然環境下で暮らす最後の個体と思われるものだ。本来であればこの個体もまた、最後のアカティネルラ・アペックスフルヴァ（*Achatinella apexfulva*）だったジョージのように、飼育施設のなかで孤独な晩年を送っていたかもしれない。しかし幸運にも、そうはならなかった。その一〇年以上前に、ダニエルの手によって同種が二匹採集されていたからだ。うち一匹はすぐに死んでしまったが、もう一匹は――自家受精か貯蔵精子のおかげで――子孫を残した。そして二〇一五年、ダニエルが繁殖させた個体群のうち六匹を、SEPPチームが採集した個体と合流させた。今日、アマストラ・インテルメディアの数は数百匹まで増え、ビショップ博物館はもちろん、ホノルル動物園、SEPPの施設、最後の個体が採集された場所の近くにあるエクスクロージャーに、それぞれ個体群が暮らしている。

これはまさに、綿密な分類学的作業がなければ実現しえなかった保全である。こうした保全では、種の存在を知ること、それが次第に減少しているとわかれば保護環境下で飼育すること、その種（あるいはその近縁種）の生態への理解を深めて新しい環境で生存させること、そしていつの日か、かつてと同じ生息環境に戻してあげることがとりわけ重要になるだろう。

こうした知識が近年ようやく蓄積してきたことで、多くのハワイのカタツムリが恩恵を受けている。アマストラ・インテルメディアも、そのうちの一つだ。ただし、こうした仕事はきわめて重要だが、それだけでは不十分なこともわかっている。本章で見た状況は、対象を制限した保全活動によって多くの種が救われる一方で、当面のあいだは、そのアプローチの隙間からこぼれ落ちる種が、どれほどの数かはわからないが、間違いなく大量に存在しつづけることを明白に示している。

今日の世界が直面している苦境を抜け出すには、可能なかぎり多くの生き物を知ろうとする協調的な努力が必要だ。その努力は、生き物の存在を記録するだけではなく、保全状態やその必要性を理解する試みとして実現されるものだろう。分類学への関心や助成金が世界的に低下し、このままでは分類学の方が先に絶滅してしまうのではないかと囁く者もいるなか、こうしたことは何十年も前から指摘されてきたことだ。[51]

しかし残念ながら、私たちの知ろうとする努力はとても十分とは言えない。実際、今後数十年で数えきれないほどの未記載種が絶滅するだろう――私たちがすべての未記載種を見つけ、記載することは時間的に不可能だし、ましてや意味のある知識を確立することなど望むべくもない。したがって、知られざる絶滅危機に十分に対処しようと思えば、これまでの認識を根本的に変える何かが必要になる。それは、「カリスマ的な微小動物」という新しいカテゴリーを盛り上げて、パンダやゾウと並んで腹足類や昆虫を保全活動のアイドルに仕立て上げるといったレベルの話ではない。無脊椎動物を真剣に受け止めるとは、この世界に存在する生物の種類があまりに多すぎて、既知の生物種に限定された保全活動ではもはや意味をなさないと認識することである。私たちはその代わりに、未知の種に対する理解とケアの能力を育まなければならない。

一部の保全活動家は長いあいだ、保全の声や経済的支援が人気のある少数の哺乳類や鳥類に集中してしまう状態を批判しつづけてきた。アリやカタツムリなど、それ以外の種に束の間でもスポットライトを当てるべきだという声が聞かれたこともあるが、彼らの主張は概して、種にとらわれない考え方こそが重要だというものだった。この視点から見るのなら、私たちは、既知か未知かを問わず無数の種に生息地を提供している生態系の保全に焦点を絞るべきだと言えるだろう。

こうした主張に対しては、一般に従来の絶滅危惧種の保全はまさにそれを目的としているという反論がしばしばなされてきた。カリスマ的な動物は他種を傘のように守る「アンブレラ種」として機能するため、その生息地を保全することは、他の多くの種にも恩恵をもたらすというのだ。すべてのカリスマ的な動物が他種にとって良い傘となるわけではないにせよ、この主張には確かに一理ある（多くの場合、それがアンブレラ種になるかどうかは、分布の重なりと、その種固有のニーズによって決定される）[52]。アンブレラ種が意図したとおりに機能するかぎりにおいて、種と生態系のどちらを優先するかという区別は、さほど意味をもたないかもしれない。IUCNの種プログラムの副代表であるジャン・クリストフ・ヴィの言葉を借りれば、「同じことを異なるパッケージで行っている」ことになるからだ[53]。そして、パッケージの勝負となれば、いつだってクジラとゾウが勝ってしまうことだろう。

しかしこれは、絶滅危惧種が元いた場所、本来の生息地で保全されるケースにのみ言えることだ。最終章で見るが、ハワイのカタツムリの場合、個体群を森で保全したり、元いた場所に戻すことには、おそらく乗り越えられないほど高い障壁がある。そこでは、生息地の消失と捕食者の侵入が組み合わさり、デイブが「避難」と呼んだものが、生き残るための唯一の選択肢となる状況が生まれている。そして、生息地から引き離すアプローチは、その性質上、どうしても種を一つひとつ個別に分けて保護するかたちをとらざるをえない。つまり、既知の種を特定して選別することが前提になるため、必然的に未知の種についてはそのほとんどを見逃してしまうことになる（保全対象の鳥類に寄生するハジラミのような生物は例外的に恩恵をこうむっているかもしれない）。それと同時に、当然ながらこうしたアプローチは、ハワイの森に生息する多くの鳥類、昆虫、植物、つまりより広範な生態系に対しては、ほとんど何の役にも立たない。

結局のところ、現状に必要なのは、種を中心としたアプローチと生態系レベルのアプローチを組み合わせて用いることなのだろう。すなわち、絶滅が危惧され生存が最優先される種については、その種を対象にして、可能であれば本来の生息地で保全を行うが、それと同時に、生態系や景観《ランドスケープ》も保全するのである。

もちろん、生態系レベルのアプローチを導入したからといって、未知の種の問題が解決されるわけではない。そうしたアプローチには、考慮され保全されるべき関係やプロセスに関する、さらなる知識が要求される。加えて、保全プログラムが本当に機能しているかを知るためには、その場所にはどんな生物が生息し、自分たちの活動がそこにどんな影響を与えているのかについて、十分に把握しておく必要がある。したがって、完璧な「生物百科事典」のようなものがなくとも保全活動を進めることはたしかに可能であり、実際やらなければならないにしても、だからといって、基礎的な分類学的調査の必要性がなくなるわけではない。

ビショップ博物館の収蔵室、たくさんの殻が保管されたキャビネットの引き出しを思い出すと、そこに収められた多様性を深く知ることの重要性と、その知識のさらに先で物事を理解することの必要性を、かつてないほど強く確信する。あれからすでに数年が経過し、殻の形態や分類など私が知らなかった領域の重要性がずっとよくわかるようになったとはいえ、自分の分類学的な資質が向上したようには思えない。種の喪失が拡大する現代において、より多くの問題を深く知ろうとする試み——他の生物を保全し、それらと共生する私たちの能力を拡張する試み——は重要だが、知識によってケアの限界を設けることがあってはならない。加えて私たちは、這い、ブンブンうなり、羽ばたき、粘液を分泌する驚くべき生き物たちが暮らし、絶滅寸前に追いつめられている世界の意味を知り、それとつながるための、広がりのある方法を新たに見つけ出す必要があるだろう。すでに知っている生き物だけではなく、いまだ知られざる生き物にとっても、それはとても重要なことなのである。

第5章　吹き飛ばされるカタツムリ——連帯と軍隊

速度を落とし、大きな金網のフェンスの前までゆっくりと進んだ。ゲートには迷彩服に身を包んだ男性が立ち、車を停めるよう合図を送っていた。近づいてウインドウを開ける。迷彩服の男性は私の名前を尋ね、手元のクリップボードにあるリストを確認した。そして名前を見つけると、先に進んでいいことを身振りで示した。ゲートの向こう側がマークア演習場だ。

小さな駐車場に車を停めて外に出たのは、もうすぐ七時になろうかという時間帯だった。朝の日差しが渓谷の奥深くまで届きそうだった。目の前には草原が海のように広がり、侵食によって深い溝を刻まれた、切り立った岩壁がそれを取り囲んでいる。およそ五〇〇〇エーカーの面積を誇るマークア渓谷は、まるで巨大な円形劇場のようだ。広大でありながら、それ自体で完結している。谷の底一面を覆う草や低木は岩壁にまで達し、その壁面をのぼりきったあたりには、ところどころに森が広がっていた。かつてこの谷で繁栄した大型の樹上性カタツムリの最後の個体が見つかったのも、そうした森だった。

駐車場からマークア渓谷を眺めていると、三〇分ほどで次第に他の参加者も集まってきた。勝手に歩きまわってはいけないと言われていたので、私はその場にとどまり、彼らと雑談を交わしたり、谷について新しい知識を仕入れたりした。やがて、今回の演習場での「カルチュラル・アクセス」を引率してくれるヴィンス・ダッジから、自己紹介をするので集まってほしいと声がかかった。一五人ほどの参加者がヴィンスを中心に円を描くように集合した。「マークアにようこそ」と彼は挨拶し、この場所がずっと長いあいだハワイ先住民の生活の場だったことを説明しはじめた。オアフ島のリーワード・サイドは比較的高温で乾燥した地域だが、それにもかかわらず、この谷では大規模な農業活動が行われた。また、過去に少なくとも三つのヘイアウ（神殿）も建設された。モオレロ（物語）が伝えるところによれば、この地域全体がハワイの創造神話と密接に結びついた聖地、つまりワヒ・パナなのだという。「マークア」は、ハワイ語で「親」という意味だが、「パパ（地母神）とワーケア（天父神）が出会う場所」だと考えている人も多い。(1)

マークア渓谷での伝統的な生活は、君主制が倒されたのちに一変した。まず一九〇〇年代初頭に鉄道が開通し、マカンドレス牧場が一帯の土地を買い取ると、ウシが放牧され農民はクレアナ（小区画農地）を利用できなくなった。(2) 一九四〇年代には、再び大きな変化が起きた。第二次世界大戦の激動期、真珠湾攻撃をきっかけとして得た権限によって、アメリカ陸軍がマークアおよび周辺地域を接収したのである（この時点では、ハワイは州ではなくアメリカ自治領（準州）だった）。(3) これによって、マカンドレス牧場も、残っていた農民も、どちらも強制退去を命じられることになった。

こうしてマークア渓谷は、戦争遂行に備えるべく、迫撃砲などの火砲、爆弾、さらには空や海からのミサイル砲撃など、あらゆる実弾射撃訓練の舞台となった。やがて終戦を迎えると、今度は、通常爆弾、マスタードガス、ナパーム弾、大量の白リン弾などを処理する軍のゴミ捨て場として数十年にわたり利用された。(4)

破壊行為の傷跡は、この神聖な土地に無数に残されていた。植生が吹き飛ばされてむき出しになった地面、岩壁にまで広がった侵略的植物など、景観《ランドスケープ》に深く刻まれた傷跡もある。この険しい地形に繁茂していた複雑な植物群落は、長年繰り返されてきた爆発とそれに起因する火災によって失われていた。軍が谷を接収する前から、主に牧畜によって環境破壊が進行していたのは事実だ。しかしそれを切り抜けた場所も、今では実弾射撃訓練によって深刻な被害をこうむっていた。

軍事活動による傷は目に見えるものばかりではない。たとえば、土壌や水にどれほどの有害物質が漏れ出しているかは定かではない。関連情報がほぼ公開されていないからだ。また大量の不発弾もある。そうした兵器は、傷ついた土地を覆う背丈ほどの侵略的植物の足もとや、表土のすぐ下で、誰かが近づくのを静かに待っている。

このような負の遺産を考えれば、マークア渓谷に立ち入るのは本来危険な行為でしかない。にもかかわらず、マーラマ・マークアという地元の団体は、一五年ほど前から一か月に二度、今日のような見学会を開いてきた。「カルチュラル・アクセス」と名づけられたこの催しは、ほぼ一日がかりのもので、興味と体力さえあれば渓谷に点在する文化遺跡を誰でも見学できる。その日の参加者は、環境保全活動家、平和活動家、研究者や学生、そして地元住民という顔ぶれだった。住民たちは、いつも車で通り過ぎるフェンスの内側がどうなっているかを知りたかったのかもしれない。またその他にカナカ・マオリも数人参加していた。この催しは、啓蒙活動であると同時に、この土地を大切にし、継続的な関係を築くことも目的としている。

演習場とカルチュラル・アクセスという取り合わせは確かに奇妙である。米軍は現役で稼働中の軍事施設での見学会を許可しておらず、実際私もマークア以外で同様の例は見つけられなかった。したがって、マークア渓谷への一般人の訪問が軍の自発的な取り組みではないとしても驚くにはあたらない。この取り組みは、マーラマ・マークアなどの団体や個人が、軍による土地の占領と破壊に反対する活動や訴訟を長年続けた末に生まれた、いくぶん不幸で不安定な産物なのだ。こうした反対活動は、谷の軍事利用を止めることはできなかったが、実弾射撃訓練を完全中止に追い込んだ。

マークア渓谷は危険な場所であり、当然ながら谷を歩くには厳しい制限が課せられる。参加者の自己紹介が終わったところで、それまで脇で眺めていた軍のスタッフが私たちの輪に加わり安全説明を行った。そうすることが義務づけられているのだ。参加者は演習場に入る前に免責同意書にサインをしていたが、スタッフは、その内容を甘く見ることがないよう、ここが爆発物の散在する危険な場所であることを何度も繰り返した。

従うべき指示は明瞭だった——常に集団で行動し、隊列の前後に配置される軍隊車両のあいだを歩くこと。移動の際は、先頭にいる爆発物処理班（ＥＯＤ）が地面を走査してくれるという。また特別な指示がないかぎりは、常に未舗装の道、しかもその真ん中を歩かなくてはならない。大雨が降ると、道の端に掘られた溝まで爆発物が流されてくる可能性があるからだ。

一方で、移動中には道から外れてしまう地点も何か所かあるようだった。その場合は、黄色いロープで囲まれた区域を歩くことになる。ロープは、その内側が安全であることを示すだけでなく、外側にある遺跡を保護する役目も担っている。軍は谷の遺跡のもろさを危惧していた。そのため私たちのグループにも、軍所属の考古学者を二人同行させるという。遺跡が荒らされるのを防ぐというのだ。

この説明を聞いて、驚きのあまり目を丸くする参加者がいたのを私は見逃さなかった。私と同様、彼らもまた、自らを道徳的権威とみなす軍の態度に疑問を抱いたに違いない。他ならぬ自分たちが六〇年にわたり破壊してきた土地で、今さら保護者然としてふるまうその態度に、みな驚いたのだ。

この章では、マークア渓谷に視線を向け、その近年の動向をたどることにする。ここでもまた、中心に置かれるのは、その土地から姿を消しつつある腹足類だ。マークアでは、主に一九八〇年代初頭から、生物学的、文化的遺産をめぐる闘争が繰り広げられてきた。その過程では、さまざまな知識、関係、活動家の戦略、技術が生まれ、ハワイだけでなく世界各地のカタツムリの行く末と保全に多大な影響を与えた。

マークア渓谷をめぐる状況は、はるかに広範な環境問題である軍事主義の一つの具体例でもある。米軍は、アメリカ国内ばかりか世界中に基地や訓練施設を建設し、環境に計り知れない影響を及ぼしてきた。特に絶滅危惧種に対して行ってきたことは、どれだけ甘く見積もっても問題だと言わざるをえない。彼らは生息地や営巣地を破壊し、吹き飛ばしてきた。国防総省の管理する土地の広さを考えれば、この影響は甚大だ。アメリカ国内では約二五〇〇万エーカーが軍の管轄下にあり、国防総省は国内最大級の土地所有者となっている。[5]

興味深いのは、これらの軍用地には絶滅危惧種が特に数多く生息していることだ。事実、国立公園を含む政府の他の所有地に比べると、国防総省が管理している土地には、絶滅危惧種法（ＥＳＡ）によって絶滅危惧種に指定されている生物がもっとも数多く、かつ高密度で生息している。[6] そうした種は、国内の軍用地に約四〇〇種見つかっており、うち一五種がカタツムリである。そのなかには、生息地が軍用地となったことで絶滅の危機に追いやられた種もあるが、それ以外の多くの種は、さまざまな悪条件にもかかわらず、他所よりも生き残る可能性が高いと考えられている。

この奇妙な状況は、軍に絶滅危惧種を守る役割を与えることにつながった。国防総省の各部局はESAを遵守する立場にあるため、その第七条に基づいて、「認可し、資金を供し、実施するいかなる行為によっても、絶滅危惧種の存続を危うくすることがない」よう行動することが義務づけられているからだ。(7) マークアおよび周辺地域で、カタツムリを保全し、絶滅危惧種の苗を育て、植林をするプログラムが実施されてきたのは、その義務を果たすためである。

軍による同様の保全プログラムならいくつでも例を挙げられる。たとえば、ワシントン州のルイス－マコード統合基地では、ハマヒバリの仲間とマザマホリネズミを対象としたプログラムが実施されているし、ノース・カロライナ州のフォート・ブラッグでは、ジャノメチョウの仲間とホオジロシマアカゲラが保全されている。こうした場所での軍事活動には、希少な動植物に対する配慮が求められる。国防総省は、そのために必要になる積極的な保全活動の費用を少なくとも一部負担しなければならない。「米軍は環境にとって悪か、それとも救世主か」というわかりやすい話をするのは簡単で、実際、そうした話はメディアを通じて頻繁に語られてきた。しかし、現実はそれほど単純ではない。これから見ていくように、マークア渓谷のカタツムリが置かれた状況も、軍と環境保全の関係が曖昧かつ多面的であることを示している。

このトピックについて論じるにはハワイはうってつけの場所だ。前にも述べたとおり、ハワイに割かれる保全活動予算は、アメリカの他地域に比べてもさらに少ない。この島々には、アメリカ国内の絶滅危惧種の三分の一近くが生息しているにもかかわらず、連邦政府からの助成金は全体の一〇パーセントにも満たない。(8) また、ハワイは世界でも有数の軍事化の進んだ土地である。オアフ島だけで、七つの主要な軍事基地があり、およそ五万人の現役軍人がいる。それを聞けば、絶滅危惧種の生息地を数多く抱える軍事基地のトップ4がすべてハワイ、より正確にはオアフ島にあると国防総省が報告していることにも特に驚きはないだろう。四つの軍事基地には合計で一六八の絶滅危惧種が生息しており、マークア演習場はその二位に挙げられている。こうした状況は、ハワイの生物多様性が並外れて独特であることを示すと同時に、この島で長期にわたり環境破壊が繰り返され、今日でも恐ろしい勢いで軍事化が進んでいることの証左にもなっている。

ハワイでは、そこが植民地化された土地だという事実によって、状況はずっと複雑になる。マークア渓谷がまさにその例だ。この谷で展開した軍とカタツムリの未来をめぐる闘争は、土地と文化の権利を確保し、さまざまなかたちで主権を思い描き、獲得しようとするカナカ・マオリの尽力と分かちがたく結びついている。[9] ときに、そうした先住民のニーズや理解は、絶滅危惧種の保全に取り組む活動家のそれと対立する。その対立は解決される場合もあれば、永遠に解決不可能に思える場合もある。[10]

マークア渓谷での闘争は、カナカ・マオリ、地元のコミュニティ、環境保全活動家、弁護士、各種活動家（脱軍事化、社会的または環境的正義を掲げた人たち）など、さまざまな関係者の目的が一致した例となった。ここで特筆すべきは、マークアでは人々が互いに連帯しただけなく、その連帯の輪にカタツムリも加わったことだ。

この章でマークア渓谷を取り上げるのは、カタツムリや他の絶滅危惧種に対する軍の影響について、白黒のはっきりした説明を短絡的に試みるためではない。とはいっても、米軍の活動規模がハワイや世界にとっての持続可能な未来とは両立しえないと私が考えていることは、最初に断っておくべきだろう。この章で見るのは、軍によって管理されたハワイの島々だけだが、それですら展望は暗い。米軍は国内に広大な軍用地をもつばかりか、海外にも約八〇〇の基地からなる巨大なネットワークを有している（ちなみに、イギリス、フランス、ロシアの海外基地は、そのすべてを合計しても三〇程度にすぎない[11]）。また米軍は、こうした基地を維持し、そこで活動を行うことで、温室効果ガスを排出する世界最大級の機関となっている。その排出量はすさまじく、スウェーデンやアオテアロア（ニュージーランド）といった中規模の国を大幅に上回るほどだ[12]。

しかし、太平洋のただなかに浮かぶ小さな島のこの渓谷では、カタツムリと連帯する人々の活動により、軍という戦闘機械が今日まで一〇年以上も活動を停止することになった。私がこのトピックを扱うのは、そこに耳を傾けるべき重要な教訓があると同時に、現状よりも良い未来がやってくるという希望を与えてくれるからでもある。

カタツムリをさがして

安全に関する説明が終わると、私たちは駐車場を出て谷に入り、北へ向かって歩きはじめた。最初に立ち寄ったのは、黒い溶岩石で作られたアフ（祭壇）。私たちは持参した水、花、葉、そして歌などを供え、これから谷のなかを見てまわることを報告した。アフは風雨にさらされ古色を帯びていたが、実は意外に新しいという。渓谷内の遺跡を訪れることを許されず、またそうした遺跡を不用意に移動させたくもなかったマーラマ・マークアは、コミュニティと訪問者のための拠点として、三つのアフを新たに作るべく軍と交渉を行った。二〇〇一年のことだ。

全員が供え物を置いて思い思いの挨拶をすませると、再び移動。保全区域の北端を走る未舗装の道に入り、谷の奥に向けてゆっくりと斜面をのぼっていく。左手にそびえる谷の岩壁は、上端が草に覆われ、木がまばらに伸びていた。一方、右手に目をやると、カハナハイキの谷とマークアの谷が見渡せた。この地域は広くマークアと呼ばれているが、実際には三つの谷からなり、いま挙げた二つの谷が大部分を占めている。これらの谷を分ける境界を明確に目視できる地点は少ない。しかし、その日の朝、カハナハイキの北端に位置する私たちからは、谷と谷のあいだに突き出た尾根がはっきりと確認できた。

尾根の姿を目にしたとき、私はある報告書をふと思い出した。かつてこの地域がアカティネルラ・ムステリナ（*Achatinella mustelina*）の「とりわけ豊かな個体群」の生息地だったことを指摘した報告書だ。[13] それが書かれたのは、一九八一年にハワイマイマイ属（*Achatinella*）のすべての種が絶滅危惧種に指定された直後のことだった。当時、生物学者ダルテ・A・ウェルチなどによる一昔前の調査から、その地域には過去にアカティネルラ・ムステリナがいたことがわかっていた。[14] そこで軍は、カタツムリがそこにまだ生息しているか確認するために、いくぶん不本意ながら生物学者たちに調査を依頼することにした。それを引き受けたのがビショップ博物館で、博物館の軟体動物コレクションを担当していたカール・クリステンセンが、マイク・ハドフィールドと共に（ピーター・C・ギャロウェイとバーバラ・シャンクの協力を得て）報告書作成の任に当たることになったわけだ。

マークア渓谷のことを最初に教えてくれたのはマイクだった。私がハワイのカタツムリの調査を始めて間もない頃の話だ。マイクは、軍事演習場という危険な土地でのカタツムリ探索がどんなものだったかを説明した。カタツムリの生息地となる森は、一九八〇年代当時ですら、周縁部、谷間、急峻な斜面などの限られた場所にしか残っていなかったという。そうした難所はそもそもアクセスが難しいものだが、軍用地となれば不発弾が潜んでいる可能性もあった。そこでマイクたちは、危険物を見分ける基礎訓練を受けることになった——殻《シェル》の専門家たちが砲弾《シェル》の分類を学んだのである。

カタツムリ探索には爆発物処理班も同行した。そのおかげで調査の安全性はたしかに高まったが、一方で不具合も生じた。マイクが説明したように、研究者チームの誰かが新たに木を調べようとするたびに、そのことを爆発物処理班に伝え、その木の周辺が安全かどうかを確認してもらう必要があったのだ。この作業は恐ろしく時間を食ったが、おそろかにするわけにもいかなかった。事実、調査の過程では、第二次世界大戦以来放置されてきたと思われるロケット弾や一〇〇〇ポンド爆弾の不発弾など、訓練の痕跡をいくつも目にすることになった。

生き物とは無縁に思われるこの谷で、研究者チームは求めていたカタツムリを発見した。アカティネルラ・ムステリナは、標高の高い（とりわけ五〇〇メートル以上の）場所にある森でひっそりと暮らしていた。谷の周縁部でも数多く見つかった。しかし、個体数が突出して多かったのは、カハナハイキとマークアを隔てる尾根の周辺だった。マイクとカールは報告書にこう書いている。「筆者たちは、オアフ島の樹上性カタツムリがこれほど豊かに生息している場所を他に知らない[15]」

政府の認識では、マークア渓谷に生息する絶滅危惧種のカタツムリはアカティネルラ・ムステリナだけのはずだった。研究者チームもその一種をさがすために派遣されたわけだが、調査ではそれ以外にも多彩なカタツムリが見つかった。例を挙げれば、フィロネシア属（*Philonesia*）、ノミガイ属（*Tornatellides*）、スクシネア属（*Succinea*）の生きている個体、アマストラ・ルベンス（*Amastra rubens*）とアウリクレルラ・アンブスタ（*Auriculella ambusta*）の殻が発見された（おそらく生きている個体もいると考えられた）。これらの種の大半は絶滅危惧種には指定されていないが、非常に希少な種であることは間違いない。

さらなる驚きもあった。一匹だけとはいえ、大型の樹上性カタツムリであるパルトゥリナ・ドゥビア（*Partulina dubia*）が見つかったのである。パルトゥリナ属のカタツムリがオアフ島に何種か生息していたのは考古学的証拠からわかっていたが、それらはすべて、ずっと以前に絶滅したと考えられていた。マイクは発見時のことをこう回想している。「背後から『なんてこった』と叫ぶ声が聞こえたから、思わず振り返った。そしたら、カールが木の幹にあいた穴に顔を近づけて『ちくしょう、なんてこった』と繰り返しているのが見えたんだ」。発見したカール本人によると、彼は調査前にビショップ博物館の資料を読んでいたので、その存在は一応頭に入っていたが、まさか本当に見つかるとは思っていなかったそうだ。このカタツムリが最後に目撃されたのがカールが生まれる四〇年以上も前のことであれば、それも無理はないだろう。そんな幻のような種が調査で見つかったのは喜ばしいことだが、残念ながら、この一匹を最後に新たな目撃情報は寄せられていない。今日では、パルトゥリナ・ドゥビアはほぼ間違いなく絶滅したと考えられている。

調査で明らかになったのは、カタツムリの思いがけない豊かさだけではない。軍事活動が広範な影響を与えてきた証拠も、そこかしこに見つかった。たとえば研究者チームは、爆発したロケット弾の破片が食い込んだ木に暮らす、アカティネルラ・ムステリナの個体群を複数発見している。また、一画が爆発で吹き飛ばされた森もあった。そこに暮らしていたカタツムリは、希少種も絶滅危惧種も間違いなく運命を共にしたはずだ。

爆発よりもさらに深刻なのは、それによって引き起こされる火災である。調査では、かつてカタツムリが暮らしていたはずの森が焼けた跡がいくつか見つかり、カハナハイキ-マークア地区の「かなりの高さ」まで火が広がった名残も確認された[16]。それを見たマイクとカールは、生息地の消失もさることながら、火災によってラットなどの捕食者が高い場所に避難してしまったのではないかと心配した。その懸念は、標高の高い森の地面に、中身を抜き取られ、食い破られたカタツムリの殻を大量に発見したことで、さらに強まることになった。

調査後に研究者チームが作成した報告書には、軍に対するさまざまな提言が盛り込まれた。主なものとしては、訓練で生じる火災を制限すること、「爆発の影響が大きい地域」がカタツムリの生息地と重ならないよう指定を変更することなどがあった。しかし、それに対する軍の対応はそっけないものだった。著名な環境ジャーナリストのパトリシア・タモンズは、「火災の頻度も規模も衰えることはなかった」と総括している。[17] それでもマイクをはじめとする環境保全活動家は、自らの報告書を武器に、ESA第七条に基づいて軍と正式な協議を行うよう、魚類野生生物局（USFWS）に粘り強く働きかけつづけた。一連の議論では、マークアに生息する他の絶滅危惧種、さまざまな植物とオアフ・エレパイオという鳥も俎上に載せられたが、谷をめぐる闘争の象徴的な存在となったのはカタツムリだった。

ちょうど同じ頃、マイクは、マークア渓谷はずれの標高の高い場所――この場所自体はパホール自然保護区内にある――を調査区域に設定し、同僚や学生と共にアカティネルラ・ムステリナの標識再捕獲調査に着手した。すぐに判明したのは、主にラットやヤマヒタチオビによる捕食が原因で、アカティネルラ・ムステリナの数が減っていることだった。マイクはまた、自身の立場から谷の内外で繰り広げられている破壊についても思いを巡らせていた。一九八〇年代後半には、当時ハワイ事務所を開設したばかりの「シエラクラブ弁護基金」の弁護士、マイケル・シャーウッドを調査の現場に案内した。こうしてシャーウッドも陣営に加わり、軍とUSFWSに法的な圧力をかけて、環境への影響を評価するための調査と、その影響を軽減するための努力を求める活動が始まった。

奇妙な偶然も生まれた。シャーウッドが署名して軍に送った手紙の草稿を書いたのが、あのカール・クリステンセンだったのだ。ビショップ博物館でのポストを失った彼は、軟体動物学の研究を当面のあいだ諦め、ハーバード大学のロースクールに入学した。そして、その四年後の一九八九年、夏休みにハワイに帰省した折に、シエラクラブでインターンとして働いた。「弁護士が軍に送る手紙の草稿を書くことも、私の仕事の一つ。渓谷を焼き払うことについてハドフィールドやクリステンセンが何年も前に言っていたことに軍は耳を傾けるべきだった、という内容だったね」とカールは教えてくれた。

しかし軍はここでも聞く耳をもたず、その後しばらくは同様の状態が続いた。それでも、一九八〇年代後半から一九九〇年代にかけての法的圧力のおかげで、限定的ながら変化もいくつか生まれた。火災原因と考えられていたヘリコプターからの実弾射撃訓練など破壊行為の一部を中止したり、危険物の封じ込めや消火活動の改善に取り組む努力などだ[18]。やがて一九九〇年代半ばになると、軍への圧力も次第にかたちを変え、カタツムリという大義は、渓谷の反対側にあるマークア・ビーチ住民の活動と合流するようになった。

ビーチでカタツムリを動員する

カハナハイキ渓谷の北端の斜面をゆっくりとのぼっていく。まだ早い時間だったがすでに気温は高く、汗が流れ落ちてくる。頂上に近づくにつれ視界が開ける。風を感じようと立ち止まって振り向くと、谷底に広がる平地の向こうにハイウェイがあり、そのさらに先には砂浜と海が見渡せた。

私が目にした光景は、かつては二つのアフプアア、つまり高所から海まで延びるハワイの伝統的な土地区分に分けられていた。そうした区分があったおかげで、住民たちは、山の動植物から海の幸まで幅広い資源を利用できたわけだ。今日では、ワイアナエ海岸に沿って走るファーリントン・ハイウェイが、その二つのアフプアアを貫いている。ハイウェイを隔ててマウカ(内陸)側にある広大な土地は軍の管轄だが、マカイ(海)側のわずかな――幅が数メートルしかない箇所もある――土地は、公共あるいは半公共のビーチとして利用されている。

ハイウェイの向こう側のビーチは、その数日前にアンクル・スパーキー・ロドリゲスと話をした場所でもある。マーラマ・マークアについて知りたいことがあった私は、ウェブサイト経由で団体に取材を申し込んだ。その対応をしてくれたジャスティン・ヒルが、カルチュラル・アクセスに招待してくれたうえに、アンクル・スパーキーも紹介してくれたのだ。私たち三人は、ハイウェイの横にあるマークア・ビーチの小さな駐車場で待ち合わせた。簡単な自己紹介のあと、私たちは小道を歩き、緑あふれる小さな区画へとやってきた。アンクル・スパーキーは、古い花壇やモザイク画を指さした。それは、彼の亡き妻、アンティ・リアンドラ・ワイが丹精こめて世話をしたものだという。

そのうち雨が降り出したので、大きなコウの木の下で雨宿りをすることにした。アンクル・スパーキーはそこで、この土地について語りはじめた。彼の話によると、渓谷をめぐる闘争は軍が建設したフェンスの向こう側だけで起きているわけではないという。このビーチもまた、過去数十年にわたり激しい争いの場となったのだ。地元住民にとって、ここはもともと釣りやレクリエーションを楽しむ場所だった。それと同時に、平穏と安全を提供してくれるこのビーチは、カナカ・マオリの住居が特に多い地区でもあった。しかし一九六〇年代には、映画撮影、軍の上陸訓練、州立公園の建設といった理由で、それらの住居を取り壊し、人々を追い出そうという数々の試みがなされた。

そんな困難にもかかわらず、マークア・ビーチのコミュニティは長年にわたり存続し、住居が取り壊されるたびに人々はそれを再建した。[19] アンクル・スパーキーによると、以前はあらゆる境遇の人たちがここで生活していたようだ。「年寄り、病人、頭のおかしな人、カップルもいれば独り身もいた……社会は彼らをホームレスと呼ぶが、そんなことはない。この場所こそが彼らの家だったんだ」。彼らの多くは、周辺地域で住む場所を失い、最後の頼みの綱としてマークアに集まってきた人たちだ。しかし、この場所はただの住居以上のものを与えてくれた。

アンクル・スパーキーがアンティ・リアンドラとマークアに暮らしていたのは、一九九〇年代のことだ。「マークアはわしらの癒やしの場所だった」と彼は言った。当時、彼らは結婚生活に問題を抱えていたそうだ。アンティ・リアンドラは、マークアにやってくるとまず地域の清掃を始めた。そういう人は他にもたくさんいたという。新しい居住者たちは、ビーチに長年放置されていたゴミを片づけ、あちこちに生えていたコア・ハオレのような外来植物を取り除いた。そしてその代わりに、自分たちの家の横でサツマイモ、マメ、カボチャのような野菜を育てたり、ハワイ固有の植物を植えたりした。

「わしらが今いるアフプアアは、カハナハイキと呼ばれている。ここは移り変わりの場所で、移り変わるからこそ癒やしも生まれる」とアンクル・スパーキーは説明した。かつてはクム（教師）やクプナ（年長者）が、肉体、精神、魂を癒やす手助けをしてくれたという。「だがここには、そんな人たちはいなかった……。手助けしてくれたのはアーイナだ。ずっと長いこと、マークアはわしらの家族や関係を癒やしてくれた。そうしてわしらは、自分の身のまわりで起きていることがよく見えるようになった」

一九九〇年代半ば、マークア・ビーチにはおよそ三〇〇人が暮らしていた。立ち退きの圧力が再び高まってきたのはその頃で、アンクル・スパーキーとアンティ・リアンドラは、それに立ち向かう活動のリーダーとなった。グループがしっかりと組織化されていくにつれ、軍による渓谷の占拠とそれによるアーイナへの影響を懸念して、より幅広い活動に取り組むようになった。彼らが心配していたのは、文化遺跡の破壊や、森などの広範な環境への影響である。なかでも特に憂慮したのが、軍の活動、とりわけ野外での実弾射撃訓練によってビーチや海にもたらされる有害物質の影響だった。なんといっても、そこはアンクル・スパーキーたちが暮らし、魚を獲る生活の場だったからだ。「そうしているうちに、軍事活動が残した有毒物質が土地を汚染していることがわかりはじめた」

彼らがカタツムリのことを知ったのも、ちょうどその頃だった。あるとき、マークア渓谷での活動について話すイベントに、大学の教授や学生からなる団体がやってきた。「そのうちの一人がマイク・ハドフィールドだったのさ」とアンクル・スパーキー。マイクは、自分がカタツムリに関する仕事をしていること、渓谷での軍事活動中止を働きかける活動をしていることを打ち明けた。この思いがけない出会いをきっかけに、マークアの住人はシエラクラブ弁護基金を訪れ、「カタツムリのことを尋ねてみた」のだという。それ以降、彼らは、アカティネルラ・ムステリナが減少傾向にあること、その生息域が限られていること、性成熟に達するまでの期間、森でどれほどの捕食者と遭遇するのかなどについて学んでいった。アンクル・スキーパーはこう述べている。「カタツムリは大きな脅威にさらされていた。だから、『どうしたら在来のカタツムリを守れるか?』という問いが、わしらのテーマの一つになった」

それ以降、ビーチと渓谷をめぐるアンクル・スパーキーたちの活動において、苦境に立たされたカタツムリに対する純粋な関心は、絶滅危惧種に付与された法的権限を活用するという戦略的判断を伴うものへと変化していった。彼らは、マークア・ビーチのコミュニティの主張を法廷で訴えるための代理人をさがそうと何年も検討した末に、最後には「自分たちを弁護するためではなく、絶滅危惧種を弁護するためなら法廷に立てる」という結論に達した。こうして一九九六年にマーラマ・マークアが設立され、土地と文化にまつわるカナカ・マオリの権利、島の軍事化、環境の健全性に対する懸念をひとまとめに扱うようになった。マーラマとは「ケアをする」、「守る」という意味で、この団体が、マークアの土地とその未来を守るという共通のビジョンをもった人々の連合体であることを表している。

マーラマ・マークアは、法廷を通じて渓谷における軍の活動に異議申し立てをするという、遅々として進まない困難な仕事に取り組みはじめた。この活動に当初から関わってきたのが、シエラクラブ弁護基金（現アース・ジャスティス）の弁護士、デイヴィッド・ヘンキンである。彼らの活動は主に、国家環境政策法（NEPA）に依拠しており、軍が詳細な環境影響評価書（EIS）を作成して、渓谷における軍事活動の影響の大きさと範囲を判断する必要性を訴えるものだった。こうした訴えを進めるなかで、マーラマ・マークアは、カタツムリやその他の絶滅危惧種への影響ばかりでなく、渓谷の破壊と有害な残留物がもたらす文化的、社会的、健康面での影響についても重要な指摘をしてきた。

専門家の疑問

隊列はカハナハイキ渓谷の草だらけの細道を進んでいく。軍隊車両を背後に残し、私たちのグループは黄色いロープのあいだを一列になって歩いていた。どちらを見回しても、背丈より高い草が視界に入ってきた。道はところどころ寸断されていて、先に進むためには泥のなかを上り下りしなければならない。やがて木々が密集する区画にやってきた。日陰をありがたいと思ったのは、きっと私だけではないはずだ。

到着したのは、ピコ・ストーンと呼ばれる重要な文化遺跡だった。隊列の後ろの方にいた参加者たちも、ぞろぞろと日陰に集まってきた。みんなその場にすわりこみ、一息つきながら遺跡を眺めている。ヴィンスが解説を始めた。ここはアンティ・リアンドラのお気に入りで、彼にとっても大切な場所なのだという。解説が終わりに近づいたとき、ヴィンスはこの場所にホオクプ（供え物）を捧げたいと言った。しかし、そのためには黄色いロープの外に出なければならない。とそのとき、同行していた軍所属の考古学者が改めて規則を口にした――遺跡に悪影響があるといけないので、ツアー参加者はロープから出てはいけないというのだ。

この対応にヴィンスは見るからに不満そうだったが、驚いているわけではないようだった。彼は私たちの方に静かに向き直り、これは軍との提携の難しさを知る有益な機会だと言った。彼の不満の根底にあるのは、渓谷と遺跡に対する根本的な態度の違いだ。軍はそれを保存すべき過去の遺跡と考えているのに対し、マーラマ・マークアは、交流や感謝を通じて敬意を払い、大切にすべき生きた遺産と見ている。

加えてヴィンスは、どこまでも偽善的な軍の態度が我慢ならないとも言った。「この場所を保護しようというのが軍の方針だ。六〇年間も射撃の的にしてきたのに。しかも私たちが関係を取り戻そうとすると、それを妨害してばかりいる」。彼の見解では、軍が課す制限は安定も一貫もしていない。どんな靴を履くか、供え物を置いていいか、どの場所なら立ち入っていいのかに関する軍の説明は聞くたびに変わり、交渉の余地すら与えられない。「これが私たちの現状なんだ」とヴィンスは言った。

ヴィンスと軍のやりとりは、渓谷の理解と専門的意見をめぐって、現在進行形の緊張があることを浮き彫りにした。ここ数十年のあいだに、軍は考古学者や生物学者といった人員を数多く採用してきた。後日、この状況についてカイル・カジヒロに尋ねてみたところ、彼はこう答えた。「専門家の意見をコントロールするんですよ。そうやって知識の発信源を押さえておいて、ハワイの先住民や環境保護論者の主張に反論する準備をしているんです」。カイルはマーラマ・マークアの古株のメンバーであり、非軍事化を掲げている活動家、研究者でもある。

カイルはこのテーマに関する文献のなかで、マークアの陸軍は、カホオラウェ島をめぐる海軍の闘争からやり方を学んだと論じている。マウイ島の南西にあるその島を、海軍は四〇年以上にわたり射撃の的として利用し、海と空からミサイルの雨を降らせてきた。こうした軍事活動は最終的に中止に追い込まれたが、そのための試み——そこにはPKO（プロテクト・カホオラウェ・オハナ）による島の占拠も含まれる——は、ハワイの歴史における象徴的な出来事として人々の記憶に刻まれることになった[20]。カイルによれば、いくぶん不意を突かれた海軍に対し、陸軍はより洗練された情報統制と人口抑制のプログラムをマークアで展開したという。要するに、陸軍の方が「対反乱戦の経験が豊富」なのだ。絶滅危惧種と聖地をめぐるこの戦争では、情報と大衆の認識のコントロールがものをいうのである。

その日のヴィンスは、少なくとも今は軍の決定に従うのが最善だと判断した。ロープを踏み越えれば、カルチュラル・アクセスは中止になり、全員が谷から追い出される——軍のスタッフからそう聞かされたからだ。変化や難題に対峙しながら権利を維持するには、こうしたやりとりもときに必要になる、とヴィンスは言った。それをいつ、どのように行うのがいいのかは、谷の導きに従う。そうしてヴィンスは、ロープから出ることなく、そのすぐ外側の岩の上にホオクプを置いた。軍との緊張の時間はこうして終わりを告げた。

今から約二五年前、マークア渓谷から東に数キロメートル行ったところで、ハワイのカタツムリ保全にとって、もう一つの重要な出来事が起きた。私たちがいる地点からさらに上、軍用地に隣接したパホール自然保護区に、カタツムリ用のエクスクロージャーが初めて誕生したのだ。第1章で見たとおり、この最初のエクスクロージャーは一九九八年に州政府によって建設された。設置場所は、マイクが一九八〇年代初頭にアカティネルラ・ムステリナの調査を重点的に行った地域だ。実際、そのエクスクロージャーには、マイクが標識再捕獲法を用いてカタツムリをモニタリングしていた五メートル四方の区画がすっぽりと含まれている。

軍が保全活動のギアを変えはじめたのもこの頃だ。一九九五年、島のカタツムリやその他の絶滅危惧種への影響をモニタリングするために、軍は科学者からなる小所帯のチームを設立した。マイクはそうした科学者の何人かにUSFWSからの許可を与えることに同意し、連邦政府のリストに掲載されているカタツムリ種の調査を許可した。科学者たちは、マークアや島の反対側、スコフィールド・バラックス東射撃場に隣接する軍事施設やその周辺で、カタツムリの個体数のモニタリングを独自に開始した。同時に、森を荒らす有蹄類の排除や、ラットなどの捕食者駆除プログラムの確立など、カタツムリの個体群に対する脅威への積極的な管理にも取り組んだ。

その一環として、軍はパホールのエクスクロージャーからヒントを得て――と同時に、その余った資材を利用して――カハナハイキに独自のエクスクロージャーを建設した。新設地はパホールから一キロメートルも離れておらず、境界線を越えてマークア演習場に入ったところにあった。こうした活動を通じて軍は、絶滅の危機に瀕したカタツムリへの軍事活動の影響をただ制限することから、少なくともごく限られた方法で、カタツムリの個体群を積極的に管理する方向へと転換するようになった。

こういった変化が生まれたのは、マークア渓谷をめぐって軍とUSFWSが協議に入ったことが大きい。公式な協議は一九九八年に始まったが、それ以前から環境保全の圧力は高まっており、軍が自らの行動に対する責任を問われたことも何度かあった。マーラマ・マークアだけでなく、さまざまな環境保全活動家たちが軍との協議を望んでいた。そして一九九八年初め、マーラマ・マークアを代表してデイヴィッド・ヘンキンが軍に書簡を送り、もし協議を始めなければ訴訟を起こすと通告するにいたった。[21] 書簡を送った直後、渓谷での訓練で八〇〇エーカーの大規模な火災が発生し、マークアとカハナハヒキを隔てる稜線まで燃え上がった。これが決め手になった。「不吉な予感を感じて、軍は直ちにマークア軍事保留地での軍事訓練をすべて中止し、『自発的』にUSFWSと協議に入った」とデイヴィッドは説明している。

協議の結論はすぐに出た――マークアにおける軍の活動がアカティネルラ・ムステリナだけでなく、さまざまな絶滅危惧植物種に影響を与えているのは明白なのだから、それらの保全に的を絞った実施計画を早急に策定すべきだ、という結論である。それを実現すべく、軍は一九九九年、政府、大学、環境保全団体の代表者（ここにはマイクも含まれる）だけでなく、軍の科学者で構成されるプロジェクト推進チームを発足させた。このチームは、継続的な調査と協議を通じて、絶滅危惧種の「長期的な生存を保証するのに十分な個体数」を維持させるために軍が取るべき追加措置を検討するものだった。[22]

当時、ハワイマイマイ属は一〇種が絶滅危惧種に指定されていたが、軍が責任を問われるのは、その活動の影響を直接受ける種だけとされた。マークア渓谷で確認されていたのはアカティネルラ・ムステリナ一種である。したがって、協議でもその一種のみが取り上げられることになった。ここで注意すべきなのは、軍の義務は保全対象となった種を「安定させる」ことであり、「回復させる」ことではない点だ。その義務を果たすには、その種が自然環境下で自立して暮らしている必要はない。ただ絶滅に向けて数を減らしていないという事実が重要だった。

とはいえ、ＵＳＦＷＳとの協議で軍が求められたのはそれだけではない。アカティネルラ・ムステリナの遺伝的多様性を可能なかぎり保護することも要求されたのだ。そのため二〇〇〇年には、ワイアナエ山脈周辺の一八地点で採集したカタツムリをもとに、遺伝学的研究が開始された（その中心となったのが、マイクとブレンデン・ホランドであり、ブレンデンがポスドク研究員としてハワイに来たのもこのプロジェクトがきっかけだった）。研究からわかったのは、アカティネルラ・ムステリナが八つの「進化的重要単位（ＥＳＵ）」から構成されていることだった。第2章で見たように、カタツムリという生き物はあまり分散しないため、一度離れてしまうと再度つながりをもつことはまずない。よってこれら八つのＥＳＵも、それぞれ異なる進化的方向へと進んでいる個体群（またはその集合）である。実際、このカタツムリについてノリに尋ねたところ、この種がすでに複数の種になっていたことが新たな分析で判明しても別に驚かない、という答えだった。しかし、そうした情報がなくとも、軍はこれらのＥＳＵをそれぞれ保全する必要があり、そのためには一つのエクスクロージャーではとても足りなかった。

軍に対する保全活動家の圧力が高まるのと並行して、軍とマーラマ・マークアとの交渉も山場を迎えつつあった。二〇〇一年七月、ホノルルの連邦裁判所は、環境影響評価書（ＥＩＳ）の作成を何年も先送りしていた軍に対して予備的差し止め命令を発出し、係争期間中の渓谷での軍事訓練を禁じたのである。これは非常に重要な出来事だった。マーラマ・マークアの弁護人、デイヴィッド・ヘンキンはこう説明している。「私が知るかぎり、裁判所が環境法違反を理由に米軍に訓練中止を命じたのは、これが初めてだった」

ところが、そのわずか数か月後の二〇〇一年九月一一日に、ニューヨークとワシントンで同時多発テロが発生する。そのため軍は渓谷での訓練再開を強硬に主張し、その実現のためにマーラマ・マークアと交渉に入ると、翌月には合意が成立した。こうして軍は、ごく限定的ながら実弾射撃訓練の再開にこぎつけたわけだが、デイヴィッドによると、「三年が経過してもＥＩＳが完成していなければ、それが完成するまで訓練を中断する必要があった」という。

結局、三年後の二〇〇四年になってもＥＩＳは完成せず、約束どおりすべての実弾射撃訓練が中止された。それから約二〇年が経過した今でも、状況はほぼ変わっていない。ＥＩＳは現在でも裁判所が満足するレベルにはなっておらず、射撃訓練も再開されていない。

二〇〇一年に軍と結んだ合意には、実弾射撃訓練の中止の他にも、マーラマ・マークアに対するさまざまな譲歩が含まれており、サンセット条項〔適用期間を定めた条項〕がないため、それらは現在でも有効だ。軍は、渓谷の浄化やさらなる調査の実施を約束した。また、地元コミュニティが外部の専門家を雇い、軍の調査を評価できるようにするための技術支援資金の提供にも同意した。私が参加したカルチュラル・アクセスのようなイベントも、この合意の重要なポイントだった。月に二回、マーラマ・マークアは、メンバー、地元住民、外部からの来訪者を招き、渓谷を案内している。また、「フイ・マーラマ・

オ・マークア」という地元のグループが年に二回開いているマカヒキ・フェスティバルでは、渓谷を泊まりがけで見学することができる。

ヴィンスは、これらのカルチュラル・アクセスのことを「ゲーム・チェンジャーであり、最初の一歩でもある」と表現した。彼は次のように言っている。「カホオラウェ島で起きたことがあったからこそ、カルチュラル・アクセスが本当に大切だと理解できた。カホオラウェ島に誰も入れないとき、その場所はないも同然だった。だけど、カルチュラル・アクセスができて人々が足を運びはじめると……パワーバランスがすっかり変わったんだ。その場所が生きていて、その面倒を見なければいけないことを人々は経験的に悟ったんだよ」

闘争初期にマーラマ・マークアを率いたのは、アンティ・リアンドラ、アンクル・スパーキー、アンクル・フレッド・ダッジ（ヴィンスの父）の三人だった。フレッドは地元の医師で、谷での軍事活動に早くから反対していた人物。また、ワイアナエ地域における種々のコミュニティ問題の熱心な調停者でもあった。息子のヴィンスによると、カナカ・マオリの血は引いていないが、「一九六二年に初めてマークアを目にしたときから運命を感じていた」ようだ。

最初の一〇年ほどは、アンティ・リアンドラとアンクル・フレッドがカルチュラル・アクセスの引率を担当した。毎月二回、一日がかりの仕事である。今日では、プロジェクトを主導してきたクプナ（年長者）たちが亡くなったり、引率が体力的に厳しくなってきたため、新しい世代がその責務を引き継いでいる。ヴィンスも父親の仕事の一部を引き継いだ。人類学の教授であり、ハワイ文化の歴史と権利の長年の擁護者であるアンティ・リネット・クルスが、マーラマ・マークアの代表に就任した。またそれと並行してキアアイ（番人）プログラムを開始し、若い人たちがカルチュラル・アクセスを引っ張っていけるよう勉強会も開いている。このようにしてマーラマ・マークアは、将来にわたり渓谷を守りつづけられる基盤を築こうとしている。

人目に触れることはほとんどなかったとはいえ、マーラマ・マークアの活動全体を通じて、カタツムリが果たした役割はきわめて大きかった。デイヴィッド・ヘンキンによると、たとえば、二〇〇一年に裁判所が出した予備的差し止め命令の重要な根拠の一つが、カタツムリだったという。軍が環境に与える影響の多くは、証明どころか数値化すら難しかったが、アカティネルラ・ムステリナが谷に生息していること、そしてその生息地を軍が破壊していることには、確かな証拠があった。ＥＩＳを完成させる義務からは逃れようがなかったのである。軍は自分たちの活動によって絶滅危惧種が世界から消える可能性はないと主張したが、裁判所は認めなかった。「軍の主張が真実だとしても、だからといって重大な害を与えないことにはならないと裁判所は正しく判断しました。重大な害が生じるには、地上から一掃すると脅す必要はないのです」とデイヴィッドは説明した。

軍はなぜＥＩＳを完成させて、実弾射撃訓練を再開しようとしなかったのか、その理由は数年たった今でも定かではない。私が話をした人のなかには、たんにマークアが厄介になりすぎただけと考える人もいた。つまり、マーラマ・マークアが醸成した地元の認識や反対意見の高まり、絶滅危惧種や文化遺跡などの存在によって、渓谷を利用するよりも放置した方が合理的だと軍が判断したというわけだ。その一方で、軍にとっての優先順位の変化も影響を及ぼしているかもしれない。軍にはマークア以外にも演習場があり、そうした場所での活動の影響も監視しなくてはならない。そのためには多大な時間、エネルギー、資源が必要になるだろう。したがって、現在のマークアはただ優先順位が下がっているだけで、いつか時が来れば闘争が再燃してもおかしくないと考える人もいる。

理由はどうあれ、マーラマ・マークアはこの数年の平和な日々を歓迎している。とはいえ、たとえ実弾射撃訓練が再開されずとも、谷が非武装地帯に戻るわけではないことも忘れてはいない。軍が結んだマークアの借地契約は二〇二九年までだ。コミュニティ内では、そのときこそが土地を取り戻すチャンスだという議論が高まっている。だが、たとえそうなったとしても、不発弾や有害物質、そして失われた多くの生物など、長年にわたる暴虐の遺産はこの土地を悩ませつづけることだろう。もしかすると、一般の人が自由に歩きまわれるほど、この土地を安全な状態に戻すことはできないと判明するかもしれない。

一九四一年にマークア渓谷を管轄下に置いた軍は、その直後にハワイ領土政府とのある協定に署名した。戦争終結の半年後にこの場所を明け渡し、その際は「すべての所有物を撤去し、公有地委員長が満足する状態で……敷地を返還する」という協定である。[23] だが軍は以来数十年にわたり、ハワイ領土政府、州政府による再三の申し立てにもかかわらず、この退去の約束を一貫して無視し、土地を回復する義務を最小限に抑えるよう努めてきた。州政府と結んだ現行の借地契約では、「技術的、経済的に可能であり、砲弾撤去の費用が土地の適正価格を超えない範囲」でのみ谷を回復することが軍に義務づけられている。また、回復作業に関するあらゆる賠償責任と請求も免除されている。[24]

マーラマ・マークアは、この回復作業での軍の責任を問うことが闘争の次の大きな争点になると見ている。彼らの目標は、アンクル・スパーキーの言葉を借りれば、「第二のカホオラウェにならないよう、軍にしっかり回復作業をさせる」ことだ。カホオラウェ島は、法律上はハワイ州に返還されたものの、人が暮らすには危険な場所になってしまった。事実その島では、海軍が作業を終えた時点で土地の二五パーセントがまったくの手つかずで、危険だという理由で立ち入り禁止区域とされた。そればかりか作業を行った場所も、その大部分がごく表面的な処置しか受けていなかった。現在ハワイ州は、献身的なボランティアの助けを借りて、継続的な回復作業を進めている。[25]

海軍がカホオラウェ島で用いた戦略は、国防総省がアメリカ国内外で広く採用してきたもので、「軍隊から野生生物への転換」という呼び名すらある。つまり、軍用地の回復に全力を尽くす代わりに、そこを野生生物保護区などの保全区域へと転用してしまうわけだ。土地はたいていUSFWSに引き渡されるが、カホオラウェの場合は州に返還され、カホオラウェ島保護区となった。このような転用の場合、土地の回復基準はずっと低くなり、それゆえ費用も安上がりになる。人が定住しないのであれば、有害物質などの残留レベルは高くてかまわないし、特に問題がある区域はフェンスで囲ってしまえばいいからだ。こういった経済的な利点だけでなく、新たな保全区域を設置することで、軍にとってのポジティブな宣伝効果も期待できる。最近の調査では、連邦政府が管理する土地だけで、二〇以上の軍用地、面積にして一〇〇万エーカー以上がこの種の転用の対象となったことがわかっている。[26]

かろうじて生きているという状態であっても、ともかく絶滅危惧種が多数生息しているマークア渓谷は、そうした保全区域の候補として意外に適任かもしれない。ただし、結局はそのような転換が最善だったとしても、その前に軍が谷をしっかりと回復させることをマーラマ・マークアは望んでいる。アメリカの環境保全活動家は、軍用地を環境保全区域へと転換することを歓迎しているが、背景には、「生息地保護区が消えつづける」なかで他に選択肢がないという現状がある。[27] その意味では、環境保全団体は、戦争機械の食卓から落ちる食べ残しを与えられているのと変わらない。

また、こうした転換が行われているからといって、軍の土地使用が全体として縮小しているわけではないことにも注意が必要だろう。むしろ軍は、新たに破壊できる土地を取得するために、傷ついたり、難点があったり、論議を呼んだりする土地を少しずつ手放している。二〇一四年の調査からは、「米軍は訓練場用地を毎年約一二〇〇ヘクタールずつ増やしている」ことがわかっている。[28] こうしてさらに多くの土地が軍によって取得され、生物がおよそ住めない環境や、何世代も受け継がれる負の遺産が次々に生み出されていく。約一年半ごとに新たなマークア渓谷が一つ生まれているのである。

マーラマ・マークアの望みは、太平洋のただなかにあるこの小さな谷に、ハワイから、そして世界からの注目を集めることだ。また、いつかその時が来たときにも、軍が簡単に立ち去れないようにすることも望んでいる。

マークア渓谷の未来がどうなるかはまだわからないが、一つだけはっきりしていることがある。それは、この土地をめぐる長期の闘争が、カタツムリに大きな利益をもたらしたということだ。訴訟、合意、世間の厳しい監視によって、軍による破壊活動の大半が中止されただけではない。ときには奇妙な結果を招いたこともあるとはいえ、ともかく軍を積極的な保全活動へと押しやったのだ。

一九九〇年代半ば以降、軍の科学者チームは少しずつ規模を拡大していった。オアフ島の絶滅危惧種の保全に取り組むこのチームは、当初は数人だけの小所帯だったが、今日では「オアフ軍自然資源プログラム（ＯＡＮＲＰ）」として五〇人以上の科学者、技術者を擁している。彼らの仕事は、この島の軍事訓練施設において、軍が連邦政府のさまざまな保全規則を遵守するよう監督することだ。マークア渓谷は、軍と環境保全問題の象徴的な場所になったことで、ＯＡＮＲＰを拡大させ、軍に自らの責任をしばしば受け入させる中心的な役割を果たした。

ここ二五年ほど、ＯＡＮＲＰのカタツムリにまつわる活動を率いてきたのは、ヴィンス・コステロだった。ハワイの多様な腹足類を守るために情熱的、献身的に活動してきた人物だ。ＯＡＮＲＰの活動の中心は、カハナハイキから始まったエクスクロージャー建設にある。彼らは、新しいエクスクロージャーを作るたびに、有機園芸やエスカルゴ産業からアイデアを取り入れ、設計や障壁を改善してきた。[29] 第1章で見たパリケア・エクスクロージャーの三つの障壁（金属板、カットメッシュ・バリア、電気バリア）は、現在では標準的な仕様とされている。常時モニタリングのシステムも随時改善され、たとえば、木の枝が囲いをまたぐように落下して捕食者が侵入可能になった場合も、スタッフに連絡がいくようになっている。

こうした二〇年以上におよぶ活動の結果、米軍はハワイのカタツムリ保全における、もっとも重要な資金提供者になった。これまでどれほどの金額が費やされたのか、正確な数字はわからない。しかし軍の報告によると、マークア実施計画（カタツムリはその重要な部分を占めている）には、二〇一八年の一年間だけで五八〇万ドルが支出されたという。二〇年間、毎年ほぼ同じような支出があり、これからもそれが続くと考えられることから、費用はかさむ一方だ。

軍のカタツムリ保全活動にはいくつか歪んだ点があるが、その最たるものが、資金の全額が単一の種に注がれている点だろう。他の多くのカタツムリが絶滅に突き進むなか、アカティネルラ・ムステリナには、遺伝的特徴が異なる八つの個体群すべてにそれぞれエクスクロージャーが与えられているのだ。政府が指定した絶滅危惧種で、ここまで資金を得ている種はいない。島の反対側に位置するコオラウ山脈には、絶滅寸前と見られている九種のハワイマイマイのうち七種が生息しているが、つい最近までその地域にはたった一つのエクスクロージャーしか設置されていなかった（現在は二か所）。コオラウ山脈における軍の活動はずっと小規模なため、影響を軽減する必要がないからだ[30]。また、同様に軍の影響が少ないマウイ・ヌイの四つの島にも、絶滅危惧種のカタツムリが三種生息しているが、ほんの二、三年前までは、エクスクロージャーが一つあるだけだった[31]。

この状況に対する私の認識はシンプルだ——カタツムリを救うにあたりエクスクロージャーはきわめて重要な技術だが、それを建設する資源をもつのが主に軍であるがゆえに、カタツムリに必要だからという理由よりも、軍の事情によって建設計画が決まってしまう、というものだ。事実、エクスクロージャーの建設は、カタツムリを代理して軍の活動に注文をつける活動家や法律家に大きな影響を受けてきた。

これについてどう考えるべきかは判断が難しい。私が会ったOANRPの生物学者たちが、カタツムリの未来を守ることに情熱を傾けていたのは間違いない。軍に代わって仕事を遂行する彼らは、種を救うために利用可能な資源を最大限に利用している。マーラマ・マークアにも彼らを肯定的に捉える人はいる。たとえば、アンクル・スパーキーは、「軍のなかで唯一、心から好きな部署だね。彼らは本当に良い仕事をしているから、ボランティアに行くようにみんなに言うくらいだよ」と証言している。しかし軍という組織にとって、この保全活動が自らの目的を達成する手段にすぎないことは明白だ。つまり、彼らは可能なかぎり訓練を邪魔されたくないのだ。軍はまた、外部からの圧力によってやむなく実施した環境プロジェクトであるにもかかわらず、ことあるごとにそれを宣伝材料として利用してもいる。

とはいえ結局のところ、軍の影響があろうがなかろうが、カタツムリが絶滅へ向かっているのは紛れもない事実だ。ヤマヒタチオビはマークア渓谷の森にもいて、ハワイ各所で見られるように、餌となるカタツムリを食べ尽くそうとしている。悲しく、また完全に倒錯しているが、この状況から導かれる結論とは、絶滅の危機にあるハワイのカタツムリを救うもっとも有効な手段は、軍によって絶えず吹き飛ばされる生物の仲間入りをすることにならざるをえない。

忘れてならないのは、結果として、軍による保全活動が対象外のカタツムリも数多く救っていることだ。アカティネルラ・ムステリナのために建設されたエクスクロージャーは、たまたま同じ場所に生息していたカタツムリにとっても安全な避難所になっている。OANRPとSEPPのチームは、この空間にできるだけ多くのカタツムリが入るよう積極的な調整を行っている。ただ、たとえそうだとしても、エクスクロージャーという施設がたった一つの種の特定のニーズに合わせて設計されている事実が変わることはない。

全体的に見れば、軍はカタツムリに好影響を与えているかもしれないが、これを理想的な状況と捉える人はいないだろう。そもそも、絶滅の危機にあるカタツムリが、なぜ軍の資金に頼らなければならないのか？　数ある政府機関のなかでこの種の資金を使えるのが、なぜ軍だけなのか？　資源を合理的に配分しようと思えば、保全や調査のための機関——関連する専門知識を有しており、この業務を特定の目的のための手段ではなく、自らの責務とする組織——に十分な資金を与えて、仕事を引き受けてもらう方が理にかなっている。しかし、そのためには、これまで懸命に積み上げてきた専門知識の監督権を軍が手放す必要が出てくるだろう。

カタツムリの連帯

その日の午後、私たちはピコ・ストーン遺跡からメインコースに戻ると、のぼってきた道を今度はゆっくりと下りはじめた。次にマークア渓谷を訪れたのは、それから一年後のことだったが、そのときは同じ道をカイル・カジヒロと歩いた。そこでカイルは、脱軍事化に注力するマーラマ・マークアなどの組織と活動した経験と、同じテーマに関する自身の学術研究を根拠として、マークアという特定の渓谷をめぐる紛争をより広い文脈で捉える必要性を力説した。

ハワイの軍事化は、より大きなつながりを抜きには語れません。アメリカの軍国主義は世界中に手を伸ばしています。ハワイは太平洋軍の拠点であり、ここで起きていることは太平洋の他の地域にも影響を及ぼしますし、反対に他の地域で起きることはハワイにも波及するのです。

マーラマ・マークアは、この相互のつながりを認識する方法を模索しながら、情報を共有し、連帯のネットワークを構築する試みを後押ししてきた。ある地域の軍事活動が首尾よく中止に追い込まれると、その活動は必然的に他の地域で行われるようになる。カイルも指摘していたが、カホオラウェ島における海軍の破壊活動の阻止は、その活動の一部を他の地域へと押しやることを意味していた。同じことはマークアにも言える。

マークアでの実弾射撃訓練を中止させることは、ポーハクロア（ハワイ島）にその活動の多くを肩代わりさせることなのです。なので、私たちはポーハクロアの住民と積極的に交流をして、それに抗う力をつけてもらおうとしています。たとえマークアでの活動の進展を遅らせることになっても、そうすることが私たちの責務だと考えているからです。

私が言葉を交わしたマーラマ・マークアの他のメンバーも同じ考えで、オアフ島の反対側にあるカフク、ハワイ島のマウナケア、そしてもちろん今日も実弾射撃訓練が行われているポーハクロア訓練場での闘争とのつながりに言及していた。いま挙げた場所の一部は、マーラマ・マークアのウェブサイト内「つながっている闘争」のページに掲載されている。代表であるアンティ・リネットは、この活動が「軍に反対するだけでなく、社会的、環境的な正義を支持して連帯する」ものだと説明してくれた。

私たちのグループは、カルチュラル・アクセスの最後の訪問地へと向かっていた。ハイウェイ沿いの出発地点近くまで戻ったところで南に大きく曲がり、草が刈られた区画を迂回して、ちょっとした窪地へと下る。そこで対面したのは、木陰に位置する高さ三メートルほどの巨大な岩石線画（キイ・ポーハク）だった。でこぼこした岩の表面には人の姿形が踊っていた。その他にも何を表しているか判然としない形状が並んでいたが、それらはすべて、この土地の住人によって大昔に彫られたものだった。

マークア渓谷は全体が学びの場だが、ここ数年はこの特別な場所も、肩ひじ張らない教室のようなものとして来訪者に利用されている。音楽家、研究者、平和活動家など多様な顔ぶれが招かれ、岩石線画や渓谷を実際に眺めながら、さまざまな知見を共有するのである。そういった教室は、軍国主義を取り巻く広範な問題とこの場所を結びつけるのに、しばしば役立っているようだ。そこでの学びは、軍関係者を含むカルチュラル・アクセスの参加者ばかりでなく、マーラマ・マークアのウェブサイトやYouTubeに投稿された動画を通じて渓谷の外の世界にも広がっている。

この場所で行われたアン・ライトの短い講演を聞いたのは、まさにそうした動画を通じてのことだ。ライトは陸軍大佐であり、軍人外交官でもあったが、二〇〇三年にイラク戦争に反対して軍を辞した。彼女がマークアの訪問者に語ったのは、世界各地に点在する約八〇〇の米軍基地のことと、それが地元の人々や環境に与えるトラウマについてだった。米軍が太平洋、中東、ヨーロッパに展開する基地はどれも、地元住民との対立を生み出してきた。ライトは、そうした対立のなかでも現在進行中のもの、具体的には、沖縄における滑走路の新設をめぐる闘争に言及した（建設予定地は絶滅危惧種のジュゴンの生息地でもある）。日本で駐留米軍に対する反発が高まるにつれ、米軍はその代替地として、次第にグアムや北マリアナ諸島に熱視線を向けるようになった。その結果、今では大規模な軍の再配置が始まっているという。ライトが指摘したように、海軍は、その再配置の一環として、人がほぼ住んでいないパガン島を演習場にすることを提案している。こうしてまた一つ、地元住民や環境にとって長き負の遺産となる、傷ついた土地が生まれるのだ。

パガン島を生息地とする貴重な動植物は多いが、そのなかには絶滅寸前種の美しい樹上性カタツムリ、パルトゥラ・ギブバ（*Partula gibba*）も含まれている。興味深いのは、このカタツムリもまた、島々が連帯した脱軍事化のプロジェクトにおいて中心的な役割を与えられたことだ。マイク・ハドフィールドとデイブ・シスコは、ここ一〇年ほどのあいだ、北マリアナ諸島に属するそのカタツムリの島を守る取り組みに携わってきた。二〇一〇年、USFWSへの報告のためにパルトゥラ・ギブバがまだ生存しているかを調査すべくパガン島に向かった彼らは、当地の生物多様性に関する知識をいかして、島を破壊しようという動きに反対してきたのである。そうした動きには、海軍の演習場計画だけでなく、パガン島を二〇一一年の日本の地震によって生じた瓦礫の廃棄場にするという提案も含まれている。

アース・ジャスティスのデイヴィッド・ヘンキンも、土地の破壊に反対する多くの地元住民と共にこの闘争に加わっている。デイヴィッドは、この活動に参加する前に、マーラマ・マークアやマリアナ諸島のチャモロ人活動家と、関係者の利害が衝突する可能性について話をした。ある場所での軍事活動を阻止すれば、他の場所の負担が増すかもしれないという悲しい現実について、話し合う必要があったからだ。「喜ばしいことに、どちらのグループもその事実を受け入れてくれた。彼らは互いに連帯していたんだ」とデイヴィッドは言った。マリアナ諸島はアメリカ自治領であり、NEPAやESAといった連邦法の適用を受けるため、法的な対抗手段がとれる。一方、米軍の海外基地の大部分はその条件に当てはまらず、したがって現地の人々や動植物は、世界でもっとも資金力がある巨大な軍隊に抵抗するために自国の力に頼らざるをえない。

渓谷をあとにする時間がやってきて、マークアのすばらしい風景をもう一度見ておこうと私は振り返った。そのとき私の目に映ったのは、切り立った岩壁に囲まれた美と破壊の姿だった。マークア渓谷は、今も続く収奪と暴力の歴史を刻んだ土地であると同時に、再生と抵抗の土地でもあった。渓谷における軍事化と環境保全の関係は複雑に絡まり合っており、土地、文化、ハワイや世界の未来をめぐる闘争とも密接につながっている。

カタツムリや他の絶滅危惧種は、この世界になんとかしがみついている状態であっても、軍事活動、資源採取、乱開発などに起因する破壊行為から土地や文化を守るという、きわめて重要な役割を果たす場合がある。しかし、それは絶滅危惧種が独力で行えることではない。マークア渓谷の長く困難に満ちた歴史が示すように、カタツムリの行為者性と影響は他者と連帯することで初めて発揮されるのだ。その他者とは、カナカ・マオリ、環境保全論者、活動家、弁護士などであり、法律の制定や訴訟、コミュニティの動員、カタツムリの研究や個体数調査といったものを通じて連帯が生まれる。ハワイのカタツムリを失えば、より生きやすい世界を求める闘争において大切な味方を失うことにもつながるだろう。

個人的な望みを言えば、こうした努力がいつの日か実を結んで、世界中の軍隊の規模や活動範囲が縮小し、ひいては多様な生物や環境への悪影響がやわらぐ時代が来ることを私は願っている。しかし、たとえそれが可能だったとしても、実現するのはまだずっと先のことだろう。ここまで見てきた闘争は、そのときが来るまでに、アメリカやその他の国々の軍隊に自らの行動の責任を問い、種の保全、傷ついた土地の回復、先住民の文化の存続など果たすべき義務に向き合わせる重要な役割を担っている。結局のところ、その義務とは、本来ならば他の機関や地元コミュニティが資金を得て行うはずのものなのだが、軍の膨れ上がる予算によって、それが妨げられている。

マークア渓谷は、脱軍事化をめぐる闘争という世界的な事象に独自のかたちで関わってきた。そこで生まれた専門知識、ネットワーク、知見、そして情熱は世界中に広がり、各地の絶滅危惧種、住民、土地を守る一助となっている。カタツムリを通じた奇妙だが心強い連帯がいま生まれつつある。

第6章　囚われるカタツムリ――喪失の時代における希望のかたち

私たち四人は作業台に額を寄せ合って、カタツムリ、より正確に言えばアカティネルラ・リラ（*Achatinella lila*）の数をかぞえていた。飼育容器のなかにはカタツムリのための植物が置かれているが、それがあっても成体であれば見つけるのは難しくない。しかし、ケイキ（幼体）となると話は別だ。せいぜい二、三ミリメートルしかない小さな体は、葉についた汚れや傷と見分けにくく、気を抜くとたちまち見逃してしまう。そのため個体数の確認作業は常に二人がかりで行うことになっていた。その飼育容器からは、一八匹の成体と二二匹の幼体の計四〇匹が見つかった。数をかぞえるにあたって、カタツムリは二つのペトリ皿に分けて入れられた。おかげで私は、緑と茶の美しい殻がラボの照明で濡れるように輝く姿を存分に眺めることができた。

私たちが作業をしていたのは、カタツムリ絶滅防止プログラム（SEPP）の飼育繁殖ラボで、今回もまたデイブ・シスコ――そして同僚のリンゼイ・レンショウ、キンバー・トランブリー――が案内してくれた。SEPPは、ハワイのカタツムリが安全に過ごせる場を確保しようと精力的に活動している。このラボは、森に設置されたエクスクロージャーと並び、彼らの活動の中心に位置づけられるものだ。

ケージの掃除が終わるのをペトリ皿で待つアカティネルラ・リラ（*Achatinella lila*）の成体

アカティネルラ・リラの個体群は数年前に自然環境下から姿を消し、このラボでかろうじて生をつないでいる。それ以外のカタツムリも収容されているが、大半は野生では絶滅したか、間もなく絶滅すると考えられている種である。これらのカタツムリは、保全の枠組みに取り込まれたことで、人間の支援とケアからなる飼育下という環境でしか生きられない種の仲間入りを果たすことになった。そうした種は世界中で増えつづけている。

　この施設にはさまざまな呼び名がある。たんに「ラボ」と呼ばれる場合も多いし、もちろん非公式ではあるが、「カタツムリ監獄」や「愛の小屋《ラブ・シャック》」と呼ばれることもある。私としては、それを「方舟」と呼びたいと思っている。あるいは、「キープカ」の方が適切だろうか。つまり、最悪の破壊活動から避難させた先のセーフスペースと考えるのだ。この場所は、困難な時代からカタツムリを守り、いつの日か数多くの命とそれに伴う意味を——それまでに築いた関係や文化的つながりをいくぶんなりとも保持しながら——外の世界

に再び解放する可能性を秘めている。(1)

　本章では、この施設で生まれる特別なかたちのケアと希望について検討する。カタツムリを世界につなぎとめるには、長期間にわたる献身的な作業が必要だ。そうした作業があるからこそ、ラボは希望の場所になれる。言い換えれば、ラボの存在によってカタツムリが吹き荒れる嵐から身を隠すことで、いつか明るい未来が訪れるかもしれないという希望を捨てずにいられるわけだ。もちろん、そんな未来が本当にやってくる保証は何一つない。ここまで見てきたとおり、一部のカタツムリはなんとか生き残ったが、依然として事態は切迫している。ラボという比較的安全な空間に避難したカタツムリですら、新旧さまざまな危険にさらされているのだ。

　この状況は、ラボに収容された小さな生き物たちを今後どうやって外の世界に再導入していくか、その道筋が見えないという事実により、さらに厄介さを増している。環境保全活動家は、広々とした森にカタツムリを帰す具体的なプロセスを想像すらできていない。私が話を聞いた研究者は皆、カタツムリを森に帰すのなら、まずヤマヒタチオビを広範囲で駆除する必要があると声をそろえた。しかし、その実現方法は誰もわかっていない。だとすれば、私たちができるのは、状況が好転する日が来るまで希少なカタツムリをしっかりとつかんで、手放さないことではないか。

　この困難な時代の希望とはどのようなものだろう？　本章では、失われていくカタツムリを保全する試みに付随して生まれるある希望、すなわち「哀悼の希望（mournful hope）」について考えていく。環境破壊がエスカレートする人新世という時代にあって、希望がまだ私たちの手の届く場所にあるとき、その希望はそういった形態をとらざるをえない。地理学者のレズリー・ヘッドは次のように述べている。「悲嘆という連れ合いは、今後ますます私たちと共にあることでしょう。悲嘆は、何らかの対処をしてそこ

227　第6章　囚われるカタツムリ

から先に進むものではなく、その存在を認めて胸に抱きつづけるものなのです」[2]。これから見ていくように、ハワイのカタツムリの保全活動において、希望とはユートピアを臆面もなく提案することではない。むしろそれは、度を増していく破壊に直面してもケアや責任を放棄せず、まだ手の届くところにあるはずの関係や可能性をつかみとろうという試みとして現出するものだ。

囚われの身をケアする

そのラボは少々変わった環境に設営されている。オアフ島東部のウインドワード・サイドにあるマウナウィリ地区、ハイウェイ脇の緑豊かな丘の中腹に停めた全長一三メートルの移動式住宅《トレーラーハウス》内にそれはあるのだ。おせじにも理想的とは言えない環境だ。実際、初めてラボを訪れた日、親切にも車を出してくれたデイブは現地に到着するなりこう言った。「着きましたよ。沼にはまったトレーラーです」

SEPP自体がそうであるように、ラボもまた驚くほど慎ましやかな予算で運営されているが、それでも以前に比べれば随分ましになったのだという。二〇一六年後半にここができるまで、カタツムリを飼育できる場所は、本書冒頭で触れたジョージとの出会いの場、ハワイ大学マノア校だけだった（この飼育施設は一九八〇年代半ばにマイク・ハドフィールドが立ち上げたもので、スタッフの大半が学生とボランティアだった）。先に見たとおり、ハワイのカタツムリ保全への投資は、ここ二、三〇年で徐々に拡大してきている。当初は、絶滅危惧種法（ESA）で指定された大型の樹上性カタツムリだけが対象だったが、今では、絶滅危惧種を（資金と人員が許すかぎり）すべて保全するという、より包括的なアプローチをとるようになった。このラボは、そうした取り組みの中心拠点である。

金属製の小さな階段をのぼり、デイブと私はトレーラーハウスのドアを開けた。なかに入るとすぐに小さなオフィスがあり、数台の机とコーヒーメーカーなどの必需品が置かれていた。しかし、トレーラーハウスの大部分はラボエリアだ。外観からはおよそ想像もできないが、ラボは病院を思わせる雰囲気をたたえていた。すべての備品が所定の場所に置かれ、掃除と滅菌が行き届き、かすかな化学薬品の匂いが漂っている。この施設では、魚や小動物を飼うテラリウムのようなプラスチック製の飼育容器のなかで、カタツムリの小さな個体群が一生を過ごす。容器は「ケージ」と呼ばれ、葉の表面についた微生物を食べるもの、腐食性のものなど、それぞれの住人にふさわしい植物が入れられている。ケージは通常、七台ある環境室内にしまわれている。環境室は高級な冷蔵庫のような見た目だが、それぞれのカタツムリに適切な温度と湿度を再現する必要があるため、実際に行っている仕事は普通の冷蔵庫よりも複雑だ。このラボは、ケージという一つのユニット内に森の環境を疑似的に再現することを目指した、カタツムリの第二の故郷とも言える施設だ。

ラボには、四〇種、約五〇〇〇匹のカタツムリが暮らしているが、それを健康な状態に保つには、かなりの手間と時間が必要になる。その作業の大半を一手に引き受けているのが、ラボマネージャーのリンゼイ・レンショウだ。各ケージは二週間ごとに環境室から取り出され、記録と掃除が行われる。まず取りかかるのはカタツムリの数をかぞえることだが、この作業には短くても一〇分、長ければ一時間以上の時間がかかる。いちばん早く終わるのは、亜成体の樹上性カタツムリのケージだそうだ。比較的大きくて簡単に見つかり、繁殖もしていないので、厄介なケイキもいないからだ。一方、私が作業に加わったアカティネルラ・リラがそうだったように、繁殖を終えたカタツムリがいるケージは、二人がかり

SEPPのラボで飼育されているアカティネルラ・ムステリナ（*Achatinella mustelina*）

の確認が必要なこともあり、ずっと多くの手間と時間がかかる。ケイキが一匹見つからなかったばかりに、取り出した植物をひっくり返して、二〇分以上さがすはめになったこともあるという。

それ以上に大変なのが、レプタカティナ・ヴィトレオラ（*Leptachatina vitreola*）やクッケコンカ・ヒストリケルラ（*Cookeconcha hystricella*）といった小型のカタツムリのケージである。これらのカタツムリは小さな卵を大量に産むだけでなく、それを樹皮のあいだに隠すように押し込むため、数をかぞえるには顕微鏡とピンセットが必需品になる。リンゼイたちは、こうした地道な作業を通じて、カタツムリの卵の数や状態を細かく記録している。死亡率や繁殖率を追跡して、個体数の減少を未然に防いだり、問題が起きたときには迅速に対応できるのは、この日々の努力のおかげなのだ。

カタツムリをかぞえ終えたら、次はケージの洗浄と蒸気滅菌が待っている。リンゼイによると、「滅菌にはとても力を入れています」とのことだった。作業の際には、手術用の手袋をつけ（頻繁に取り換える）、手のひらの面にエタノールをたっぷりと塗って、病原体を他のケージに移してしまわないよう注意を払っているそうだ。洗浄が終わると、新しい植物を入れ直す。そうした植物は、樹上性カタツムリの場合であれば、二、三日に一度、野外で枝などを集めてくる。たいていはエクスクロージャーなどの施設の定期点検に行ったときに採取し、あとで使う分は冷蔵庫で保存しておく。なお、他のカタツムリが撒き散らす病原体のリスクを避けるために、植物は標高の高い森で集めるようにしている。採取してきた植物は、昔のようにケージにただ放り込めばいいというものではない。その作業には科学、あるいは芸術が必要だというのだ。リンゼイは次のように語っている。

フラワー・アレンジメントみたいなものですかね。なかに入れたものが自重で崩れてしまわないよう、ケージを正しく組み立てなくちゃいけません。そうじゃないと、崩れたところからぐちゃぐちゃになって、腐ったり葉が落ちたりして、カタツムリに悪影響が出るからです。それが原因で死ぬことだってあるかもしれません。だから、正しく組み立てる必要があるのです。

ケージには、植物の他に補助の餌も入れておく。この餌はSEPPチームが数日おきに作っているもので、ペトリ皿に入れたポテトデキストロース寒天培地に、カタツムリの好物であるクラドスポリウムという菌を接種したものだ。こうして一通りの作業が終わると、ケージは再び環境室に戻される。とはいえ、これで万事安心というわけではなく、その後もちょっとした作業が待っている。たとえば、ケージ内の水分量の調整もその一つだ。植物の組み合わせはケージによって異なるため、含水率もさまざまで、定期的に確認しないと、乾きすぎたり湿りすぎたりしてしまうからだ。ラボには約七〇のケージが

231　第6章　囚われるカタツムリ

あり、すべての世話を終えるには二週間かかる。そして最後の一つが終わった瞬間に、また最初の一つが始まるのだ。この「キープカ」でカタツムリを飼育することは、細やかで献身的なケアの作業なのである。

ラボは喪失のプロセスの荒波を絶えず受けているとはいえ、希望を生み出し、抱きつづけるための重要な拠点である。というのも、この場所があるからこそ、いつの日か外の世界の障害が取り除かれたあと、カタツムリたちがそこに戻る可能性が担保されるからだ。希望は普通、楽観主義の同義語として捉えられる。つまり、ある特定の状況が出現することを期待するわけだ。だが実際には、希望はもっと移り気で謎めいたふるまいを見せる。作家のレベッカ・ソルニットはこう書いている。「希望とは、未知なるもの、知りえぬものを受け入れることであり、楽観主義者と悲観主義者の確信に取って代わるものだ」[3]。望んでいる未来が訪れる、あるいは訪れないと確信しているのなら、どちらにしてもそれは希望とは呼べない。希望は、この両極のあいだにある両義性、可能性の空間にこそ存在している。だからこそ希望は、私たちが仕事に取りかかり、なすべきことをするよう働きかけることができるのだ。ラボにおける希望は、毎日のケアと配慮というかたちをとり、それによって個々のカタツムリ、ひいては種が維持される。それは、しっかりと地に足のついた実際的な希望であり、未来に向けたケアの実践である。[4]

しかしだからといって、そこに危険が潜んでいないわけではない。

一連の作業を終えてアカティネルラ・リラのケージを環境室に戻すとき、リンゼイは霧吹きで蓋に水をさっと吹きかけた。彼女によると、このなんてことのない一手間がカタツムリの生死を左右するのだという。蓋への霧吹きは一日の仕事を終えるときにも必ず行われるが、そもそもはある推測から始まった作業だ。あるときリンゼイは、ケージの蓋の裏側で殻を密閉したまま死んでいるケイキが定期的に見つかることに気づいた。環境室内の噴霧ノズルも、すべてのケージの蓋を潤すわけではないらしい。そこで彼女は次のような仮説を立てた。若いカタツムリたちは、外部からの水分がなければ密閉状態から抜け出せないのではないか？　あるいは、抜け出す合図として水を必要としているのではないか？

どうやら、その仮説は当たっていたようだ。殻に閉じこもったケイキは水分不足で死んでいた。ハワイ大学マノア校の生物学者メリッサ・プライスの説明によると、この休眠行動は森では有効で、小さくて脆弱なカタツムリを乾燥から守ってくれるのだという。そして森であれば定期的に雨も降り、それを利用して休眠状態から抜け出すこともできる。「この行動は自然環境では適応的ですが、ラボではそうとは言えないのです」。霧吹きで蓋を濡らすという単純な対策によって、ケイキの生存率は二倍にまで高まった。

SEPPチームは別の工夫も導入しており、それによって今度は成体の死亡率を下げることに成功した。導入前、大型の樹上性カタツムリの主な死因の一つに（やや風変わりなかたちの）共食いがあった。ここで決定的な役割を果たしていたのがカルシウムだ。カタツムリは、カルシウム不足になると殻の一部が劣化することがある。このとき、同様にカルシウム不足の他の個体が目ざとくそれを見つけ、その劣化した部分を食べることで、殻に蓄えられたカルシウムを取り込む。こうして狙われた個体は、殻を破壊されると同時に傷も負い、最終的には死んでしまうことになる。SEPPチームは、この状況に気づくやいなや独創的な解決策を考案した。死んだヤマヒタチオビの殻を滅菌してケージに入れ、代わりにそれを食べさせたのだ（その際、ケイキが殻に閉じ込められないよう内部を糊で充填した）。「つまり、祖先が奪われたカルシウムを返してあげたわけです」とデイブは説明した。

このように管理手順に常に工夫を加えてきたおかげで、ラボで飼育されているカタツムリの状態は概して良好である。しかし、たとえどれだけカタツムリの生活を観察し、そのニーズに応えようとしても、うまくいかないこともある。二〇一八年九月に起きた事件は特に深刻だった——病原体、寄生虫、あるいは有害物質が、ラボに侵入してしまったのだ。リンゼイはこう説明する。「すべてをコントロールすることはできません……外から植物を持ち込んでいるかぎり、こうした事態も起こりうるのです」。そのときも原因は植物だったようだ。同じ場所で採取した植物を入れた五つのケージのカタツムリに異変が見られた。具体的には、動きが緩慢になり触角も垂れ下がり、普段は休息しているはずの昼間に活動するようになった。そして大量に死んだ。「カタツムリは軟体部を殻から出して死んでいました。まるで何かに追われているようでした」とデイブは当時を振り返っている。これに対しチームはすぐさま対策を練り、生き残っているカタツムリたちを予備の餌と共に別の場所（小さなプラスチック容器）に隔離することにした。リンゼイとデイブは事態の推移を固唾を呑んで見守った。ありがたいことに、この方法はうまくいった。多くの個体は死んでしまったが、種が失われることはなかったのである。やがて状況も安定しはじめ、生き残ったカタツムリは滅菌したケージに無事戻された。

同じような事件は、その数年前にも起きている。ラボで飼育していたある腐食性カタツムリのケイキの大半が、突如として次々と死にはじめたのだ。もちろん、ＳＥＰＰチームはそのときもすぐに原因究明に乗り出した。「私たちは、何が起きているかを早急に調査し、ついに顕微鏡のなかにその答えを見つけたのです」とデイブは言った。見つかったのは、カタツムリの殻口周辺に集まった小さなダニの群れだった。デイブたちは、顕微鏡とピペットを使ってカタツムリを一匹ずつ洗浄し、ダニを洗い流した。そのダニは、カタツムリの餌となる枯葉や腐葉土にまぎれて持ち込まれた可能性が高いと考えられた。その教訓から、今では、腐食性カタツムリに与えるものはすべて一度冷凍し、ダニ検査も定期的に行われるようになった。

こうした事件は今後も起こる可能性があり、それを考えれば、ラボは当初思われていたような安全な場所とは言えないかもしれない。日常的な世話、記録、検疫によって、病原体が広がるリスクは最小限に抑えられていても、完全に排除できるわけではないからだ。憂慮すべき潜在的問題は他にもある。たとえば、環境室の電源がいっせいに落ちたらどうなるだろうか？　他のカタツムリ保全施設からは、電気系統が故障したせいで重大な被害が生じた事例が報告されている。繰り返すが、この種の不確実性はある程度なら抑えられても、完全には克服できない。SEPPのラボには、予備の発電機と、環境室をモニタリングする独立した警報システムが備え付けられていて、環境室が設定温度から一度でもずれば、スタッフ全員に電話、メール、メッセージが自動的に送られる仕組みになっている（インターネットや電力システムに依存しない無線通信方式を採用している）。

では、火災や嵐など、ラボから退去せざるをえない状況にはどう対処するのか？　デイブたちはそのための緊急避難計画も用意していて、幸運だった側面はあるものの、実際にうまく機能してきた。たとえば、二〇一八年、大型ハリケーン「レーン」がハワイに接近した際は、ラボのカタツムリをホノルル中心街にある州庁舎にすべて避難させることができた。避難は滞りなく行われたが、労力は並大抵のものではなかったという。二〇二〇年初頭にデイブと話したときには、今はほっとしているが、将来が心配だと言っていた。「当時はまだカタツムリも一二〇〇匹だったので大丈夫でした。でも、今は五〇〇匹ですから」。その数か月後、デイブの懸念の正しさが証明された――大型ハリケーンの「ダグラス」が発生したのである。しかし、意志あるところに道は開ける。デイブたちのチームは、大規模な輸送作戦を実施してカタツムリをホノルルまで移動させ、環境室の外でも快適に過ごさせることに成功した。

要するに、ラボとその住人の安全を確保するために、合理的かつ適切な予算でできることはすべて行われているということだ。一方で、こうした備えは、歯車が一つ狂えばそのすべてがどれほど簡単に機能しなくなるか、その代償がいかに高くつくかを思い起こさせるものでもある。トレーラーハウス内の人工の森は、カタツムリが直面するヤマヒタチオビなどの深刻な脅威に対抗する防御施設ではあるが、それによって新たな脆弱性が生まれているのも事実だ。簡単に言ってしまえば、このラボは長期生存戦略にはふさわしくない。リンゼイやデイブたちの多大な努力にもかかわらず、ラボという保全施設とそれを支える希望は、とても脆いものなのだ。[6]

喪失の時代における希望

実のところ、ラボが長期プロジェクトになることを望んでいる者は誰もいない。マイクも、ハワイ大学に最初のカタツムリ飼育施設を作ったときを回想してこう語っている。「世界最大のカタツムリ園を作る気はさらさらなかった」。にもかかわらず、その施設と後継施設は、今日まで三〇年以上にわたり廃止されずに存続してきた。さまざまなカタツムリが、幾世代もこの施設のなかで一生を終えてきた。

236

そればかりか、ラボやエクスクロージャーに暮らす種のほとんどは、当面のあいだこの保護された空間の外に出ることはない。現段階では、回復と野生環境への復帰を可能にするためにどんな工程を踏む必要があるのかすら想像できないでいる。

　カタツムリを森に戻すには、ヤマヒタチオビを根絶するか、少なくとも広範囲で除去する必要がある。もちろん、ヤマヒタチオビは数ある捕食者の一つにすぎない。しかし、粘液を頼りに追跡してくるヤマヒタチオビさえ取り除ければ、ラットやカメレオンのような捕食者には対処可能だという見方もある。関係者全員がそう考えているわけではない。だが、ヤマヒタチオビを広範囲で除去できなければ、森にカタツムリを放しても捕食者の食料が増えるだけという点では、意見は一致している。いくら広くても、除去するのが一部の区画にとどまるのなら、一時的な解決にしかならない。時間がたてば繁殖して、再び元の場所に戻ってくるからだ。「島全体から追放しなければならないが……今のところ、その現実的な方法が見当たらない」とブレンデン・ホランドは嘆息している。

　とはいえ、ブレンデンやデイブ、そして私が話をした活動家たちは、捕食者の管理技術が発展すれば、今後状況が改善するかもしれないと希望をもっていた。もしかすると、「希望をもっていた」というより、「希望をもっていたかった」といった方が正しいのかもしれない。実際、この話題になると持ち出されるシナリオがいくつかあったが、そのどれもが机上の空論ですぐに実現はしないし、たとえ実現したとしても相当なリスクを伴うだろうと、誰もが考えていた。

　そんなシナリオのなかで、もっとも頻繁に耳にしたのは、ＣＲＩＳＰＲ《クリスパー》などの遺伝子編集技術だった。近年このアプローチは、ＨＩＶや遺伝性失明の新しい治療法から環境保全への応用の可能性まで、あらゆる分野で大きな注目を集めている。ハワイの環境保全活動家は、こういった技術を利用して蚊をコントロールし、地元の鳥に壊滅的な損害を与えている鳥マラリアを抑制する可能性についても検討している。とはいっても、まだ実験室レベルでの研究が進められているだけで、実用までには越えるべきハードルがいくつもある。ハワイのカタツムリの場合、その種の研究は着手すらされておらず、病気を媒介する蚊に比べれば、研究者や助成団体の関心はかなり低いと言わざるをえない。この可能性について言及したデイブたちもそれは承知している。デイブは、ゲノム編集を利用できるようになるまで、どんなに早くても二〇年はかかると見ている。

いつの日か状況が好転するとして、それはどんなかたちで実現するのだろうか？　それに対するブレンデンの答えは、フェロモンを利用した罠の性能が向上すれば、ヤマヒタチオビに的を絞った効率的な根絶が可能になるかもしれないし、より広い範囲で継続的に管理、駆除できるようになるかもしれない、というものだった。しかし、これについても現段階では希望的観測にすぎないと彼は付け加えた。

他方、害虫としてカタツムリやナメクジを駆除するために農業で広く使われている寄生性線虫の可能性を唱える人もいる。それを島に放てば、ヤマヒタチオビを駆除できるかもしれないというのだ。今のところ、その線虫がヤマヒタチオビに有効なのか、あるいはその他のハワイの固有種も標的にしてしまうのかを判断する研究は行われていない。しかし、私がハワイで話を聞いた生物学者の大半は、この計画にはきわめて慎重な態度をとっていた。そもそもヤマヒタチオビ自体が、調査も見通しも不十分な生物防除の一環として導入された外来種だったことを考えれば、これは少しも驚くことではないだろう。

温度と湿度が調整され、捕食者の脅威がなくなった空間に収容され、カタツムリたちは今日も比較的元気に暮らしている。ところが私たちは今、ハワイのカタツムリの大半がこの施設に当分のあいだ暮らしつづけるか、それすらできなくなるかの瀬戸際に立たされているようだ。ラボの壁の内側で、カタツ

238

ムリはゆっくりと数を減らしていき、最終的にこの世界からこぼれ落ちてしまうかもしれない。あるいは、正体不明の病原体によって瞬く間に絶滅してしまうかもしれない。このリスクは、二〇一九年にジョージが死に、アカティネルラ・アペックスフルヴァが絶滅したときに、にわかに顕在化するようになった。その一方で、飼育下でもなんとか生き残る種もいるだろうし、繁栄する種もいるかもしれない。アカティネルラ・リラは、まさに後者の「サクセスストーリー」を歩んできた。約二〇年前に飼育を始めたときはわずか六匹だったが、現在では数百匹まで増えている。こうした状況を知ると、カタツムリの生命力に違いがあるように思えるかもしれないが、現実にはどの種も非常によく似た状況に置かれている。繁殖率の高い種は、そのことを見えにくくさせているだけだ。そうした種もまた、自分の世界が回復不能なかたちで失われていくなかで必死に持ちこたえてきたという点では、他のカタツムリと変わるところはない。

このラボが本当に方舟のようなものであれば、この難しい状況をどう理解すべきだろうか？　一度乗り込めば二度と降りられない方舟とは、どんな存在なのか？　水が決して引かず、勢いを増しつづける嵐に翻弄され、乗員がどんどん増えていく方舟から、私たちはどんな意味を読み取ればいいのか？

一九八五年にマイケル・スレが発表した古典的小論「保全生物学とは何か？」以来、私たちは保全を「危機対策の学問分野」と見ることを慣わしとしてきた。この文脈において、絶滅危惧種の取り扱いは、集中治療、介入、トリアージなどを行う緊急救命室の業務にたとえられることがよくある。ラボも、表面上は緊急救命室的な保全の典型例に見えるかもしれない。だが、実際はそうではない。集中治療には、その対象が回復するかもしれないという含みがある。保全に当てはめれば、種に応急処置を施せば、元の状態に戻るかもしれないということだ。しかし、回復の見込みが失われた場合はどうなるのか？　少なくとも、ラボを住み処としているカタツムリのなかには、自然環境に戻れないものも出てくるだろう。どれほどのカタツムリがその運命をたどるのかはわからない。ラボのような飼育施設の多くが緊急救命室よりもホスピスに似た様相を呈するとき、いったい何が起こるのだろうか？

これはハワイのカタツムリだけの話ではない。実のところ、ますます多くの動植物が同様の状況に追い込まれている。ガラパゴス諸島のゾウガメやアフリカのシロサイからハワイの鳥類やカタツムリまで、世界各地の多くの個体と種が、動物園や飼育繁殖施設といった奇妙な環境で、人間の手を借りながら、最後の日々を過ごしているのだ。非常に多くの種が絶滅の危険にさらされている現在、状況が悪化すればするほど、生き残っている個体を（比較的）安全な場所へと移動させることが魅力的な選択肢として立ち現れてくる。しかし、いったん避難させた種が再び元の生息地へと帰れる保証はない。実際、再導入計画のレビューを見ると、動物を復帰させる適切な場所を確保できなかったなどの理由で、大半の計画が失敗していることがわかる。[9] それを考慮すれば、生き物を飼育しつづけるとは、保全活動よりむしろ、絶滅をゆっくりと引き延ばす行為だということがわかる。どこまでも進む破壊を止めることもままならず、人新世は、（一部の）人間の行為によってある程度意識的に、人間以外の種の生と死がますます方向づけられる時代になった。

このような時代の希望とは、いったいどんなものなのか？　終わらない喪失のプロセスのただなかで種をケアしつづけることに、いったい何の意味があるのか？　レズリー・ヘッドは、希望には楽観主義は必要ないことを示した。[10] 希望をもつためには、何かが実現しそうだと感じたり信じたりする必要はない。むしろ、希望とは可能なことの実践だ。ラボの仕事における希望は、いつの日か正しい世界がやってくるというユートピア的なビジョンではない。少なくともハワイのカタツムリにとって、もはやそうした未来を思い描くことはできない。そこでの希望とは、傷ついた地球で何とかやっていくことであり、献身的なケアと関心によって、より良い状況――たとえそれが何もしなかった場合よりは良い状況にすぎないとしても――が生まれる可能性を手放さないことなのだ。人類学者のアナ・チンは、こうしたことを「廃墟でのガーデニング」と呼んだ[11]。それは、美と可能性を全力で涵養する仕事であり、喪失はケアと責任の義務を免除しないと主張する仕事である。

デイブと交わした何時間もの会話を通じて、この視点は彼がＳＥＰＰの仕事をどう見ているかに似ているという結論に私は達した。デイブは希望を抱いて仕事をしている。しかし一方で、彼の楽観主義はとことんまで抑え込まれてもいる。それでも、デイブを見るといつも思い出すように、ラボやエクスクロージャーによってつなぎとめられる可能性がどれほどもろく、制限されたものであろうと、そこに暮らすカタツムリがいなければ、そもそも希望をもちようがないのだ。実際デイブは、新しいエクスクロージャーを作り、ラボの収容能力を高めることで、より多くのカタツムリを受け入れようと積極的に取り組んでいる。それ以外に何ができるというのか？　少なくともカタツムリが生きているあいだは、可能性の扉が閉じられることはない。

他方、哲学者のシャンタル・ムフが指摘するように、この喪失の時代には「希望は危険な演じられ方をする場合が珍しくない」ことも忘れてはならないだろう[12]。環境保全のコミュニティには、悲観論を避け、未来には希望と「良い知らせ」が待ち受けていると考えることが標準的な態度になっている人たちがいる。[13] ヘッドが語っていたように、「西洋には、『陰鬱な商人〔暗い見通しばかり口にする人間〕』になってはならないという強い文化的圧力がある」。[14] こうした考えに従えば、希望そのものよりも、何かを望むという行為や、未来のある方向に他者の背中を押すという行為の方が重要視されることになる。だが、何かを漠然と望むことが必ずしも有益だとは限らない。希望は無垢ではありえない。どのような希望がどれほどの代償を払って実現されるかが問題なのだ。

カタツムリの生命をラボやエクスクロージャーでつなぎとめることで、カタツムリには何らかの未来が保証されるかもしれない。しかし、これは裏を返せば、カタツムリが暮らしていた土地での破壊行為を継続させることにもつながる。その経緯はマークア渓谷で見たとおりだ。カタツムリの保全における軍の役割はたしかに両義的なものだった。だが、それを踏まえてもなお、次の指摘の重要性が変わることはない。すなわち、絶滅の危機に瀕したカタツムリや植物が軍用地外にある保全施設で「バックアップ」されているという事実は、軍がこれほど長く破壊行為を続けてこられた主要因となっている、ということだ。

そこにはまた、希望によってもたらされかねない、もう一つの暴力もある。ハワイのカタツムリが暮らせる環境を森に作るという提案は、ほとんどの場合、ヤマヒタチオビの根絶や、ラットやカメレオンなどの他の捕食者を殺しつづけるという考えが前提となっているからだ。捕食者の生命や苦しみの相対的な重要性をどう考えるにせよ、ここでの私たちの希望が、他の生き物の破壊の上に成り立っているのは紛れもない事実だろう。

だからといって、ハワイのカタツムリを諦めるべきだとか、その未来への希望を諦めるべきだと言いたいわけではない。私の主張は単純だ――希望を配慮の行き届いた責任あるものにしようと思えば、継続的に関心を向け、検証を行う必要がある。それは、希望によって未来が生まれる存在と、未来が閉ざされる存在の両方にとって必要なことなのだ。

哀悼の希望

ラボを初めて訪れた日の午後、ホノルルに戻る車のなかで、デイブと私は環境室から姿を消したカタツムリの話をした。私たちは、島の東部、ウィンドワード・サイドからリケリケ・ハイウェイに入り西を目指していた。ハイウェイがコオラウ山脈を貫くトンネルに差しかかるあたりの景色は、いつも私に畏怖の念を抱かせる。目の前には急峻な山脈。切り立った岩肌を覆う木々は、数百万年の侵食によって刻まれた幾筋かの垂直の溝によって、ところどころ寸断されている。コオラウ山脈の中心部から少し北に行ったところにあるこの壮観な光景は、ラボで飼育されていたかもしれない、あるカタツムリが生息していた場所でもある。

車を走らせながら、デイブはアカティネルラ・ププカニオエ（*Achatinella pupukanioe*）の喪失と再発見、そしてさらなる喪失について話をしてくれた。このカタツムリは、ハワイマイマイ属（*Achatinella*）は生息していないと考えられていたハイキングコースで、二〇一五年に再発見された。一九八〇年代からこの方ハワイマイマイが目撃されたことがなかった地域にある一本の大きな木に、そのカタツムリは暮らしていたのである。目視できたのは一〇匹ほどだったが、おそらくもっと多くの個体が人知れずひっそりと暮らしているはずだった。デイブの説明によると、夜間には簡単に見つけられるが、昼のあいだは住み処にしている木の丸まった葉のなかなどに隠れているのだという。

昼に行っても一匹も見つからないでしょう。でも夜になると、姿を現して這いまわりはじめるんです。私たちが向かったときには、一本の木にしか見つからなかった。周囲もくまなくさがしてみましたが、やはりその木だけでした。

見つかったのは、かろうじてこの世界にとどまっていた、ごく小規模な個体群だったようだ。実際に目にするのは初めてだったので、デイブたちのチームは、まず写真を撮ってノリに同定を依頼し、後日、遺伝子サンプルを採取して保管した。その結果、それが絶滅したと考えられていたアカティネルラ・ププカニオエだとわかり、デイブは難しい選択を迫られることになった。

当時はまだ、SEPPのラボは稼働していなかった。ハワイ大学のラボはあったが、その少し前に起きた原因不明の大量死の余波のせいで、カタツムリを新たに連れてくるのはためらわれた。そこでデイブは、アカティネルラ・ププカニオエをそのままにしておくという判断を下した。しかし二〇一七年、新設されたラボで保護するためにその場所に戻ってみると、個体群は忽然と姿を消していた。デイブはこの悲劇について、「木を切り倒して、葉の最後の一枚まで確認しました。でも、見つからなかったのです」と証言している。周囲の木々も調べたが、やはり何も見つからなかった。「たぶんヤマヒタチオビにすべて食べられてしまったのでしょう」とデイブは言った。

ラボの仕事に悲嘆は付きものだ。ラボで生まれる希望は哀悼の希望であり、それまでに失われた生命への思いにとらわれた希望だ。実際、デイブやリンゼイをはじめ私が話を聞いた熱心なカタツムリの保護者たちは、「生態学的悲嘆」を日々感じている。これは決して大げさな話ではない。気候変動やそれに関連する現象の影響によって、個人や共同体が「大切な種、生態系、景観《ランドスケープ》」の喪失に苦しまざるをえない状況が、ますます当たり前になってきているのだ。[15] カタツムリの保護者たちは、死や絶滅を日常に携えながら仕事に取り組んでいる。アカティネルラ・ププカニオエについて語るデイブの言葉からも、それはうかがえるだろう。「好機を逃してしまったと思いました。せっかく目撃した最後の個体をみすみす失ってしまったのです……。ここ数年、私たちはいつも五分遅れのような気がしています」

状況のひどさを飲み込んだときにはもう、ハワイのカタツムリに夢中になっていた。私は、カタツムリにとって本当の意味での「回復計画」が存在しないことを徐々に理解し、受け入れた。言うまでもなく、そうなったのは関係者の努力が足りないからではない。現時点での現実が反映されているにすぎないのだ。こんな状況にもかかわらず、私はハワイのカタツムリの苦境を深く知るほど、希望をもつことの大切さを実感するようになった。ただし、私たちがいま必要としている希望――少なくともそれを携えて生きる道をさぐる必要がある希望――は、悲嘆が織り込まれた希望だ。私たちの希望は、ケアの作業であると同時に死を悼む作業でなくてはならない。その代償と危険を真正面から考慮する必要がある作業であり、これまで失われてきたもの、これからも失われていくであろうものを讃え、認める作業でなくてはならない。

そのような希望にとって、ラボはきわめて重要な場所と言えるだろう。悲嘆や死への悼みは、希望とはさほど結びついていなくとも、その内部に新しい理解、関係、可能性の種子をはらんでいる。喪失は、たしかに私たちを消耗させる。しかしその一方で、世界における自分の立場を再考させ、関与を強化して行動を変えるよう迫る出会いにもなりうる。社会科学者のネヴィル・エリスとアシュリー・カンソロはこう書いている。「集団が経験する生態学的悲嘆は一つにまとまって、場所、生態系、種といった、私たちを触発し、育み、支えてくれるものに対する愛情と関与を強化するようになるかもしれない(16)」。このように私たちは、希望と悲嘆を切り分ける短絡的、二元的な理解から脱し、周囲の生き物たちとの関係において、この二つの反応が互いに密接に絡まり合うさま、今後ますますそうなっていくさまを正しく理解することができるだろう。

このような時代に私たちが必要とする哀悼の希望は、証人になるという作業に根ざしたものとなる。証人になるとは、まず第一に、私たちが破壊した世界に暮らしていた個体と種、たとえば、アカティネルラ・アペックスフルヴァのようにすでにラボから姿を消したカタツムリや、アカティネルラ・ププカニオエのようにラボにすらたどり着けなかったカタツムリに対する誠実な行為である。一方でそれは、プラスチック容器のなかで一生を過ごさなければならないカタツムリ、容器のなかで命運が尽きる大型のカタツムリに対する誠実な行為でもある。

この考え方に従えば、たとえカタツムリを元の世界に戻すことができなかったとしても、その種をできるだけ長く飼育しつづけることは、ある程度の責任を育む努力として理解されるのかもしれない。つまるところ、それ以外に私たちにどんな選択肢が残されているというのか？　この期に及んで責任を回避しようとすれば、二重の暴力を押しつけることになってしまう。つまり、私たちの意図的な無関心に、それらの種を絶滅の縁に追いやった不注意と軽視の暴力が付け加わることになる(17)。こうした絶滅に対する無関心は、哲学者のジェイムズ・ハトリーが指摘したように、私たちを傷つけ、人間性を危険にさらすものである。[18]

証人になるとは、目を背けるのを拒否すること、他者への信頼をもちつづけることである。人類学者のデボラ・バード・ローズは、絶滅に対峙したときの証人の義務について教えている。目を背けるのを拒否することとは、「私たちが大きな変化を実現できるか否かにかかわらず、私たちの生命と絡まり合っている他者の生命に誠実でありつづけること」だと彼女は言った。[19] またローズは、こうして目を向けることは、「他者からの呼びかけに応じられるように自己を位置づけようとする意志……責任への意志、出会いと応答の選択」だとも考えていた。[20]

証人になるとは、独自の力強さをもった希望の行為である。それは、成功という単純な概念よりも控えめでありながら根源的でもある希望、そして、現代のひどい閉塞感のなかでも他者との関係と責任説明の最善のかたちを育むことができるかもしれないという希望に根ざした行為だ。[21] 私にはこれは、絶滅の瀬戸際に立たされているハワイのカタツムリやその他の無数の種に対する、私たちの最低限の義務のように思える。

証人になるとはまた、こうした知識を他者と共有することであり、死と絶滅を前にして沈黙を拒絶することでもある。共有するという行為は、少なくとも部分的には、それによって変化が起こるかもしれないという希望に根ざしている（変化が起こるのは共有した相手に限らない）。これもまた、ラボによって可能になり、すでにある程度はラボが担っている「哀悼の仕事」だ。定期的に報じられては、たまに注目を集めてもすぐに忘れ去られてしまう絶滅のニュースとは対照的に、ラボは激しい喪失が継続的に繰り返される場所である。もちろん、それだけではない。ラボはまた、カタツムリが生きつづける場所であり、献身的なケアの場でもあるからだ。それでも、このケアのプロセスに並行し、ときに絡まり合いながら、とことん破壊された世界にしぶとく生きる小さな生き物がますます増えているという悲劇的な現実がある。

ラボは、学生、作家、ジャーナリスト、伝統文化の実践者、私のような哲学者がこの現実に遭遇する場をもたらしてくれる。また、ラボを通じて考えたことが本書を血のかよったものにし、その考えは本書を通じて世界へと広がっていく。それによってラボは、現在進行中の喪失を目に見えるかたちにし、共有し、証言する役割を担うことになった。他の方法であれば、それを実現するのはずっと難しかったことだろう。要するにこのラボは、人々が喪失——過去の喪失、これから起こる喪失、いま起きているが誰も気づかない喪失——に対峙する場所を生み出している。

はっきりとは気づいていなかったが、執筆が終わりに近づいてきた今、私は本書そのものが、まさに先に述べた意味での「哀悼の希望」の行為であると実感している。断っておくが、それは私が希望を捨てたということではない。ハワイのカタツムリを知る機会に恵まれた多くの人と同様、私もまた、カタツムリが再び森で暮らせる日が来る可能性を手放していない。たしかに実現への道筋は見えていないかもしれないが、それが実現可能となるときのためにできることはある。あらゆる手を尽くしてカタツムリを生き延びさせることだ。ただし、そこにも哀しみがあることを忘れてはいけない。森へ帰るという未来は、すべてのカタツムリに訪れるわけではなく、ほとんどの種、あるいはあらゆる種には別の運命が待ち受けているからだ。

本書に息づく哀悼の希望は、カタツムリとその世界に対する深い理解と不思議の感覚《センス・オブ・ワンダー》を育もうとする試み、あらゆる生き物が繁栄する道がどのようなものかを考えさせ、新しい発想を与える物語を語ろうとする試みというかたちをとる。その希望はまた、絶滅の縁に生きる生命に敬意と感謝を示す試みであり、この世界で起きている解体と傷つきの途方もないプロセスに対峙し、それと共存し、その物語を共有しようとする試みでもある。つまり私は、現代という時代が、私たち全員が変わるかもしれないという希望を抱きながら、このカタツムリの物語を語ってきた。もちろん、そんな未来は実現しないかもしれないし、もうすでに手遅れなのかもしれない。だがそれでも、やはりこの物語は語られるべきだと私は確信している。

エピローグ

焼けつくような日差しを浴びながら、岩だらけの海岸線を歩く。細い砂利道の左側は急な下りになっていて、そのすぐ先は海。道の反対側に目をやると、玄武岩が露出した崖がそびえ立っているのが見える。地面は乾燥し、ところどころに背の低い植物が群生している。私たちは、こんな風景のなかをオアフ島最西端のカエナ・ポイントに向けて歩いていた。同行者はまたしてもブレンデン・ホランドだが、前回とは周囲の環境がずいぶん違う。まとわりつく暑さは、乾いた地面全体から発せられているようだ。私たちがいる島のリーワード・サイドは、冬の数か月を除いて、めったに雨が降らない。そうした気候や、海水、強風の影響が相まって、ここで見られる植物はずんぐりとした茶色い草や低木の茂みばかりである。海岸に打ち寄せる冷たい波と奇妙なコントラストをなす不毛の大地だ。立派な岩を見つけたので、私が立ち止まって驚嘆まじりに眺めていると、ブレンデンが振り返り、笑いながらこう言った。「ワイキキからずいぶん遠くに来ちゃったね」

私たちがこの荒々しくも美しい海岸線を訪れたのは、古代のカタツムリの痕跡を見つけるためだ。普通これほど乾燥した土地では、水分を命綱とする腹足類は生きていけない。かといって、ここが昔から今日のような環境だったとは限らない。私たちがこの海岸線にやってきたのも、その仮説を頼りにしてのことだった。

一時間ほど歩き、角を曲がったところに目的地はあった。道から見てマウカ（内陸）側には、地滑りによって崖から流されてきた土砂が大量に残されていた。その土砂のなかから、カタツムリ――正確にはその殻――を見つけようというわけだ。私たちは、さっそく砂を手ですくい、ふるい分けてみた。ここには何度も足を運んでいるブレンデンの予言どおり、お目当てのものはすぐに見つかった。そこかしこに何百もの小さな白い殻が埋もれていたのだ。わずか六、七ミリメートルほどの円錐形の殻が大半だった。「シイノミマイマイ科（Amastridae）のカタツムリだ」とブレンデンは言った。「ここで一番よく見つかる絶滅種だよ」

この場所では、それ以外にも二種の絶滅種の殻が見つかる。一つは、ほぼ同じ大きさだが扁平な殻をもつ、エンザガイ科（Endodontidae）のカタツムリ。もう一つは、数は少ないが、一センチメートルを超える大きな円錐形の殻のカタツムリで、シイノミマイマイ科の別種だ。ブレンデンによると、後者のカタツムリは、同科で二種しか見つかっていない左巻き（反時計回り）の殻をもつ、とても興味深い種なのだという。彼が知るかぎり、これら三種はすべて未記載の絶滅種だが、その殻はこのわずかな区画に大量に残されている。「一マイル歩いて一匹も見当たらなかったものが、突如として何百匹も現れるんだ」とブレンデンは説明した。

私がこの場所の存在を知ったのは、プウオヒアでの散策中のことだった（第2章参照）。ブレンデンが語る絶滅種の殻の話を聞いて、厚かましくも自分もそこに案内してほしいと頼み込んだのである。彼は数年前に偶然この場所を知り、古代に暮らしていたカタツムリの自然のアーカイブにたちまち魅了された。私たちが訪れたときは、そこで見つかる殻の調査プロジェクトがちょうど始まったところだった。ブレンデンは、そのプロジェクトを通じてカタツムリと気候変動の関係に光を当て、気候変動がハワイの腹足類の絶滅に果たしてきた(あるいは今後果たす)役割を理解しようと考えていた。

理由は明らかだと思うが、気候変動が引き起こす絶滅について考えるとき、私たちの関心はどうしても現在と未来ばかりに向いてしまう。しかし、今日において人間活動を主因として気候が未曾有の変化をとげているとしても、過去において気候変動が繰り返されてきたこともまた事実である。では、気候変動のプロセスとその影響を理解するうえで、カタツムリが与えてくれる教訓とは何だろう? ブレンデンはこうまとめている。「あいにく、カタツムリは絶滅のこれ以上ない見本になるだろうね。環境が変わっても、カタツムリは逃げることができないんだから」。逃げられないカタツムリには、環境に適応するか、絶滅するか、どちらかの選択肢しかない。そして変化のスピードが速ければ、後者が選ばれる可能性が高い。ブレンデンが言うように、環境が急変してしまえば、「カタツムリが素早くできるのは死ぬことだけ」だからだ。

ハワイの古代の気候がどう変動したのかについては、詳細な研究はほとんどなされていない。ただし数少ない研究からは、約一万一〇〇〇年前に氷河期が終わると、私たちが今いるリーワード・サイドでは温暖化と乾燥化が進み、植生が大きく変化したことがわかっている。[1] この変化は比較的ゆっくりとしたものだったようだ。にもかかわらず、ブレンデンの仮説によれば、それが引き起こした生態系の変化は、ここに暮らしていたカタツムリの大半にとって耐えがたいものだった可能性がある。

この仮説は、いくつかの重要な事実を前提としている。忘れてならないのは、ここカエナ・ポイントで見つかる種はどれも現存する科に属しており、同科の別の種は、湿度の高い森という、まったく異なる環境で暮らしていることだ。環境の差は、「昼と夜くらい違っている」とブレンデンは説明した。よって、これらの古代のカタツムリは、もともと乾いた環境に住む異端の存在で、何らかの理由で絶滅してしまったか、あるいは湿潤な場所に暮らしていたが環境が変化して絶滅にいたったか、そのどちらかということになる。

古代のカタツムリが異端だったという第一の可能性は、たしかに除外できない。ブレンデンも指摘するとおり、この地域には他にもスクシネア・カデュカ（*Succinea caduca*）が生息しており、ハワイのスクシネア科のなかでも、こうした環境に唯一適応した種と考えられている。しかしブレンデンは、ハワイにおけるここ数千年の環境変化を考慮に入れれば、第二の可能性、つまり気候変動が原因で絶滅した可能性の方が高いと推定している。少なくとも、その可能性の是非を判断するために、さらなる調査を実施する余地はある。

こうしてブレンデンは、学生たちと共に古代のカタツムリの殻の炭素年代測定を行い、その結果、殻の持ち主が生きていたのは三〇〇〇〜四万五〇〇〇年前であることを突き止めた。ばらつきは大きいが、いずれにせよ、ハワイに人間がやってくる前、気候変動が続いていた時代に絶滅したものと考えられる。現在ブレンデンは、殻における炭素同位体の存在比を分析すれば、それらのカタツムリが生きていた時代の植物について何ごとかが判明するのではないか、とりわけ、乾燥または湿潤に強い植物がどれくらい繁栄していたかが明らかになるのではないかと期待している。

さまざまな時代のカタツムリの殻を比較すれば、各時代の植生の変化も明らかになるだろう。またそうした研究と並行して、プウ・ハパパの森に今日も暮らす近縁種のカタツムリを用いた同様の分析も実施する予定だ。ブレンデンの予想は、カエナ・ポイントで見つかるもっとも古い殻は、現代の近縁種の殻と同位体の存在比が似ている、つまり、どちらも似たような植生に暮らしていた、というものだ。そして、同所で見つかるもっとも新しい殻――約三〇〇〇年前の殻――は、それとは似ても似つかぬ乾燥した環境に暮らした、おそらく最後の生き残りだったのではないか。

　分析が順調に進めば、古代のカタツムリに関する知見が得られるだけでなく、その殻を貴重なアーカイブとして、人間が関与していない絶滅など、環境変化に起因する事象をより深く理解できるようになるかもしれない。気候変動の兆候がますます顕著になってきた昨今、ブレンデンはこの分析を通じて、環境変化に対する腹足類の耐性や脆弱性にも、さらなる光が当たることを期待している。

　古代のカタツムリが環境変化に屈したかはさておき、今日まで生き残った近縁種が、深刻の度を増す気候変動という苦難に直面しているのは間違いない。生物学者のメリッサ・プライスは、気候変動の影響がすでにハワイのカタツムリに及んでいる可能性があると述べている。彼女によると、ワイアナエ山脈の比較的気温が高く、乾燥した地域では、標高の低いところからカタツムリが姿を消しているのだという。過去の研究からは、雨の降らない乾燥した日が続くと、成体に比べ幼体の死亡率が格段に高くなることがわかっている[2]。メリッサの見解では、現在のカタツムリの減少は気候の変化と相関している。具体的には、気候変動によって雲に覆われる部分が山の上方に移動してしまった結果、下方の森で利用可能な水分量が減少したことが関連しているというのだ。

　この見解には異論も多く、捕食こそが個体数減少のほぼ唯一の原因だと考える研究者もいる、とメリッサは説明した。カタツムリの生息域と降水量の分布を比較した研究は、これまでのところ行われていない。気候と個体数減少の関係を突き止めるには、カタツムリが受けている影響をすべて考慮に入れなくてはならないため、非常に複雑なモデルが必要となるだろう。すでにわかっていることに基づいてメリッサが語ってくれた仮説は、「気候変動は幼いカタツムリの生存率を下げ、それが激しい捕食と相まって、標高の低い場所からカタツムリは姿を消したのです」というものだった。言い換えれば、カタツムリは雲と一緒に山をのぼり、乾燥した地域では死に絶えつつあるということだ。

島の反対側にあるコオラウ山脈のような、もっと湿潤な地域に生息するカタツムリなら、降水量の減少にも対処できるかもしれない。しかし、もともと乾燥していて、環境の変化も激しいワイアナエ山脈では、雨がわずかに減っただけでも大惨事につながる可能性がある。そして、それこそが現在起きていることのようだ。ハワイではここ数十年で、降雨量だけでなく雨の降り方にも目立った変化が起きている。ハワイによく見られ、雨をもたらすと頼りにされてきた冷たい北東貿易風が、著しく衰えてきたのだ。たとえば、二〇〇九年にホノルルでこの風が観測された日数は、四〇年前と比べて約八〇日も少なかった。[3] この変化は、二〇一〇年までの二〇年間で降雨量がおよそ一五パーセント減ったことと相関している。[4] 他方、激しい嵐の期間に降る雨――地滑りや浸水などの災害を引き起こすが、生態系や帯水層にはほとんど貢献しない雨――の量は、それと同じくらい増加している。[5]

こうした変化の影響をカタツムリは真っ先に受けるだろうと考えるのは、ごく自然な発想だ。カタツムリは気温と水分にとても敏感であり、環境変化に対する許容範囲が比較的狭いからである。そのため、カタツムリを（海貝と共に）、「指標種」として扱うケースも増えてきた。私たちは、その個体数をモニタリングすることで、生物学者のレベッカ・ランデルが述べたように、「人間であれば手遅れになるまで気づかない微妙な変化を察知できる」ようになるかもしれない。[6] ケン・ヘイズも言っていたが、これはハワイですでに実践されている。さまざまな政府機関が定期的にカタツムリの数を確認し、管轄する地域の環境変化をモニタリングしているのだ。こうしてカタツムリは、気候変動を察知するための「炭鉱のカナリア」にならんとしている。石炭などの化石燃料を採取することの危険が新たなかたちで顕在化してきた今、これは恐ろしいほど適切な隠喩だと言えよう。

現段階では、気候変動がハワイのカタツムリに与える影響がいかほどのものになるか、確かなことは誰も言えない。一方で、この問題が次第に存在感を増しているのも事実だ。二〇一八年にデイブと話したときに彼の頭を占めていたのは、もっと差し迫った問題だった。多くの個体群を次々と消滅させている捕食者たちを一刻も早く取り除きたいと願っていたのだ。デイブは、今の自分たちには気候変動について深く考える余裕はないと、不安げな笑みを浮かべながら言ったものだった。気候変動を無視しているわけではない。実際、将来計画には何年も前から気候モデルを取り入れており、新しいエクスクロージャーを建設する場所の選定などに利用されている。

とはいえ、この方面でも事態は急転しつつある。ラボやエクスクロージャーで可能なかぎり多くのカタツムリを守るというプレッシャーが依然として強くあるなか、捕食者の影響が微増すると同時に、気候変動の影響も大きくなってきた。二〇二〇年にこの話題について改めて話をしたとき、デイブは、今後六〇〜一〇〇年のあいだに、オアフ島における従来の生息地の気候がカタツムリにまったく適さなくなる可能性があるという、きわめて現実的な見通しを語った。そうなれば、生き残るために別の場所に避難させる必要が出てくるかもしれない。

種によって、または地域によっては、島の山側へと「単純に」避難させることも可能かもしれない。しかし、いったん一番高いところまで移動させてしまえば、当然ながら、その手段はもう使えなくなる。

そのときは、従来の生息地とは異なる山、あるいは別の島へと転地させる必要も生じるかもしれない。少なくともデイブやメリッサたちは、そうした可能性について今から検討しておくべきだと考えている。絶滅危惧種の移動にまつわる法律上の制限、他種との交雑リスクを懸念する地域社会の反対など、この見通しにはさまざまな課題が付きまとう。それらの課題はどれも簡単には解決できないが、もし今後も気候が変化しつづけるのであれば、環境室の外で生きるカタツムリにとっては、他所への移動がやはり唯一可能な選択肢となるのではないか。

新しい環境に移されたカタツムリは、少なくとも当面は、エクスクロージャーのなかで過ごすことになるだろう。ハワイにはヤマヒタチオビがいない島はなく、ハワイの外にカタツムリを持ち出す予定もないからだ。元の生息地から移動させられたカタツムリが、エクスクロージャーの外で繁殖することは、まず考えられない。デイブが指摘するように、「囲いから出ることは可能でも、すぐに食べられてしまう」からだ。それゆえ、エクスクロージャーは今後さらに多くのカタツムリを収容し、その住人の組み合わせも、これまでになかったものが生まれるかもしれない。捕食者の脅威がいつの日か解消されれば、その新しい景観《ランドスケープ》が、カタツムリを解放するのにもっともふさわしい環境になる可能性もある。だが、ここまで見てきたとおり、たとえ実現するとしても、そんな未来はまだずっと先の話だろう。

移動の問題は、ハワイのカタツムリに限った話ではない。最近では、気候変動の現実に対応するための動植物の移動プログラムが世界各地で取り沙汰されるようになり、実行に移そうという動きも一部にある。ブレンデンと歩いたカエナ・ポイントの小道を少し行ったところに、フェンスに囲まれた広大な区画があるが、その場所も、まさにこうした未来を念頭に置いて作られたものだ。北太平洋では、コアホウドリやクロアシアホウドリといった絶滅危惧種の海鳥の大部分が、海抜の低い島を営巣地としており、海面上昇、高潮、海水侵入などの影響をすでに受けている。そうした種を守るために、環境保全活動家は、オアフ島のような海抜の高い島に新しい繁殖コロニーを作ろうとしてきた。カエナ・ポイントでは、島の外部から新しい種が持ち込まれたわけではないが、必ずしもそれだけでうまくいくわけではない。事実、活動家のなかには、年月が経過するほど、従来の生息地以外の環境に目を向けることがますます必要とされると主張する者もいる(7)。

カタツムリが、高額な予算がかかる移動型保全の上位候補でないことは確かだろう。しかし、ハワイのカタツムリをより適切な環境に移す必要があり、またそれが可能になった暁には、意外にも、今日のカタツムリの避難期間を振り返り、そこから得られた知見に感謝することになるかもしれない。ラボ、エクスクロージャー、博物館などの施設で行われてきた活動は、飼育下でカタツムリを存続させる方法、生活の場を移転する方法、放浪という難題に対処する方法など、計り知れない価値のある情報をもたらしてくれた。カタツムリの生息地の移転は大がかりなプロジェクトになるはずだが、そのときには、こうして得た知見が種を救うことにつながる可能性がある。

もちろん、いま述べたことが事実だからといって、今日の環境や気候の状態を可能なかぎり維持することに価値がないわけではない。種を世界各地に移動させることは、たとえそれがうまくできたとしても、理想的な保全とはとても呼べない。それはむしろ最後の手段であり、今後ともそう考えるべきことなのだ(8)。そのため私たちは、カタツムリをラボやエクスクロージャーで守りつつも、気候変動や森林保全に関する活動をより広範に推し進めていく必要があるだろう。ハワイのカタツムリが祖先の暮らしていた森へと、そして、数百万年かけて自分たちが進化し、作り上げてきた景観へと帰る未来は、そういった活動を続けた先にしか存在していない。

やがて紙数が尽きようとする本で呼び出すには、気候変動という亡霊はあまりに厄介すぎるかもしれない。しかしそれでも、私たち人間が今後ますますその問題と共存せざるをえないという事実を避けて通ることはできない。気候変動の面から見て、あるいは他のどんな面から見ても、ハワイのカタツムリの未来がどうなるのか、私にはわからない。わかる者などいないのだろう。そんな状況のなかでも、本書が触れてきた多くの熱心な人々や団体は、カタツムリのための可能性を模索し、この世界に居場所を作る仕事に積極的に取り組んでいる。

ビショップ博物館では、「トリアージ分類学」が継続している。二〇二〇年、ノリとケンたちは、アウリクレルラ・ガニエオルム（*Auriculella gagneorum*）というハワイのカタツムリの新種記載を行った（このニュースは、いくつかのメディアの見出しを飾ることになった）。ここ数十年で、すでに絶滅したカタツムリの新種が数多く発見されているが、今回はまだかろうじて生き残っている種の記載だった(9)。アウリクレルラ・ガニエオルムの標本が最初に採集されたのは約一〇〇年前。その時点ですでに、ヨシオ・コンドウによって新種を示す「ＮＳＰ」のラベルが貼られていた。コンドウの評価が公式に認められるまで、ずいぶん長い時間がかかったことになる。ここから、無脊椎動物の分類にもっと予算をつけて、迅速に記載を進めるべきだと考える人もいるだろう。その一方で、この仕事についてノリと話をしているときに私が感じたように、今回の記載から、ハワイにはまだ多くの新種が残っていることを思い出した人もいるかもしれない。現在ですら、ハワイで採集されるカタツムリ標本のおよそ一〇パーセントが未記載種だと考えられている。私たちがこれまで知っていたよりも、ずっと多くの種が失われていた反面、生き残っていた種もずっと多くいたのである。

デイブとSEPPチームは、マウイ島の常勤スタッフを一人増やしてエクスクロージャーを次々と建設し、ラナイ島でも個人の土地所有者の協力を得てエクスクロージャーを二つ増やすなど、業務を順調に拡大しているところだ。オアフ島でもエクスクロージャーのネットワークは急速に広がっている。もしすべてが計画通りに進めば、この五年で、それ以前の二〇年間に建設されたものとほぼ同数のエクスクロージャーが誕生することになるだろう。同時に、ラボの規模を二倍にするための資金も獲得した。新しくなったラボでは、二〇二二年からカタツムリを迎え入れ、将来は一万匹以上が暮らすようになると想定されている。しかし、デイブはまだ満足していない。ビショップ博物館とホノルル動物園をパートナーとしてさらに二つのラボを建設すべく、資金の確保に奔走している。「これは本当にすばらしいパートナーシップなんです。弱い個体群を三つの施設に分散することで、何か事故が起きたとしても絶滅するリスクを減らせるわけですから」とデイブは説明してくれた。

こうした進展は、ハワイのカタツムリ保全の場で生まれた新しいエネルギーだ。科学コミュニティでは、つい二、三〇年前まで、カタツムリについて知り、関心をもつ人は、ごく一握りしかいなかった。それが現在では、ハワイのカタツムリを唯一の、あるいは主な関心対象としている四〇人以上の生物学者が一堂に会するまでになった。その舞台となったのが、二〇二〇年初頭にビショップ博物館で開催された「フイ・カーフリ」という一日がかりのイベントだ。開催から数か月後に雑談を交わしたとき、一〇年前であればこんな催しは絶対に開けなかったとデイブは言った。風向きは変わり、新しい機運が生まれつつある。「こうしたことができるのも、何年も前にマイクが飼育プログラムを立ち上げてくれたからこそです。この機運に乗って、私たちも最後までやりとげたいと思っています」

ここで重要なのは、カタツムリを対象としたこれらの活動のすべてが、アーイナ（土地）と、そこに暮らす人間と動植物のコミュニティの破壊に対する、カナカ・マオリの抵抗運動の高まりを背景としていることだ。いま世界各地で相次いで起きているように、ハワイの先住民もまた、気候変動、資本主義、軍事化、搾取がもたらす弊害に反撃し、それらのプロセスと植民地化の深い結びつきを明らかにすべく取り組んできた。[10] ノエラニ・グッドイヤー＝カオプアが指摘していることだが、この抵抗運動は、「帝国主義的な産業プロジェクトがどうやって太平洋の先住民文化を傷つけるか」を浮き彫りにすると同時に、「土地や水との結びつきを更新する文化的な実践」を利用して「直接行動を伴う闘争に加わる」ものである。[11] カナカ・マオリとその支援者は、この闘争を通じて、カタツムリをはじめとする多くの動植物の減少を加速させたプロセスや、カタツムリの最大の脅威になりつつある気候変動を引き寄せているプロセスに、揺さぶりをかけようと試みている。

こうした試みに並行して、科学者と伝統文化実践者のグループもまた、カナカ・マオリの知恵と習慣に根ざした保全活動に取り組んでいる。カウィカ・ウィンター、カマナマイカラニ・ビーマー、メハナ・ブレイチ・ヴォーンらが主張するように、今日のハワイでは、「生物文化的な資源の管理システムの独創性がますます認識されるようになった。管理システムは、現場の状況にうまく適応しながら、その資源の豊かさを長期にわたり維持するために、観察された管理の効果――成功も失敗も含めて――に対応する知識を蓄えてきた」。[12] 現場での保全活動から教育的イニシアティブにいたるまでのさまざまな文脈のなかで、カナカ・マオリの文化とアーイナのあいだにある相互支援的なつながりが認識され、実践されている。[13] 実践者たちはそうすることによって、ハワイの長い植民地化の歴史のなかで多くの領域に波及してきた生物文化的な喪失と損害を転換して、互いの復興のための新しい機会を生み出すことができるかもしれないと期待している。そしてここでも、カタツムリには役割が与えられている。サム・オフ・ゴンは、カタツムリに関する会話のなかで私にこう語った。「文化的に重要な動植物を見つけるのは、いつだって大切なことだ。その種を保全する動機になるだけじゃなくて、ハワイの文化をもう一度ふるい立たせて、自然界に結びつける動機にもなるからね」

本書が目指したのは、姿を消しつつあるカタツムリを保全する取り組み——その喪失をもたらす大きなプロセスの存在を認め、抗い、やり直そうとする取り組み——において、物語がどれほど重要な役割を果たすかを示し、検討することだった。私たちの惑星が、六度目の大量絶滅期、既知も未知も含めたさまざまな生命や景観に波及する底の見えない喪失の時代に本格的に突入した今、物語を語ることは、現在の世界の流れとは別の道筋を思い描き、包括的かつ効果的に実現するうえで、ますます重要性を増している。

それに加えて本書は、絶滅において失われるものに対する私たちの視界をより鮮明にすることも目的としている。カタツムリという種、ぬるぬるした、取るに足らない、ちっぽけな生き物の集団がまた一つ消えていくことは、あまりに明白な事実で否定などできない。物語にしっかり耳を傾け、これまでと違ったかたちでカタツムリを見て、聞くことを学べば、私たちはその喪失の意味について、別の評価を下せるようになるはずだ。ハワイのカタツムリは、さまざまな生活様式を携えている——世界を這い、解釈する方法、社会的にふるまう方法、餌を食べる方法など、人間の目には理解しやすいとは言いがたいが、それでも豊かな様式だ。カタツムリはまた、長大な進化の系統、鳥や流木で海を渡った歴史、世界でもとりわけ多様な種を生み出すことになった島内での移動の歴史も携えている。カタツムリはこうしてハワイの生態系コミュニティに参入し、木の葉を掃除、分解しながら、そのコミュニティの形成にも力を貸してきたのである。と同時に、その小さな生き物は、土壌や健康な森を生み出すことにも貢献してきた。少なくとも、かつては貢献していた可能性が高いが、それがどの程度、どのようなかたちで、どういう結果をもたらしたかについては、知る術は残されていない。

ハワイのカタツムリが携えてきたのはそれだけではない――生き生きとした文化的な関係も運んできたのである。この関係は主にカナカ・マオリとのあいだに結ばれたもので、カタツムリは、彼らのモオレロ（物語）やメレ（歌や詩）のなかに織り込まれたことで、血縁関係とケアを内包する、人間以外の生き物の世界の一部になった。こうした関係の多くは、一世紀以上におよぶ植民地化、軍事化、森林伐採などの影響によって損なわれてしまったが、つながりを取り戻し、破壊に抗う活動（アロハ・アーイナの活動）は、マークア渓谷をはじめハワイ各地で続けられている。ここまで見てきたとおり、カタツムリは活動にとって心強い味方だったし、これからもそうありつづけてくれるはずだ。

こうした問題の複雑さ、つながり、歴史、可能性を引き出すために、私たちは物語を必要とする。とりわけ必要なのは、絶滅という生物学的かつ文化的な事実、自然科学と人文科学とに区分けされてきた領域を横断する解体と再興のパターンへと目を向けさせる物語だ。その物語によって私たちは、絶滅の特殊性、その多様で、きわめて重大な結果をもたらすあり方に立ち向かうことができるだろう。

本書で見たとおり、カタツムリは家を背負っているわけではなく、代わりに他のカタツムリと家を作り、自らの粘液と蓄積された経験を通じて世界にそれを書き込んでいるが、その背には家以外のたくさんのものが背負われている。しかし今、そうしたものすべてが絶滅によって危機に追い込まれている。

絶滅には、それぞれ独自の物語がある。より正確に言えば、絶滅の物語はそれぞれが入れ子状に織り込まれた複雑なもので、遠い過去まで達すると同時に、現在でも多様な生き物を多様なかたちで取り込んでいる。要するに、本書のタイトル *A World in the Shell* に反して、殻のなかでは複数の世界が絡まり合い、危機に瀕していたのである。

カエナ・ポイントの岩だらけの海岸線で砂をふるい、殻をさがし、長いあいだ失われていた生き物やその生活が残した痕跡を手のひらの上で転がしているうちに、私の心はいつしか森へと向かっていた。私は、エクスクロージャーのフェンスの背後に身を置き、蛍光ピンクのテープの上に静かに佇んでいたカーフリのことを思い返した。その森で見つけた初めてのカタツムリだ。この山脈の向こう側、雲のあいまに、まだあのカタツムリたちはいるのだろうか？　あのカタツムリたちも、ハワイの仲間たちが何百万年も続けてきたように、やがて夜ごとの冒険に出かけ、自由に木の枝にのぼり、粘液の痕跡を残すようになるのだろうか？　私は願った。今から一〇〇年後、いや、一〇万年後であっても、私がいま手にしている古代の殻が、この島にカタツムリが暮らしていた唯一の痕跡にならないことを。そして私は、ほんの束の間だが、さらに壮大な希望を描いてみた。いつの日か、すべてがポノの状態になったとき、つまり、森のなかですべてがあるべき状態に再び戻ったとき、エクスクロージャーで見たカタツムリの子孫たちが、束縛から解放されて山脈一帯へと広がり、その不思議な歌声で夜の大気を満たすことを。

謝辞

カタツムリの驚異的な世界へと導いてくれたハワイの人たちのサポートと寛大さがなければ、本書が生まれることはなかっただろう。ここに記した物語を語ろうと思えたのは、カタツムリはもとより、その人たちがいてくれたおかげである。彼らは私の矢継ぎ早の質問に辛抱強く答え、各章の草稿を読んでアドバイスを与えてくれた。そして何より、カタツムリへの愛情を分かち合ってくれた。マイク・ハドフィールド、デイブ・シスコ、ノリ・ヨン、ケン・ヘイズ、ブレンデン・ホランド、ロバート・カウィ、カール・クリステンセンに心からの感謝を捧げる。

本書の執筆に取りかかるあいだ、インタビューや取材等で、ハワイ内外のたくさんの生物学者、環境保全活動家にお世話になった。メリッサ・プライス、リンゼイ・レンショウ、ヴィンス・コステロ、サラ・デイルスマン、ケン・ルコウィアク、ロナルド・チェイス、ジョン・アブレットにお礼申し上げる。

カタツムリという存在がカナカ・マオリの生活と文化にどのように織り込まれているかについても、クム・フラ、クム・オリ、ハワイ語の教師や擁護者、科学者、活動家、芸術家、学者など、さまざまな人から時間と見識を惜しみなく分けていただいた。アンクル・スパーキー・ロドリゲス、アンティ・リネット・クルーズ、コディ・プエオ・パタ、プアケア・ノーゲルマイヤー、サム・オフ・ゴン三世、ラリー・リンジー・キムラ、クパア・ヒー、カイル・カジヒロ、ヴィンス・ダッジ、ジャスティン・ヒルに厚く感謝する。また、マークア渓谷をめぐる法廷闘争について多くの示唆を与えてくれたデイヴィッド・ヘンキンにも感謝したい。

本書はまた、アイデアについて議論し、草稿やプレゼンテーションに対して忌憚のない意見を聞かせてくれた同僚をはじめ、学術的な環境の恩恵に大きくあずかっている。私にとって最長となった研究滞在を受け入れてくれたハワイ大学マノア校太平洋諸島研究センターの職員、学生にお礼を言いたい。とりわけアレックス・モーヤーには、惜しみないフィードバック、継続的な支援と励ましをいただいた。他にも多くの人が草稿を読み、鍵となるアイデアについて私と意見交換をしてくれた。ワーウィック・アンダーソン、マイケル・バスティアン、ブレット・ブキャナン、ダニエル・セレルマイヤー、ソフィー・チャオ、マシュー・チルルー、ヴァンシアンヌ・デプレ、ダナ・ハラウェイ、ユリア・キント、エベン・カークジー、ブリット・クラムヴィグ、エレーヌ・アルベルジェール・ル・ドゥンフ、ジェイミー・ロリマー、スティーブン・ミューキ、ウルスラ・ミュンスター、ブランディ・ナーラニ・マクドゥガル、マイルズ・オーキー、エミリー・オゴーマン、クレイグ・サントス・ペレス、エルスペス・プロウブン、ヒューゴ・レイナート、デイヴィッド・シュロスバーグ、イザベル・スタンジェール、ヘザー・スワンソン、アナ・チン、ジェイン・ウルマン、サム・ウィディンに感謝を捧げる。なかでもダナ・ハラウェイには特別な感謝を。本人にその意図があったわけではないだろうが、本書の企画は、今から一〇年ほど前、彼女が友人のマイク・ハドフィールドを紹介してくれて、カタツムリを知ったことから始まったのである。

出版社側の査読者として、原稿に（主に匿名で）意見を寄せてくれた研究者にも感謝したい。特に、示唆に富んだコメントで本書の議論に深みを与えてくれた、キャンディス・フジカネにお礼申し上げる。

本書冒頭に掲載した地図は、リチャード・モーデンが作成してくれた。すばらしい仕事に感謝したい。最後に、本書に対する揺るぎない熱意とサポートに対して、ＭＩＴ出版局のベス・クレベンジャーに心から感謝の意を捧げる。ベスをはじめ、アンソニー・ザニーノ、デボラ・カンター＝アダムズ、ステファニー・サクソン、モリー・シーマンズ、メアリー・レイリー、ジェイ・マーツィの出版チームと仕事ができたことは、私にとってこの上ない喜びである。

なお、本研究の資金は、オーストラリア研究評議会（FT160100098）とシドニー大学により供与された。

本書の一部は、要約あるいは編集されたかたちで公刊されている。T. van Dooren, “Snail Trails: A Foray into Disappearing Worlds, Written in Slime,” in Sarah Bezan and Robert McKay（eds.）, *Animal Remains*（London: Routledge, 2021）; T. van Dooren, “The Disappearing Snails of Hawaiʻi: Storytelling for a Time of Extinctions,” in Thom van Dooren and Matthew Chrulew（eds.）, *Kin: Thinking with Deborah Bird Rose*（Durham, NC: Duke University Press, 2022）; T. van Dooren, “Drifting with Snails: Extinction Stories from Hawaiʻi,” in Kaori Nagai（ed.）, *Maritime Animals*（University Park: Penn State University Press, 2022）; T. van Dooren, 2022, “In Search of Lost Snails: Storying Unknown Extinctions,” *Environmental Humanities*, 14.1; T. van Dooren, “Military Snails: Multispecies Solidarities in Hawaiʻi,” under review; T. van Dooren, “Hospice Earth,” *Overland*, 2019; T. van Dooren, “Mourning as Care in the Snail Ark,” in Ursula Münster, Thom van Dooren, Sara Asu Schroer, and Hugo Reinert（eds）, *Multispecies Care in the Sixth Extinction*, an online collection（Society for Cultural Anthropology, 2021）.

原注

はじめに

（1）ポリネシア人がいつ頃ハワイに到来したのかについては、現在でも研究が進められている。詳しい説明については次を参照。Patrick V. Kirch, "When Did the Polynesians Settle Hawai'i? A Review of 150 Years of Scholarly Inquiry and a Tentative Answer," *Hawaiian Archaeology* 12 (2011).

（2）Sam 'Ohu Gon and Kawika Winter, "A Hawaiian Renaissance That Could Save the World," *American Scientist* 107, no. 4 (2019).

（3）David D. Baldwin, "The Land Shells of the Hawaiian Islands," *Hawaiian Almanac and Annual* (1887): 62.

（4）Norine W. Yeung and Kenneth A. Hayes, "Biodiversity and Extinction of Hawaiian Land Snails: How Many Are Left Now and What Must We Do to Conserve Them—A Reply to Solem (1990)," *Integrative and Comparative Biology* 58, no. 6 (2018).

（5）Alan D. Hart, "Living Jewels Imperiled," *Defenders* 50 (1975).

（6）Richard Primack, *Essentials of Conservation Biology* (Sunderland, MA: Sinaur Associates Inc., 1993); Anthony D. Barnosky et al., "Has the Earth's Sixth Mass Extinction Already Arrived?," *Nature* 471 (2011).

（7）IUCN Summary Statistics. "Table 3: Species by Kingdom and Class." Available online: https://www.iucnredlist.org/statistics. これ以降の数字はすべて、レッドリスト（二〇二一-一）を参照した。

（8）Ronald B. Chase, *Behavior and Its Neural Control in Gastropod Molluscs* (Oxford: Oxford University Press, 2002), 3.

（9）David Sepkoski, *Catastrophic Thinking: Extinction and the Value of Diversity from Darwin to the Anthropocene* (Chicago: University of Chicago Press, 2020), 24–27.

（10）C. Mora et al., "How Many Species Are There on Earth and in the Ocean?," *PLoS Biology* 9, no. 8 (2011).

（11）Robert H. Cowie et al., "Measuring the Sixth Extinction: What Do Mollusks Tell Us?," *Nautilus* 1 (2017).

（12）Yeung and Hayes, "Biodiversity and Extinction of Hawaiian Land Snails."

（13） Alan Solem, "How Many Hawaiian Land Snail Species Are Left? And What We Can Do for Them?," *Bishop Museum Occasional Papers* 30 (1990); Yeung and Hayes, "Biodiversity and Extinction of Hawaiian Land Snails."

（14） この数字は、二〇二〇年三月九日にデイブ・シスコがビショップ博物館で開催したフイ・カーフリというイベントで発表されたもの。

（15） 一二種はすべてハワイマイマイ属で、オアフ島に生息するものが九種、マウイ島が一種、ラナイ島が二種である。

（16） https://www.hawaiibusiness.com/endangered-and-underfunded/. David L. Leonard Jr., "Recovery Expenditures for Birds Listed under the US Endangered Species Act: The Disparity between Mainland and Hawaiian Taxa," Biological Conservation 141 (2008).

（17） Yeung, and Hayes, "Biodiversity and Extinction of Hawaiian Land Snails," 1163.

（18） Timothy R. New, "Angels on a Pin: Dimensions of the Crisis in Invertebrate Conservation," *American Zoologist* 33, no. 6 (1993). 次も参照。Pedro Cardoso et al., "The Seven Impediments in Invertebrate Conservation and How to Overcome Them," *Biological Conservation* 144, no. 11 (2011).

（19） Edward O. Wilson, "The Little Things That Run the World (the Importance and Conservation of Invertebrates)," *Conservation Biology* 1, no. 4 (1987). 次も参照。C. M. Prather et al., "Invertebrates, Ecosystem Services and Climate Change," *Biological Reviews of the Cambridge Philosophical Society* 88, no. 2 (2013).

（20） Aimee You Sato, Melissa Renae Price, and Mehana Blaich Vaughan, "Kāhuli: Uncovering Indigenous Ecological Knowledge to Conserve Endangered Hawaiian Land Snails," *Society & Natural Resources* 31, no. 3 (2018): 324.

（21） Thom van Dooren, *Flight Ways: Life and Loss at the Edge of Extinction* (New York: Columbia University Press, 2014); Thom van Dooren and Deborah Bird Rose, "Lively Ethography: Storying Animist Worlds," *Environmental Humanities* 8 (2016).

（22） Brett Buchanan, Michelle Bastian, and Matthew Chrulew, "Introduction: Field Philosophy and Other Experiments," *Parallax* 24, no. 4 (2018).

（23） 植民地化、グローバル化、軍事化、土地の収奪のプロセスを扱った見事なポピュラーサイエンスやネイチャーライティングについては、以下を参照。Robin Wall Kimmerer, *Braiding Sweetgrass: Indigenous Wisdom, Scientific Knowledge and the Teachings of Plants* (Minneapolis, MN: Milkweed Editions, 2013); Raja Shehadeh, *Palestinian Walks: Notes on a Vanishing Landscape* (London: Profile Books, 2008); Michelle Nijhuis, *Beloved Beasts: Fighting for Life in an Age of Extinction* (New York: W. W. Norton,

2021); Rebecca Giggs, *Fathoms: The World in the Whale* (London: Scribe, 2020); Amitav Ghosh, *The Nutmeg's Curse: Parables for a Planet in Crisis* (Chicago: University of Chicago Press, 2021). また、ヴァンダナ・シヴァとゲイリー・ポール・ナバーンによる、食料と農業に関する広範な仕事もある。種の絶滅の文化的、哲学的側面に関する研究については、以下を参照。Deborah Bird Rose and Thom van Dooren, eds., "Unloved Others: Death of the Disregarded in the Time of Extinctions," *Australian Humanities Review* 50 (2011); Deborah Bird Rose, Thom van Dooren, and Matthew Chrulew, *Extinction Studies: Stories of Time, Death and Generations* (New York: Columbia University Press, 2017); Deborah Bird Rose, *Wild Dog Dreaming: Love and Extinction* (Charlottesville: University of Virginia Press, 2011); van Dooren, *Flight Ways*; Ursula K. Heise, *Imagining Extinction: The Cultural Meanings of Endangered Species* (Chicago: University of Chicago Press, 2016); Susan McHugh, *Love in a Time of Slaughters: Human–Animal Stories against Genocides and Extinctions* (University Park: Penn State University Press, 2019); Dolly Jørgensen, *Recovering Lost Species in the Modern Age: Histories of Longing and Belonging* (Cambridge, MA: MIT Press, 2019); and Jamie Lorimer, *Wildlife in the Anthropocene: Conservation after Nature* (Minneapolis: University of Minnesota Press, 2015).

(24) Noel Castree, "The Anthropocene and the Environmental Humanities: Extending the Conversation," *Environmental Humanities* 5 (2014); Nigel Clark, "Geo-Politics and the Disaster of the Anthropocene," *The Sociological Review* 62 (2014); Heather Davis and Zoe Todd, "On the Importance of a Date, or Decolonizing the Anthropocene," *ACME: An International E-Journal for Critical Geographies* 16, no. 4 (2017); Elizabeth M. DeLoughrey, *Allegories of the Anthropocene* (Durham, NC: Duke University Press, 2019); Lesley Head, "The Anthropoceneans," *Geographical Research* 53, no. 3 (2015); Elizabeth Johnson et al., "After the Anthropocene: Politics and Geographic Inquiry for a New Epoch," *Progress in Human Geography* 38, no. 3 (2014); Kyle Powys Whyte, "Our Ancestors' Dystopia Now: Indigenous Conservation and the Anthropocene," in *The Routledge Companion to the Environmental Humanities*, ed. Ursula K. Heise, Jon Christensen, and Michelle Niemann (London: Routledge, 2016).

(25) Ashley Dawson, *Extinction: A Radical History* (New York: OR Books, 2016), 88.

(26) Michael Hadfield, "Snails That Kill Snails," in *The Feral Atlas*, ed. Anna L. Tsing, Jennifer Deger, Alder Keleman Saxena, and Feifei Zhou (Stanford, CA: Stanford University Press, 2021).

(27) Jonathan Kay Kamakawiwoʻole Osorio, *Dismembering Lāhui: A History of the Hawaiian Nation to 1887* (Honolulu: University of Hawaiʻi Press, 2002), 3.

（28）この状況は、多くの人々、特に先住民コミュニティにとって、人新世が劇的な変化（あるいは世界の終わり）の瞬間となるかもしれない一方で、「帝国主義と今も続く（入植者）植民地主義は、それが存在するかぎり、世界を終わらせてきた」ことを思い起こさせる。Kathryn Yusoff, *A Billion Black Anthropocenes or None* (Minneapolis: University of Minnesota Press, 2018); Davis and Todd, "On the Importance of a Date."

（29）Ty P. Kāwika Tengan, *Native Men Remade: Gender and Nation in Contemporary Hawai'i* (Durham, NC: Duke University Press, 2008), 67.

（30）Noelani Goodyear-Ka'ōpua, "Protectors of the Future, Not Protestors of the Past: Indigenous Pacific Activism and Mauna a Wākea," *South Atlantic Quarterly* 116, no. 1 (2017).

（31）フェミニスト科学論の研究者ダナ・ハラウェイが投げかけた核心的な問いを改変したもの。Donna Haraway, *When Species Meet* (Minneapolis: University of Minnesota Press, 2008).

（32）Audra Mitchell, "Revitalizing Laws, (Re)-Making Treaties, Dismantling Violence: Indigenous Resurgence against 'the Sixth Mass Extinction,'" *Social & Cultural Geography* 21, no. 7 (2020).

（33）Henry A. Pisbry and C. Montague Cooke, *Manual of Conchology*, vol. 22 (Philadelphia: Academy of Natural Sciences, 1912), 320.

（34）サラ・ベザンが指摘したとおり、エンドリングは、「その規模と複雑さゆえに完全には理解できない絶滅という歴史的なプロセス」を圧縮し、具現化できる。つまりエンドリングは、抽象的なプロセスを特定の個体の生へと変換できるのだ。実際、ベザンも言うように、エンドリングの物語が語られるときには、その最後の個体の生と死、そのケアをした人間の生と死が語られることが珍しくない。Sarah Bezan, "The Endling Taxidermy of Lonesome George: Iconographies of Extinction at the End of the Line," *Configurations* 27, no. 2 (2019). このテーマについては以下も参照。Dolly Jørgensen, "Endling, the Power of the Last in an Extinction-Prone World," *Environmental Philosophy* 14, no. 1 (2017).

第1章　放浪するカタツムリ

（1）Peter Williams, Snail (London: Reaktion Books, 2009), 14.

（2）Brett Buchanan, "On the Trail of a Philosopher Ethologist," paper presented at The History, Philosophy, and Future of Ethology IV, Curtin University, Perth, 2019.

（3） Ben Woodard, *Slime Dynamics* (Winchester, UK: John Hunt Publishing, 2012).

（4） Martha Warren Beckwith, trans., *The Kumulipo: A Hawaiian Creation Chant* (Chicago: University of Chicago Press, 1951). クムリポについては次を参照のこと。Brandy Nālani McDougall, *Finding Meaning: Kaona and Contemporary Hawaiian Literature* (Tucson: University of Arizona Press, 2016).

（5） Alan D. Hart, "The Onslaught against Hawaii's Tree Snails," *Natural History* 87 (1978); USFWS, "Endangered and Threatened Wildlife and Plants; Listing the Hawaiian (Oahu) Tree Snails of the Genus *Achatinella*, as Endangered Species," *Federal Register* 46 FR 3178 (1981).

（6） ハワイ諸島におけるカタツムリの多様性や分布についての詳しい議論は以下を参照。Robert H. Cowie, "Variation in Species Diversity and Shell Shape in Hawaiian Land Snails: In Situ Speciation and Ecological Relationships," *Evolution* 49, no. 6 (1995).

（7） Michael G. Hadfield and Barbara Shank Mountain, "A Field Study of a Vanishing Species, *Achatinella mustelina* (Gastropoda, Pulmonata), in the Waianae Mountains of Oahu," *Pacific Science* 34, no. 4 (1980); Hadfield, "Snails That Kill Snails."

（8） Michael G. Hadfield and Donna Haraway, "The Tree-Snail Manifesto," *Current Anthropology* 60, no. S20 (2019).

（9） Wallace M. Meyer et al., "Two for One: Inadvertent Introduction of *Euglandina* Species during Failed Bio-Control Efforts in Hawaii," *Biological Invasions* 19, no. 5 (2017).

（10） C. J. Davis and G. D. Butler, "Introduced Enemies of the Giant African Snail, *Achatina fulica* Bowdich, in Hawaii (Pulmonata: Achatinidae)," *Proceedings of the Hawaiian Entomological Society* 18, no. 3 (1964). 次も参照のこと。Robert H. Cowie, "Patterns of Introduction of Non-Indigenous Non-Marine Snails and Slugs in the Hawaiian Islands," *Biodiversity and Conservation* 7, no. 3 (1998).

（11） Hadfield, "Snails That Kill Snails."

（12） Meyer et al., "Two for One."

（13） Thom van Dooren, "Invasive Species in Penguin Worlds: An Ethical Taxonomy of Killing for Conservation," *Conservation and Society* 9 (2011).

（14） Claire Régnier, Benoît Fontaine, and Philippe Bouchet, "Not Knowing, Not Recording, Not Listing: Numerous Unnoticed Mollusk Extinctions," *Conservation Biology* 23, no. 5 (2009): 1218.

（15） カタツムリの研究者と話をすると、「休眠する（estivate）」という言葉の範囲が人によって異なっていることがわかる。夏や暑い時期の長期にわたる活動休止状態を指す言葉（要するに「冬眠」の反対）として使う人もいれば、より広義の休憩、休止状態を示す言葉として使う人もいるのだ（ここには、多くのカタツムリが気温の高い日中に行う休息も含まれる）。本書では後者のような広い意味で使用している。

（16）Chase, *Behavior and Its Neural Control in Gastropod Molluscs*, 34–52.

（17）A. Cook, "Homing by the Slug Limax pseudoflavus," *Animal Behaviour* 27 (1979).

（18）T. P. Ng et al., "Snails and Their Trails: The Multiple Functions of Trail-Following in Gastropods," *Biological Reviews* 88, no. 3 (2013): 684.

（19）Mark Denny, "The Role of Gastropod Pedal Mucus in Locomotion," *Nature* 285 (1980).

（20）Ng et al., "Snails and Their Trails," 685.

（21）Denny, "The Role of Gastropod Pedal Mucus in Locomotion"; Ng et al., "Snails and Their Trails," 684.

（22）M. S. Davies and J. Blackwell, "Energy Saving through Trail Following in a Marine Snail," *Proceedings of the Royal Society B* 274 (2007).

（23）Jakob von Uexküll, *A Foray into the Worlds of Animals and Humans: With a Theory of Meaning*, trans. Joseph D. O'Neil (Minneapolis: University of Minnesota Press, 2010).

（24）粘液の痕跡に関する研究に目を向けると、いささか皮肉なことに、そして間違いなく誤解を招きかねないのだが、次のことがたぶん事実だろうとわかる。すなわち、粘液という目に見える痕跡のおかげで、私たち人間のような視覚中心の生き物にもカタツムリの化学的な感覚世界が少しだけ理解しやすくなる、ということだ。

（25）Vinciane Despret, "The Enigma of the Raven," *Angelaki* 20 (2015).

（26）Joris M. Koene and Andries Ter Maat, "Coolidge Effect in Pond Snails: Male Motivation in a Simultaneous Hermaphrodite," *BMC Evolutionary Biology* 7, no. 1 (2007).

（27）Ng et al., "Snails and Their Trails," 689.

（28）Carl Edelstam and Carina Palmer, "Homing Behaviour in Gastropodes," *Oikos* 2 (1950).

（29）Edelstam and Palmer, "Homing Behaviour in Gastropodes," 266.

（30）Ng et al., "Snails and Their Trails," 691.

（31）これは矛盾する話ではない。カタツムリが（一部の）仲間を求め団らんを楽しむかもしれないことは、そのカタツムリの行動に心理的、生理的な動機を与える。機能面からの説明と動機面からの説明は、それぞれ生物学的に異なる次元で作用するものだ。ただし、取り上げる疑問によっては、その二つが同時に成り立つ場合もあるし、互いに補強し合っている可能性も十分に考えられる。たとえば、カタツムリが群れを好むという事実は、それがもつ機能的な優位性を実現するための進化したメカニズムの一つかもしれない。

（32）モノアラガイ（*Lymnaea stagnalis*）が研究対象になったのは、淡水に暮らすこの巻貝が、当該分野で特に魅力的な能力をもつと考えられているからではなく、むしろ、その神経解剖学的構造が比較的単純で研究しやすいからである。

（33）K. Lukowiak et al., “Environmentally Relevant Stressors Alter Memory Formation in the Pond Snail *Lymnaea*,” *Journal of Experimental Biology* 217, no. 1 (2014).

（34）Brenden S. Holland et al., “Tracking Behavior in the Snail Euglandina rosea: First Evidence of Preference for Endemic vs. Biocontrol Target Pest Species in Hawaii,” *American Malacological Bulletin* 30, no. 1 (2012).

（35）Kavan T. Clifford et al., “Slime-Trail Tracking in the Predatory Snail, *Euglandina rosea*,” *Behavioral Neuroscience* 117, no. 5 (2003).

（36）Wallace M. Meyer and Robert H. Cowie, “Feeding Preferences of Two Predatory Snails Introduced to Hawaii and Their Conservation Implications,” *Malacologia* 53, no. 1 (2010).

（37）Nagma Shaheen et al., “A Predatory Snail Distinguishes between Conspecific and Heterospecific Snails and Trails Based on Chemical Cues in Slime,” *Animal Behaviour* 70, no. 5 (2005); Clifford et al., “Slime-Trail Tracking in the Predatory Snail, *Euglandina rosea*.”

（38）Gary Snyder, *The Practice of the Wild* (Berkeley, CA: Counterpoint Press, 2010), 120.

（39）Carlo Brentari, *Jakob von Uexküll: The Discovery of the Umwelt between Biosemiotics and Theoretical Biology* (Dordrecht: Springer, 2015), 240–241. Matthew Chrulew, “Reconstructing the Worlds of Wildlife: Uexküll, Hediger, and Beyond,” *Biosemiotics* 13, no. 1 (2020).

（40）Brenden S. Holland, Marianne Gousy-Leblanc, and Joanne Y. Yew, “Strangers in the Dark: Behavioral and Biochemical Evidence for Trail Pheromones in Hawaiian Tree Snails,” *Invertebrate Biology* 137, no. 2 (2018): 8.

（41）Douglas K. Candland, “The Animal Mind and Conservation of Species: Knowing What Animals Know,” *Current Science* 89, no. 7 (2005); Oded Berger-Tal et al., “Integrating Animal Behavior and Conservation Biology: A Conceptual Framework,” *Behavioral Ecology* 22 (2011).

(42) Val Plumwood, *Environmental Culture: The Ecological Crisis of Reason* (London: Routledge, 2002), 132. こうした「人間」の知覚の仕方や知識の獲得方法が、その人の文化、ジェンダー、言語などに深く影響を受けることは言うまでもない。長年の研究で明らかになったように、もっとも「基本的な」感覚レベルにおいてさえ、世界に対する人間の経験は同じではない。次を参照のこと。David Howes, ed., *Empire of the Senses: The Sensual Culture Reader* (Oxford: Berg Publishers, 2004).

(43) E. Hayward, "Sensational Jellyfish: Aquarium Affects and the Matter of Immersion," *differences* 23, no. 3 (2012): 177.

(44) Vinciane Despret, "It Is an Entire World That Has Disappeared," in *Extinction Studies: Stories of Time, Death and Generations*, ed. Deborah Bird Rose, Thom van Dooren, and Matthew Chrulew (New York: Columbia University Press, 2017).

(45) Eileen Crist, "Ecocide and the Extinction of Animal Minds," in *Ignoring Nature No More: The Case for Compassionate Conservation*, ed. Marc Bekoff (Chicago: University of Chicago Press, 2013), 59.

第2章　海を渡るカタツムリ

(1) Brenden S. Holland, Luciano M. Chiaverano, and Cierra K. Howard, "Diminished Fitness in an Endemic Hawaiian Snail in Nonnative Host Plants," *Ethology Ecology & Evolution* 29, no. 3 (2017).

(2) 科学研究としての生物地理学の歴史については次を参照。David Quammen, *The Song of the Dodo: Island Biogeography in an Age of Extinctions* (New York: Scribner, 1996).

(3) Robert Macfarlane, *Underland: A Deep Time Journey* (London: Penguin, 2019).

(4) Brendan S. Holland and Robert H. Cowie, "A Geographic Mosaic of Passive Dispersal: Population Structure in the Endemic Hawaiian Amber Snail *Succinea caduca* (Mighels, 1845)," *Molecular Ecology* 16, no. 12 (2007): 2432.

(5) Brenden S. Holland, "Land Snails," in *Encyclopedia of Islands* (Los Angeles: University of California Press, 2009).

(6) Małgorzata Ożgo et al., "Dispersal of Land Snails by Sea Storms," *Journal of Molluscan Studies* 82, no. 2 (2016).

(7) Ożgo et al., "Dispersal of Land Snails by Sea Storms."

(8) Ożgo et al., "Dispersal of Land Snails by Sea Storms."

(9) W. J. Rees, "The Aerial Dispersal of Mollusca," *Journal of Molluscan Studies* 36, no. 5 (1965).

(10) Dee S. Dundee, Paul H. Phillips, and John D. Newsom, "Snails on Migratory Birds," *Nautilus* 80 (1967): 90.

(11) Joseph Vagvolgyi, "Body Size, Aerial Dispersal, and Origin of the Pacific Land Snail Fauna," *Systematic Biology* 24, no. 4 (1975).

(12) Shinichiro Wada, Kazuto Kawakami, and Satoshi Chiba, "Snails Can Survive Passage through a Bird's Digestive System," *Journal of Biogeography* 39, no. 1 (2012).

(13) 生物学者は、こうした新種の分散と定着を指して「植民地化」と呼ぶことがよくある。私はそうした用法を避け、植民地化された土地でその呼称を用いることの問題点については別のところで書いた。Thom van Dooren, "Moving Birds in Hawai'i: Assisted Colonisation in a Colonised Land," *Cultural Studies Review* 25, no. 1 (2019).

(14) Sharon R. Kobayashi and Michael G. Hadfield, "An Experimental Study of Growth and Reproduction in the Hawaiian Tree Snails Achatinella mustelina and Partulina redfieldii (Achatinellinae)," *Pacific Science* 50, no. 4 (1996).

(15) Robert H. Cowie and Brenden S. Holland, "Molecular Biogeography and Diversification of the Endemic Terrestrial Fauna of the Hawaiian Islands," *Philosophical Transactions* B 363, no. 1508 (2008). 同じ科の集団が複数回にわたり無事に島に到着した可能性があるなど、さまざまな理由により、ここで挙げた数値はあくまで推定にすぎない。

(16) Val Plumwood, "Nature in the Active Voice," *Australian Humanities Review* 46 (2009): 125を参照。

(17) Sato, Price, and Vaughan, "Kāhuli," 324–325. 次の新聞記事を通じて、「プープー・カニ・アオ」という名前を教えてくれたコディ・プエオ・パタに感謝する。*Ka Nupepa Kuokoa*, "Haina Nane," June 4, 1909 (vol. 46, no. 23).

(18) Yoshio Kondo, "Whistling Land Snails. Letter to Dr. Roland W. Force," *Bishop Museum Library manuscript* (1965).

(19) Sato, Price, and Vaughan, "Kāhuli," 325.

(20) Sato, Price, and Vaughan, "Kāhuli," 325.

(21) Sato, Price, and Vaughan, "Kāhuli," 325.

(22) Holland, Chiaverano, and Howard, "Diminished Fitness in an Endemic Hawaiian Snail in Nonnative Host Plants."

(23) Rob Nixon, *Slow Violence and the Environmentalism of the Poor* (Cambridge, MA: Harvard University Press, 2011).

(24) Michael G. Hadfield, "Extinction in Hawaiian Achatinelline Snails," *Malacologia* 27, no. 1 (1986). 次も参照。 C. Régnier et al., "Extinction in a Hyperdiverse Endemic Hawaiian Land Snail Family and Implications for the Underestimation of Invertebrate Extinction.," *Conservation Biology* 29, no. 6 (2015).

(25) Terry L. Hunt, "Rethinking Easter Island's Ecological Catastrophe," *Journal of Archaeological Science* 34, no. 3 (2007); J. Stephen

Athens, "Rattus exulans and the Catastrophic Disappearance of Hawai'i's Native Lowland Forest," *Biological Invasions* 11, no. 7 (2009).

(26) Gon and Winter, "A Hawaiian Renaissance."

(27) *Paul D'Arcy, Transforming Hawai'i: Balancing Coercion and Consent in Eighteenth-Century Kānaka Maoli Statecraft* (Canberra: ANU Press, 2018), 208; Carol A. MacLennan, *Sovereign Sugar: Industry and Environment in Hawai'i* (Honolulu: University of Hawai'i Press, 2014), 23, 27.

(28) この庇護が具体的にどんなものだったかは不明。バンクーバーは、繁殖個体群が確立する前に全滅してしまわないように、ウシに関して一〇年間のカプ（禁忌）を設けるよう要請したようだ。この要請が実行されたかについては議論の余地があるが、歴史家のジェニファー・ニューウェルが指摘するとおり、それでもウシは、「保護されるほどカメハメハと近い関係」にあった「家畜の長」だった。Jennifer Newell, *Trading Nature: Tahitians, Europeans and Ecological Exchange* (Honolulu: University of Hawai'i Press, 2010), 135.

(29) Newell, Trading *Nature*, 136.

(30) John Ryan Fischer, "Cattle in Hawai'i: Biological and Cultural Exchange," *Pacific Historical Review* 76, no. 3 (2007): 359.

(31) Patricia Tummons, "First the Cattle, then the Bombs, Oust Hawaiians from Makua Valley," *Environment Hawai'i* 3, no. 5 (1992).

(32) Deborah Bird Rose, *Reports from a Wild Country: Ethics for Decolonisation* (Sydney: UNSW Press, 2004), 85.

(33) Seth Archer, *Sharks upon the Land: Colonialism, Indigenous Health, and Culture in Hawai'i*, 1778–1855 (Cambridge: Cambridge University Press, 2018), 2.

(34) MacLennan, *Sovereign Sugar*, 3.

(35) MacLennan, *Sovereign Sugar*, 29.

(36) MacLennan, *Sovereign Sugar*, 166–169.

(37) Patricia Tummons, "Terrestrial Ecosystems," in *The Value of Hawai'i: Knowing the Past, Shaping the Future*, ed. Craig Howes and Jonathan K. K. Osorio (Honolulu: University of Hawai'i Press, 2010), 164–165.

(38) Territory of Hawaii, *Report of the Commissioner of Agriculture and Forestry* 1902 (Honolulu: Gazette Press, 1903).

(39) Donna Haraway, "Anthropocene, Capitalocene, Plantationocene, Chthulucene: Making Kin," *Environmental Humanities* 6 (2015).

(40) R. O'Rorke et al., "Not Just Browsing: An Animal That Grazes Phyllosphere Microbes Facilitates Community Heterogeneity," *ISME*

Journal 11, no. 8 (2017); R. O'Rorke et al., "Dining Local: The Microbial Diet of a Snail That Grazes Microbial Communities Is Geographically Structured," *Environmental Microbiology* 17, no. 5 (2015).

(41) Wallace M. Meyer, Rebecca Ostertag, and Robert H. Cowie, "Influence of Terrestrial Molluscs on Litter Decomposition and Nutrient Release in a Hawaiian Rain Forest," *Biotropica* 45, no. 6 (2013).

(42) Storrs L. Olson and Helen F. James, "Descriptions of Thirty-Two New Species of Birds from the Hawaiian Islands: Part I. Non-Passeriformes," *Ornithological Monographs* 45 (1991): 25.

(43) Anonymous, "One Last Effort to Save the Po'ouli" (Honolulu: Hawai'i Department of Land and Natural Resources, US Fish and Wildlife Service—Pacific Islands, and Zoological Society of San Diego, 2003).

(44) アメリカにおける生態系および生物多様性の保全の歴史については以下を参照。Donald Worster, *Nature's Economy: A History of Ecological Ideas* (Cambridge: Cambridge University Press, 1994); David Takacs, *The Idea of Biodiversity: Philosophies of Paradise* (Baltimore: Johns Hopkins University Press, 1996).

(45) Aldo Leopold, *A Sand County Almanac, and Sketches Here and There* (New York: Oxford University Press, 1949).

(46) Sherwin Carlquist in Puanani O. Anderson-Fung and Kepā Maly, "Hawaiian Ecosystems and Culture: Why Growing Plants for Lei Helps to Preserve Hawai'i's Natural and Cultural Heritage," in *Growing Plants for Hawaiian Lei: 85 Plants for Gardens, Conservation, and Business*, ed. James R. Hollyer (Honolulu: College of Tropical Agriculture and Human Resources, University of Hawai'i, 2017).

(47) Brenden S. Holland, and Michael G. Hadfield, "Islands within an Island: Phylogeography and Conservation Genetics of the Endangered Hawaiian Tree Snail Achatinella mustelina," *Molecular Ecology* 11, no. 3 (2002).

(48) この過程はそれぞれ、生物地理学者が「分散」と「分断」と呼ぶものの1例である。

(49) Baldwin, "The Land Shells of the Hawaiian Islands."

(50) Richard Lewontin, *The Triple Helix: Gene, Organism, and Environment* (Cambridge, MA: Harvard University Press, 2000); Susan Oyama, *Evolution's Eye: A Systems View of the Biology–Culture Divide* (Durham, NC: Duke University Press, 2000).

(51) Tim Ingold, "An Anthropologist Looks at Biology," *Man* (n.s.) 25, no. 2 (1990); Dorian Sagan, "Samuel Butler's Willful Machines," *The Common Review* 9 (2011).

(52) Karola Stotz, "Extended Evolutionary Psychology: The Importance of Transgenerational Developmental Plasticity," *Frontiers in*

Psychology 5, no. 908 (2014).

(53) Ron Amundson, "John T. Gulick and the Active Organism: Adaptation, Isolation, and the Politics of Evolution," in *Darwin's Laboratory: Evolutionary Theory and Natural History in the Pacific*, ed. Roy M. MacLeod and Philip F. Rehbock (Honolulu: University of Hawai'i Press, 1994); Rebecca J. Rundell, "Snails on an Evolutionary Tree: Gulick, Speciation, and Isolation," *American Malacological Bulletin* 29, nos. 1–2 (2011).

(54) 興味深いことに、ギューリックはまた、生物は進化の道筋を自ら整えるという考えを早い時期から主張していた。ロン・アムンゾンはこう書いている。「生物が新たな行動を身につければ、外的環境との関係、ひいては選択圧が変わり、自身の系統の進化にも影響を与えることを、ギューリックはボールドウィン効果が提唱される遅くとも一〇年前には指摘していた」。Amundson, "John T. Gulick and the Active Organism," 132.

(55) Epeli Hau'ofa, "Our Sea of Islands," in *A New Oceania: Rediscovering Our Sea of Islands*, ed. Eric Waddell, Vijay Naidu, and Epeli Hau'ofa (Suva, Fiji: University of the South Pacific, 1993), 2–16; 7.

(56) Tracey Banivanua Mar, *Decolonisation and the Pacific: Indigenous Globalisation and the Ends of Empire* (Cambridge: Cambridge University Press, 2016), 17.

(57) Hau'ofa, "Our Sea of Islands," 4. カテリーナ・テアイワはじめ'BLUE Openings: Approaches to More-Than-Human Oceans for a helpful discussion on the connections between these literatures and biogeography (November 16–17, 2021, Aarhus University, Denmark)の参加者にお礼申し上げる。

(58) Lawrence R. Heaney, "Is a New Paradigm Emerging for Oceanic Island Biogeography?," *Journal of Biogeography* 34 (2007): 753–757.

(59) Elizabeth M. DeLoughrey, "The Myth of Isolates: Ecosystem Ecologies in the Nuclear Pacific," *Cultural Geographies* 20, no. 2 (2013): 167–184.

(60) このプロジェクトについては以下に詳しい。www.manoacliffreforestation.wordpress.com.

(61) Holland, Chiaverano, and Howard, "Diminished Fitness," 237.

(62) David E. Cooper, *The Measure of Things: Humanism, Humility, and Mystery* (Oxford: Oxford University Press, 2007).

(63) Deborah Bird Rose, "Pattern, Connection, Desire: In Honour of Gregory Bateson," *Australian Humanities Review* 35 (2005).

(64) Noelani Arista, "Navigating Uncharted Oceans of Meaning: Kaona as Historical and Interpretive Method," *PMLA* 125, no. 3 (2010):

666.

（65）この議論については、以下でより詳しく考察している。van Dooren, *Flight Ways*, 21–44.

第３章　収集されるカタツムリ

（１）Vernadette Vicuna Gonzalez, *Securing Paradise: Tourism and Militarism in Hawai'i and the Philippines* (Durham, NC: Duke University Press Books, 2013), 67–81; Eileen Momilani Naughton, "The Bernice Pauahi Bishop Museum: A Case Study Analysis of Mana as a Form of Spiritual Communication in the Museum Setting" (PhD diss., Simon Fraser University, 2001), 149–171.

（２）USFWS, "Endangered and Threatened Wildlife and Plants," 46 FR 3178.

（３）https://www.reaganlibrary.gov/archives/speech/remarks-announcing-establishment-presidential-task-force-regulatory-relief. この発表に続いて、行政命令１２２９１が発令された。https://www.archives.gov/federal-register/codification/executive-order/12291.html, accessed May 25, 2021.

（４）USFWS, "Endangered and Threatened Wildlife and Plants; Deferral of Effective Dates," *Federal Register* 46 FR 40025 (1981).

（５）Zygmunt J. B. Plater, "In the Wake of the Snail Darter: An Environmental Law Paradigm and Its Consequences," *Journal of Law Reform* 19, no. 4 (1986): 829.

（６）Wayne C. Gagné, "Conservation Priorities in Hawaiian Natural Systems," *BioScience* 38, no. 4 (1988): 268.

（７）http://papahanakuaola.com, accessed November 16, 2018.

（８）Candace Kaleimamoowahinekapu Galla et al., "Perpetuating Hula: Globalization and the Traditional Art," *Pacific Arts Association* 14, no. 1 (2015).

（９）アンダーソン-ファンとマリーが説明するように、キノラウ（kinolau）というハワイ語は、「『姿形／具体化』を意味するキノ（kino）と、『多数』を意味するラウ（lau）からなる。ハワイの先住民が知るほぼすべての植物が、何らかの精霊や神のキノラウだと考える人もいる」。Anderson-Fung and Maly, "Hawaiian Ecosystems and Culture," 13.

（10）Anderson-Fung and Maly, "Hawaiian Ecosystems and Culture"; Chai Kaiaka Blair-Stahn, "The Hula Dancer as Environmentalist: (Re-)Indigenising Sustainability through a Holistic Perspective on the Role of Nature in Hula," in *Proceedings of the 4th International Traditional Knowledge Conference*, ed. Joseph S. Te Rito and Susan M. Healy, 60–64 (Auckland: Knowledge Exchange Programme of Ngā

Pae o te Māramatanga, 2010).

(11) Blair-Stahn, "The Hula Dancer as Environmentalist"にある引用より。

(12) ハワイの植民地化の歴史と現状については、以下の議論を参照。Haunani-Kay Trask, *From a Native Daughter: Colonialism and Sovereignty in Hawai'i* (Honolulu: University of Hawai'i Press, 1999); Osorio, Dismembering Lāhui; Noenoe K. Silva, *Aloha Betrayed: Native Hawaiian Resistance to American Colonialism* (Durham, NC: Duke University Press, 2004); Noenoe K. Silva, *The Power of the Steel-Tipped Pen: Reconstructing Native Hawaiian Intellectual History* (Durham, NC: Duke University Press, 2017); Archer, *Sharks upon the Land*; Noelani Goodyear-Ka'ōpua, Ikaika Hussey, and Erin Kahunawaika'ala, eds., *A Nation Rising: Hawaiian Movements for Life, Land, and Sovereignty* (Durham, NC: Duke University Press, 2014).

(13) Yoshio Kondo and William J. Clench, "Charles Montague Cooke, Jr.: A Bio-Bibliography," *Bernice P. Bishop Museum, Special Publication* 42 (1952): 9.

(14) ハワイを「占領地」や「植民地」と呼ぶことには、込み入った議論がある。そうした表現は、ハワイの過去と現在の状況に対する、いくぶん異なる理解を引き起こすと同時に、主権をめぐる闘争で選択する可能性のある、法的、政治的対応の枠組みを決める。次を参照のこと。J. Kēhaulani Kauanui, *Paradoxes of Hawaiian Sovereignty: Land, Sex, and the Colonial Politics of State Nationalism* (Durham, NC: Duke University Press, 2018).

(15) Leon No'eau Peralto, "O Koholālele, He 'Āina, He Kanaka, He I'a Nui Nona Ka Lā: Re-Membering Knowledge of Place in Koholālele, Hāmākua, Hawai'i," in *I Ulu I Ka 'Āina: Land*, ed. Jonathan Osorio (Honolulu: University of Hawai'i Press, 2014), 76.

(16) Sato, Price, and Vaughan, "Kāhuli," 330.

(17) Charles Samuel Stewart, "Addenda: Achatina stewartii and A. oahuensis [1823]," *Manual of Conchology* 22 (1912).

(18) Beckwith, *The Kumulipo: A Hawaiian Creation Chant*.

(19) Anderson-Fung and Maly, "Hawaiian Ecosystems and Culture."

(20) https://www.hawaiipublicradio.org/post/episode-3-meaning-aloha-ina-puanani-burgess, accessed May 25, 2021.

(21) Jonathan Goldberg-Hiller and Noenoe K. Silva, "Sharks and Pigs: Animating Hawaiian Sovereignty against the Anthropological Machine," *The South Atlantic Quarterly* 110 (2011): 436.

(22) Goldberg-Hiller and Silva, "Sharks and Pigs," 436.

（23） Sato, Price, and Vaughan, “Kāhuli,” 324–325.
（24） https://manomano.io/, accessed May 25, 2021.
（25） Noah Gomes, “Reclaiming Native Hawaiian Knowledge Represented in Bird Taxonomies,” *Ethnobiology Letters* 11, no. 2 (2020).
（26） Gomes, “Reclaiming Native Hawaiian Knowledge,” 34.
（27） Gomes, “Reclaiming Native Hawaiian Knowledge.”
（28） Hadfield, “Extinction in Hawaiian Achatinelline Snails.”
（29） Baldwin, “The Land Shells of the Hawaiian Islands.” 55
（30） Osorio, *Dismembering Lāhui*, 9–13.
（31） Robert E. Kohler, “Finders, Keepers: Collecting Sciences and Collecting Practice,” History of Science 45, no. 4 (2007): 438.
（32） E. Alison Kay, “Missionary Contributions to Hawaiian Natural History: What Darwin Didn’t Know,” *The Hawaiian Journal of History* 31 (1997).
（33） Addison Gulick, Evolutionist and Missionary, *John Thomas Gulick: Portrayed through Documents and Discussions* (Chicago: University of Chicago Press, 1932), 112.
（34） T. C. B. Rooke, “The Sandwich Island Institute: Inaugural Thesis, Delivered before the Sandwich Island Institute, Dec. 12, 1838.” *The Hawaiian Spectator*, 1838.
（35） Baldwin, “The Land Shells of the Hawaiian Islands,” 55–56.
（36） “Wedding Bells,” *The Daily Bulletin*, Honolulu, HI, January 2, 1885, 1.
（37） Kay, “Missionary Contributions,” 39.
（38） Hadfield, “Extinction in Hawaiian Achatinelline Snails,” 70.
（39） Jonathan Galka, “Mollusk Loves: Becoming with Native and Introduced Land Snails in the Hawaiian *Islands,” Island Studies Journal* (forthcoming 2021).
（40） Gulick, *Evolutionist and Missionary*, 120–121.
（41） Archer, *Sharks upon the Land*, 225, 59–60.
（42） Archer, *Sharks upon the Land*, 226.

(43) Gulick, *Evolutionist and Missionary*, 125–126.

(44) Gulick, *Evolutionist and Missionary*, 125–126.

(45) Osorio, *Dismembering Lāhui*; Stuart Banner, *Possessing the Pacific: Land, Settlers, and Indigenous People from Australia to Alaska* (Cambridge, MA: Harvard University Press, 2007); Silva, *Aloha Betrayed.*

(46) Davianna Pomaika'i McGregor, "Waipi'o Valley, a Cultural Kīpuka in Early 20th Century Hawai'i," *The Journal of Pacific History* 30, no. 2 (1995): 194–195.

(47) MacLennan, *Sovereign Sugar.*

(48) J. Kēhaulani Kauanui, *Hawaiian Blood: Colonialism and the Politics of Sovereignty and Indigeneity* (Durham, NC: Duke University Press, 2008), 75.

(49) Puakea Nogelmeier, "Mai Pa'a I Ka Leo: Historical Voice in Hawaiian Primary Materials, Looking Forward and Listening Back" (PhD diss., University of Hawai'i at Mānoa, 2003), xii.

(50) ku'ualoha ho'omanawanui, *Voices of Fire: Reweaving the Literary Lei of Pele and Hi'iaka* (Minneapolis: University of Minnesota Press, 2014), 33–64; Noelani Arista, "Listening to Leoiki: Engaging Sources in Hawaiian History," *Biography* 32, no. 1 (2009); Silva, *The Power of the Steel-Tipped Pen.*

(51) Silva, *Aloha Betrayed.*

(52) H. M. Ayres, "Under the Coconut Tree," *The Hawaiian Star*, December 16, 1911.

(53) MacLeod and Rehbock, *Darwin's Laboratory*; Tom Griffiths and Libby Robin, eds., *Ecology and Empire: Environmental History of Settler Societies* (Seattle: University of Washington Press, 1997); Paula Findlen, *Possessing Nature: Museums, Collecting, and Scientific Culture in Early Modern Italy* (Berkeley: University of California Press, 1994); Nicholas Jardine, James A.Secord, and Emma C. Spary, eds., *Cultures of Natural History* (Cambridge: Cambridge University Press, 1996).

(54) Libby Robin, "Ecology: A Science of Empire," in *Ecology and Empire: Environmental History of Settler Societies*, ed. Tom Griffiths and Libby Robin (South Carlton: Melbourne University Press, 1997).

(55) MacLennan, *Sovereign Sugar.*

(56) C. M. Hyde, "Exhibition of Land Shells," *The Pacific Commercial Advertiser*, February 28, 1895, 1.

（57） Sune Borkfelt, “What’s in a Name?: Consequences of Naming Non-Human Animals,” *Animals* 1 (2011); Etienne S. Benson, “Naming the Ethological Subject,” *Science in Context* 29, no. 1 (2016).

（58） Russell Clement, “From Cook to the 1840 Constitution: The Name Change from Sandwich to Hawaiian Islands,” *Hawaiian Journal of History* 14 (1980).

（59） Kay, “Missionary Contributions,” 39.

（60） Anonymous, “Mount Tantalus Got Its Name from Punahou Boys,” *The Pacific Commercial Advertiser*, October 7, 1901.

（61） McDougall, *Finding Meaning*.

（62） ho’omanawanui, *Voices of Fire*, 55.

（63） マオリの研究者、リンダ・トゥヒワイ・スミスは、アオテアロア（ニュージーランド）の植民地化という文脈で、次のように書いている。「土地の名前をつけ直すことは、観念的には、土地を変えるのと同じくらいの力をもっていた。たとえば、先住民の子供は、自分の親たちが何世代にもわたり暮らしてきた土地の新しい名前を学校で教えられた。地図や公的な場で使われる名前だ。そうした新しい名前をつけられた土地は、先住民が自らの歴史をたどったり、霊的な存在を呼び起こしたり、簡単な儀式を行ったりするための歌やチャントから、次第に切り離されていった」。Linda Tuhiwai Smith, *Decolonizing Methodologies: Research and Indigenous Peoples* (London: Zed Books, 2012), 107.

（64） David D. Baldwin, “Descriptions of New Species of Achatinellidae from the Hawaiian Islands,” *Proceedings of the Academy of Natural Sciences of Philadelphia* 47 (1895).

（65） このような献上品としてハワイマイマイは人気があり、アカティネルラ・ドレイのほかにも、*A. juddii*、*A. byronii*、*A. lyonsiana*、*A. cookei*、*A. stewartii*、*A. spaldingi* などがあった。こうした学名は、その後多くが「改訂」されたため、現在では公式なものではない（第4章で詳しく見る）。それ以外の種はすべて絶滅したか、絶滅危惧種となっている。

（66） Baldwin, “Descriptions of New Species,” 220.

（67） W. R. Farrington, “Editorial,” *The Pacific Commercial Advertiser*, March 1, 1895, 1.

（68） Hadfield, “Extinction in Hawaiian Achatinelline Snails,” 73.

（69） Hadfield, “Extinction in Hawaiian Achatinelline Snails,” 74.

（70） Hadfield, “Extinction in Hawaiian Achatinelline Snails,” 74.

(71) たとえば次を参照のこと。Baldwin, "The Land Shells of the Hawaiian Islands"; Gulick, *Evolutionist and Missionary*, 411.

(72) Anonymous, "Notes of the Week," *The Hawaiian Gazette*, October 8, 1873.

(73) Sepkoski, *Catastrophic Thinking*. このトピックについては以下も参照。Patrick Brantlinger, *Dark Vanishings: Discourse on the Extinction of Primitive Races, 1800–1930* (Ithaca, NY: Cornell University Press, 2003); Miles A.Powell, *Vanishing America: Species Extinction, Racial Peril, and the Origins of Conservation* (Cambridge, MA: Harvard University Press, 2016).

(74) Joseph J. Gouveia, "A Collecting Trip on the Island of Oahu, Hawaiian Islands, by the Gulick Natural History Club," *Nautilus*, 33, no. 2 (1919): 54–58.

(75) David D. Baldwin, "Land Shell Collecting on Oahu," *Hawaii's Young People* 4, no. 8 (1900): 240.

(76) こうした傾向には長い歴史があり、今日でもそれは続いている。また、そこには人間に関連するものの収集／記録も含まれる。その歴史についての議論は以下を参照。T. Griffiths, *Hunters and Collectors: The Antiquarian Imagination in Australia* (Cambridge: Cambridge University Press, 1996); Robert E. Kohler, *All Creatures: Naturalists, Collectors, and Biodiversity, 1850–1950* (Princeton, NJ: Princeton University Press, 2013). 今日の問題としての議論は以下を参照。Jenny Reardon, *Race to the Finish: Identity and Governance in an Age of Genomics* (Princeton, NJ: Princeton University Press, 2005); Carrie Friese, *Cloning Wild Life: Zoos, Captivity, and the Future of Endangered Animals* (New York: NYU Press, 2013); Joanna Radin and Emma Kowal, eds., *Cryopolitics: Frozen Life in a Melting World* (Cambridge, MA: MIT Press, 2017).

(77) Haunani-Kay Trask, "The Birth of the Modern Hawaiian Movement: Kalama Valley, O'ahu," *Hawaiian Journal of History* 21 (1987); Goodyear-Ka'ōpua, Hussey, and Kahunawaika'ala, *A Nation Rising*.

(78) Mehana Blaich Vaughan, *Kaiaulu: Gathering Tides* (Corvallis: Oregon State University Press, 2018); Gon and Winter, "A Hawaiian Renaissance"; Candace Fujikane, *Mapping Abundance for a Planetary Future: Kanaka Maoli and Critical Settler Cartographies in Hawai'i* (Durham, NC: Duke University Press, 2021); Kawika Winter et al., "The Moku System: Managing Biocultural Resources for Abundance within Social-Ecological Regions in Hawai'i," *Sustainability* 10 (2018); Noelani Goodyear-Ka'ōpua, "Rebuilding the 'Auwai: Connecting Ecology, Economy and Education in Hawaiian Schools," *AlterNative: An International Journal of Indigenous Peoples* 5, no. 2 (2009).

(79) Kali Fermantez, "Re-Placing Hawaiians in Dis Place We Call Home," *Hūlili: Multidisciplinary Research on Hawaiian Well-Being* 8 (2012).

（80） Gerald Vizenor, *Survivance: Narratives of Native Presence* (Lincoln: University of Nebraska Press, 2008); Brandy Nālani McDougall and Georganne Nordstrom, “Ma Ka Hana Ka ‘Ike (In the Work Is the Knowledge): Kaona as Rhetorical Action,” *College Composition and Communication* 63, no. 1 (2011).

（81） McGregor, “Waipi‘o Valley.”「(再) 接続」という用語を使ったのは、このプロセスを説明するためだ。その際私が参照したのは、フーパ族、ユロック族、カルク族の学者であるカッチャ・リスリング・ボールディである。彼女は、ミシュアナ・グーマンの研究を引きながら、以下の事実を含意するものとして、この「(再)」という接頭辞を理解すべきだと論じた。「先住民は、ただ主張し、命名している（あるいは地図を作り、創造している）のではない。彼らは、過去を利用して未来を築く（再）活性化に参画し、それらの認識論的基盤が、入植者植民地主義に立ち向かう言説において新しくもあり古くもある自分たちの遺産をいかに語るのかを示している」。Cutcha Risling Baldy, “Coyote Is Not a Metaphor: On Decolonizing, (Re)claiming and (Re)naming ‘Coyote,’” *Decolonization: Indigeneity, Education & Society* 4, no. 1 (2015).

（82） Amy Ku‘uleialoha Stillman, “The Hawaiian Hula and Legacies of Institutionalization,” *Comparative American Studies: An International Journal* 5, no. 2 (2007); Nogelmeier, “Mai Pa‘a I Ka Leo”; Arista, “Listening to Leoiki.”

（83） 分類学における命名の歴史と政治の詳しい議論については以下を参照。Stephen B. Heard, *Charles Darwin's Barnacle and David Bowie's Spider: How Scientific Names Celebrate Adventurers, Heroes, and Even a Few Scoundrels* (New Haven, CT: Yale University Press, 2020).

（84） Kate Evans, “Change Species Names to Honor Indigenous Peoples, Not Colonizers, Researchers Say,” *Scientific American* (2020), https://www.scientificamerican.com/article/change-species-names-to-honor-indigenous-peoples-not-colonizers-researchers-say/.

（85） スティーブン・ハードは次のように書いている。「遠征や採集旅行には、しばしば先住民のガイドや助手といった支援労働者が同伴し、彼らの貢献は決して小さくなかった——そうした人々がいなければ、多くの遠征が惨めな失敗に終わっていただろう。たとえば、ジョン・ヴァン・ウィーエが近年編んだ書籍によると、アルフレッド・ウォレスの有名なマレー島遠征には、一〇〇〇人以上の現地人が助手として関わっていたようだ」。Heard, *Charles Darwin's Barnacle.*

（86） Silva, *The Power of the Steel-Tipped Pen*; Arista, “Listening to Leoiki”; Nogelmeier, “Mai Pa‘a I Ka Leo.”

（87） Sato, Price, and Vaughan, “Kāhuli,” 330.

第4章　名をもたぬカタツムリ

（1）José Antonio González-Oreja, "The Encyclopedia of Life vs. the Brochure of Life: Exploring the Relationships between the Extinction of Species and the Inventory of Life on Earth," *Zootaxa* 1965, no. 1 (2008).

（2）C. Mora, A. Rollo, and D. P. Tittensor, "Comment on 'Can We Name Earth's Species before They Go Extinct?'" *Science* 341, no. 6143 (2013); González-Oreja, "The Encyclopedia of Life."

（3）Andy Purvis, "A Million Threatened Species? Thirteen Questions and Answers" (2019): https://ipbes.net/news/million-threatened-species-thirteen-questions-answers, accessed May 25, 2021.

（4）Kondo and Clench, "Charles Montague Cooke, Jr.," 4–5. このポストに就く前、クックは一九〇二年からコレクションの助手をしていた。

（5）Robert H. Cowie, "Yoshio Kondo: Bibliography and List of Taxa," *Bishop Museum Occasional Papers* 32 (1993); Carl C. Christensen, "Dr. Kondo Retires as Bishop Museum Malacologist," *Hawaiian Shell News* 29, no. 1 (1981).

（6）パイナップルがハワイの主要なプランテーション作物であり、カナカ・マオリの土地の収奪と環境破壊に深く関与した植物であることは、指摘しておく必要があるだろう。またパイナップルは、クックの一族が多大な経済的恩恵を受けていた作物でもある。クックの祖父、エイモス・スター・クックは、ハワイ王国とその後のハワイ準州で数多くの重要な役割を担った人物だが、なかでも、ハワイで絶大な権勢をふるった「ビッグ・ファイブ」企業の一つ、キャッスル&クックを設立したことで名高い。キャッスル&クックはパイナップルの主要生産者で、今日のパイナップルの代名詞的存在であるドールはその子会社だった。ここからわかるように、カタツムリの標本を保存するのに使われたアルコールは、クックの重要な仕事を可能にするのに少なからぬ役割を果たした植民地化、富、特権という大きな物語と切り離すことはできない。

（7）Kondo and Clench, "Charles Montague Cooke, Jr."

（8）Christensen, "Dr. Kondo Retires."

（9）William J. Clench, "John T. Gulick's Hawaiian Land Shells," *Nautilus* 72 (1959).

（10）Yeung and Hayes, "Biodiversity and Extinction of Hawaiian Land Snails," 1160. コレクションの過去と現在の収蔵品について補足説明をしてくれたノリにお礼を述べたい。のちに見るように、収蔵品の多くはいまだ目録化されていない。

(11) https://conchologistsofamerica.org/bynes-disease-questions-and-answers/, accessed May 25, 2021.

(12) Bill Wood, "Hard Choices at Bishop Museum," *Hawaii Investor* (October 1985); Naughton, "The Bernice Pauahi Bishop Museum," 172–187.

(13) Robert H. Cowie, Neal L. Evenhuis, and Carl C. Christensen, *Catalog of the Native Land and Freshwater Molluscs of the Hawaiian Islands* (Leiden: Backhuys Publishers, 1995).

(14) この目録を作成するにあたって、カウィらは既知のハワイのカタツムリをリストにまとめ、その総数が七五二種であることを明らかにした。その他の七種は目録発表後に追加されたもの。二種の新種、パルトゥリナ・プウピリエンシス（*Partulina puupiliensis*）とパルトゥリナ・ホブディイ（*Partulina hobdyi*）は以下に記載された。Mike Severns, *Shells of the Hawaiian Islands: The Land Shells* (Hackenheim: ConchBooks, 2011). セヴァーンズはさらに、ハワイ固有の三種の亜種を種へと昇格させている。残りの二種の新種、アウリクレルラ・ガニエオルム（*Auriculella gagneorum*）とエンドドンタ・クリステンセニ（*Endodonta christenseni*）は、ノリとケンらによって記載された。Kenneth A. Hayes et al., "The Last Known Endodonta Species? *Endodonta christenseni* sp. nov. (Gastropoda: Endodontidae)," *Bishop Museum Occasional Papers* 138 (2020); Norine W. Yeung et al., "Overlooked but Not Forgotten: The First New Extant Species of Hawaiian Land Snail Described in 60 Years, *Auriculella gagneorum* sp. nov. (Achatinellidae, Auriculellinae)," *ZooKeys* 950 (2020). 一九九五年の目録以降に追加された新種について説明してくれたロバート・カウィに感謝する。

(15) Wayne C. Gagne and Carl C. Christensen, "Conservation Status of Native Terrestrial Invertebrates in Hawai'i," in *Hawai'i's Terrestrial Ecosystems: Preservation and Management*, ed. C. P. Stone and J. M. Scott (Honolulu: Cooperative National Park Resources Studies Unit, University of Hawai'i, 1985).

(16) Yeung and Hayes, "Biodiversity and Extinction of Hawaiian Land Snails," 1159.

(17) この数字は、二〇二〇年三月九日にデイブ・シスコがビショップ博物館で開催したフイ・カーフリというイベントで発表されたもの。

(18) C. Régnier et al., "Foot Mucus Stored on FTA® Cards Is a Reliable and Non-Invasive Source of DNA for Genetics Studies in Molluscs," *Conservation Genetics Resources* 3, no. 2 (2011).

(19) Baldwin, "The Land Shells of the Hawaiian Islands," 57.

（20） Robert Cameron, *Slugs and Snails*, 19.

（21） Kondo and Clench, "Charles Montague Cooke, Jr.," 9.

（22） Alain Dubois, "Describing New Species," *Taprobanica: The Journal of Asian Biodiversity* 2, no. 1 (2011): 7.

（23） リグウス属とそれを研究する人たちの面白い議論は次を参照。Jonathan Galka, "Liguus Landscapes: Professional Malacology, Amateur Ligging, and the Social Life of Snail Science," *Journal of the History of Biology* 55, no. 4 (2022).

（24） Lorraine Daston, "Type Specimens and Scientific Memory," *Critical Inquiry* 31 (2004): 156.

（25） Joshua Trey Barnett, "Naming, Mourning, and the Work of Earthly Coexistence," *Environmental Communication* 13, no. 3 (2019): 294.

（26） Prather et al., "Invertebrates, Ecosystem Services and Climate Change"; Nico Eisenhauer, Aletta Bonn, and Carlos A. Guerra, "Recognizing the Quiet Extinction of Invertebrates," *Nature Communications* 10, no. 1 (2019); Francisco Sánchez-Bayo and Kris A. G. Wyckhuys, "Worldwide Decline of the Entomofauna: A Review of Its Drivers," *Biological Conservation* 232 (2019).

（27） Cowie et al., "Measuring the Sixth Extinction."

（28） J. E. Baillie, C. Hilton-Taylor, and S. N. Stuart, eds., *A Global Species Assessment* (Gland: IUCN, 2004); Régnier, Fontaine, and Bouchet, "Not Knowing, Not Recording, Not Listing."

（29） S. N. Stuart et al., "The Barometer of Life," *Science* 328, no. 5975 (2010).

（30） Michael R. Donaldson et al., "Taxonomic Bias and International Biodiversity Conservation Research," *FACETS* 1 (2016).

（31） Cowie et al., "Measuring the Sixth Extinction," 4.

（32） 軟体動物の信頼できるデータベースは次を参照。 MolluscaBase: https://www.molluscabase.org/.

（33） Eisenhauer, Bonn, and Guerra, "Recognizing the Quiet Extinction of Invertebrates."

（34） A. Dubois, "The Relationships between Taxonomy and Conservation Biology in the Century of Extinctions," *Comptes Rendus Biologies* 326, Suppl. 1 (2003): S10.

（35） González-Oreja, "The Encyclopedia of Life."

（36） Benoît Fontaine, Adrien Perrard, and Philippe Bouchet, "21 Years of Shelf Life between Discovery and Description of New Species," *Current Biology* 22 (2012).

(37) M. J. Costello, R. M. May, and N. E. Stork, "Can We Name Earth's Species before They Go Extinct?," *Science* 339, no. 6118 (2013).

(38) A. F. Sartori, O. Gargominy, and B. Fontaine, "Anthropogenic Extinction of Pacific Land Snails: A Case Study of Rurutu, French Polynesia, with Description of Eight New Species of Endodontids (Pulmonata)," *Zootaxa* 3640 (2013): 343.

(39) Yeung, and Hayes, "Biodiversity and Extinction of Hawaiian Land Snails," 1162.

(40) Purvis, "A Million Threatened Species?"

(41) Charles Lydeard et al., "The Global Decline of Nonmarine Mollusks," *BioScience* 54, no. 4 (2004). 記載種の数は次を参考にした（二〇二一年五月二〇日時点）。 https://www.molluscabase.org/.

(42) Lydeard et al., "The Global Decline of Nonmarine Mollusks."

(43) Ira Richling and Philippe Bouchet, "Extinct even before Scientific Recognition: A Remarkable Radiation of Helicinid Snails (Helicinidae) on the Gambier Islands, French Polynesia," *Biodiversity and Conservation* 22, no. 11 (2013).

(44) Sartori, Gargominy, and Fontaine, "Anthropogenic Extinction of Pacific Land Snails."

(45) Michelle Bastian, "Whale Falls, Suspended Ground, and Extinctions Never Known," *Environmental Humanities* 12, no. 2 (2020).

(46) Cameron, Slugs and Snails, 38–48.

(47) Dalia Nassar and Margaret M. Barbour, "Rooted," *Aeon* (October 16, 2019).

(48) Richling and Bouchet, "Extinct even before Scientific Recognition."

(49) Richling and Bouchet, "Extinct even before Scientific Recognition," 2442.

(50) Cameron, *Slugs and Snails*, 330–32.

(51) Melissa Mertl, "Taxonomy in Danger of Extinction," *Science Magazine* (May 22, 2002).

(52) Richard Conniff, "Conservation Conundrum: Is Focusing on a Single Species a Good Strategy?," *Yale Environment 360* (May 17, 2018); Sandy J. Andelman and William F. Fagan, "Umbrellas and Flagships: Efficient Conservation Surrogates or Expensive Mistakes?," *Proceedings of the National Academy of Sciences* 97 (2000).

(53) https://theecologist.org/2011/jan/02/species-vs-ecosystems-save-tiger-or-focus-bigger-issues, accessed May 25, 2021.

第5章　吹き飛ばされるカタツムリ

(1) Marion Kelly and Nancy Aleck, *Mākua Means Parents: A Brief Cultural History of Mākua Valley* (Honolulu: American Friends Service Committee, 1997), 2.

(2) Tummons, "First the Cattle."

(3) Patricia Tummons, "Army Tenure at Makua Valley Solidified after Statehood," *Environment Hawai'i* 3, no. 5 (1992).

(4) Patricia Tummons, "Army's Application for EPA Permit Is Long, but Not Informative," *Environment Hawai'i* 3, no. 5 (1992).

(5) Alison A. Dalsimer, "Threatened and Endangered Species on DOD Lands," *Department of Defense Natural Resources Program Fact Sheet* (2016).

(6) Dalsimer, "Threatened and Endangered Species"; Bruce A. Stein, Cameron Scott, and Nancy Benton, "Federal Lands and Endangered Species: The Role of Military and Other Federal Lands in Sustaining Biodiversity," *BioScience* 58, no. 4 (2008).

(7) US Department of Defense and US Fish & Wildlife Service, "The Military and the Endangered Species Act: Interagency Cooperation," *Factsheet* (2001).

(8) https://www.hawaiibusiness.com/endangered-and-underfunded/, accessed May 25, 2021. Leonard, "Recovery Expenditures." も参照。

(9) 文化、土地、主権をめぐるハワイの闘争の歴史と未来に関する詳細な議論は以下を参照。Goodyear-Ka'ōpua, Hussey, and Kahunawaika'ala, *A Nation Rising*; Kauanui, *Paradoxes of Hawaiian Sovereignty*.

(10) 先住民と環境保全活動家のあいだの緊張、協力、対立についての議論は以下を参照。Goldberg-Hiller and Silva, "Sharks and Pigs"; Thom van Dooren, *The Wake of Crows: Living and Dying in Shared Worlds* (New York: Columbia University Press, 2019), 71–94; Eve Vincent and Timothy Neale, eds., *Unstable Relations: Indigenous People and Environmentalism in Contemporary Australia* (Perth: UWA Publishing, 2016); Paige West, James Igoe and Dan Brockington, "Parks and Peoples: The Social Impact of Protected Areas," *Annual Review of Anthropology* 35 (2006); Anna Lowenhaupt Tsing, *Friction: An Ethnography of Global Connection* (Princeton, NJ: Princeton University Press, 2005); June Mary Rubis and Noah Theriault, "Concealing Protocols: Conservation, Indigenous Survivance, and the Dilemmas of Visibility," *Social & Cultural Geography* 21, no. 7 (2019); Alexander Mawyer and Jerry K Jacka, "Sovereignty, Conservation and Island Ecological Futures." *Environmental Conservation* 45, no. 3 (2018); Liv Østmo and John Law, "Mis/translation, Colonialism, and Environmental Conflict," *Environmental Humanities* 10, no. 2 (2018).

(11) David Vine, *Base Nation: How US Military Bases abroad Harm America and the World* (New York: Henry Holt and Company, 2015).

(12) Niall McCarthy, "Report: The U.S. Military Emits More CO2 than Many Industrialized Nations," *Forbes* (June 13, 2019).

(13) Carl C. Christensen and Michael G. Hadfield, *Field Survey of Endangered O'ahu Tree Snails (*Genus Achatinella*) on the Makua Military Reservation* (Honolulu: Division of Malacology, Bernice P. Bishop Museum, 1984).

(14) D'Alté A. Welch, "Distribution and Variation of Achatinella mustelina Mighels in the Waianae Mountains, Oahu," *Bernice P. Bishop Museum Bulletin* 152 (1938).

(15) Christensen and Hadfield, *Field Survey*, 13.

(16) Christensen and Hadfield, *Field Survey*, 16.

(17) Patricia Tummons, "Endangered Snails of Makua Valley Are Placed at Risk by Army Fires," *Environment Hawai'i* 3, no. 5 (1992).

(18) Tummons, "Endangered Snails of Makua Valley."

(19) Kalamaoka'āina Niheu, "Pu'uhonua: Sanctuary and Struggle at Mākua," in *A Nation Rising*, ed. Goodyear-Ka'ōpua, Hussey, and Kahunawaika'ala.

(20) Jonathan Kamakawiwo'ole Osorio, "Hawaiian Souls: The Movement to Stop the U.S. Military Bombing of Kaho'olawe," in *A Nation Rising*, ed. Goodyear-Ka'ōpua, Hussey, and Kahunawaika'ala.

(21) https://earthjustice.org/news/press/2003/community-group-warns-army-to-reinitiate-fws-review-of-makua, accessed May 25, 2021.

(22) The Makua Implementation Team, *Implementation Plan: Makua Military, Reservation, Island of Oahu* (Honolulu: United States Army Garrison, Hawai'i, 2003), 2–2.

(23) 協定の文言は次から引用した。 Kelly and Aleck, *Mākua Means Parents*, 9.

(24) Tummons, "Army Tenure at Makua Valley Solidified after Statehood."

(25) https://kahoolawe.hawaii.gov/history.shtml, accessed May 25, 2021.

(26) David Havlick, "Logics of Change for Military-to-Wildlife Conversions in the United States," *GeoJournal* 69, no. 3 (2007); David G. Havlick, *Bombs Away: Militarization, Conservation, and Ecological Restoration* (Chicago: University of Chicago Press, 2018).

(27) Havlick, "Logics of Change," 156.

(28) Rick Zentelis and David Lindenmayer, "Bombing for Biodiversity-Enhancing Conservation Values of Military Training Areas,"

Conservation Letters 8, no. 4 (2015): 301.

（29）Jobriath Rohrer et al., *Development of Tree Snail Protection Enclosures: From Design to Implementation* (Honolulu: Pacific Cooperative Studies Unit, University of Hawaiʻi at Mānoa, 2016).

（30）このコオラウの最初のエクスクロージャーは軍によって設置されたが、その後SEPPに委譲された。軍が関連種に悪影響を直接及ぼすことはないと判断されたからだ。

（31）マウイ・ヌイ（大マウイ）とは、主に地質学者や生物学者が使う名称で、マウイ島、モロカイ島、ラナイ島、カホオラウェ島の四島をひとまとめに指す。これらの島々はかつてひとつの大きな島だったが、過去一〇〇万年に起きた海面変動の結果、現在はばらばらになっている。

第6章　囚われるカタツムリ

（1）この文脈では「キープカ」という表現の方がより適切だと指摘してくれたキャンディス・フジオカに感謝する。

（2）Lesley Head, *Hope and Grief in the Anthropocene: Re-Conceptualising Human–Nature Relations* (London: Routledge, 2016).

（3）Rebecca Solnit, *Hope in the Dark: Untold Histories, Wild Possibilities* (Edinburgh: Canongate Books, 2016), xii.

（4）他の著作でも述べたことだが、ここでの「ケア」とは、他者の幸福を願う抽象的な行為とは一線を画すものと理解しなければならない。他者および可能世界をケアすることは、感情的、倫理的に絡まり合うことであり、それを実現するためにとれる方策であれば、どんなものであれ関与することである。Van Dooren, *The Wake of Crows*.

（5）A. F. James et al., "Modelling the Growth and Population Dynamics of the Exiled Stockton Coal Plateau Landsnail, Powelliphanta augusta," *New Zealand Journal of Zoology* 40, no. 3 (2013).

（6）エベン・カークジーは、その脆い希望、幸福、ケアについて論じている。S. Eben Kirksey, *Emergent Ecologies* (Durham, NC: Duke University Press, 2015).

（7）D. Brossard et al., "Promises and Perils of Gene Drives: Navigating the Communication of Complex, Post-Normal Science," *Proceedings of the National Academy of Sciences* 116, no. 16 (2019). ハワイ固有の鳥類の多くはすでに森から姿を消し、何とか生き残ったものも、今では飼育施設や縮小するレフュージア（待避地）で暮らしている。人間がやってくる以前にハワイ諸島にのみ生息していた鳥は一一三種とされるが、その三分の二近くがすでに絶滅してしまった。現在まで生き残っているのは四二種。そのうちの約四分の三が絶滅危惧種法（ＥＳＡ）によって絶滅危惧種に指定されている。Leonard, “Recovery Expenditures for Birds”を参照。残された個体群を回復させるには、鳥マラリアを媒介する蚊を根絶する必要があるだろう。そして、ここでもまた気候変動が状況を悪化させている。気温が高くなったことで、カウアイ島の高所にあるアキキキ（*Oreomystis bairdi*）やアケケエ（*Loxops caeruleirostris*）といった鳥の生息地に、蚊が侵入できるようになったからだ。

（8） Carl C. Christensen, “Should We Open This Can of Worms? A Call for Caution Regarding Use of the Nematode Phasmarhabditis hermaphrodita for Control of Pest Slugs and Snails in the United States,” *Tentacle* 27 (2019).

（9） J. Fischer and D. B. Lindenmayer, “An Assessment of the Published Results of Animal Relocations,” *Biological Conservation* 96 (2000).

（10） Head, *Hope and Grief*.

（11） Anna Lowenhaupt Tsing, “Blasted Landscapes, and the Gentle Art of Mushroom Picking,” in *The Multispecies Salon: Gleanings from a Para-Site*, ed. Eben Kirksey (Durham, NC: Duke University Press, 2016).

（12） Chantal Mouffe and Ernesto Laclau, “Hope, Passion, Politics,” in *Hope: New Philosophies for Change*, ed. Mary Zournarzi (Annandale, NSW: Pluto Press, 2002), 126.

（13） Stewart Brand, “The Dawn of De-Extinction. Are You Ready?,” (2013): http://longnow.org/revive/de-extinction/2013/stewart-brand-the-dawn-of-de-extinction-are-you-ready, accessed May 25, 2021; Elin Kelsey and Clayton Hanmer, *Not Your Typical Book about the Environment* (Toronto: Owlkids, 2010).

（14） Head, *Hope and Grief*.

（15） Ashlee Cunsolo and Neville R. Ellis, “Ecological Grief as a Mental Health Response to Climate Change–Related Loss,” *Nature Climate Change* 8, no. 4 (2018).

（16） https://theconversation.com/hope-and-mourning-in-the-anthropocene-understanding-ecological-grief-88630, accessed May 25, 2021.

（17） Rose, *Wild Dog Dreaming*, 98.

（18） James Hatley, “Blaspheming Humans: Levinasian Politics and the Cove,” *Environmental Philosophy* 8, no. 2 (2011).

（19） Deborah Bird Rose, “Slowly: Writing into the Anthropocene,” *TEXT* 20 (2013).

（20） Rose, *Wild Dog Dreaming*, 5.

（21） 私のこの理解は、ウェンデル・ベリーの重要な著作に影響を受けたものだ。ベリーはそのなかで、一部の政治的行為は「世間的な成功」への希望よりも、「黙従することで壊れてしまうかもしれない自身の心や精神の質を保ちたいという希望」によって遂行されると捉えている。Wendell Berry, *What Are People For?: Essays* (Berkeley, CA: Counterpoint Press, 2010), 62. ただし私の考えでは、個人が自己を涵養することよりも、関係の可能性の方に重きを置きたい。

エピローグ

（1） Joji Uchikawa et al., "Geochemical and Climate Modeling Evidence for Holocene Aridification in Hawaii: Dynamic Response to a Weakening Equatorial Cold Tongue," *Quaternary Science Reviews* 29, nos. 23–24 (2010).

（2） Michael G. Hadfield, Stephen E. Miller, and Anne H. Carwile, "The Decimation of Endemic Hawaiian Tree Snails by Alien Predators," *American Zoologist* 33 (1993).

（3） Jessica A. Garza et al., "Changes of the Prevailing Trade Winds over the Islands of Hawaii and the North Pacific," *Journal of Geophysical Research: Atmospheres* 117, no. D11 (2012): 16.

（4） Charles H. Fletcher, *Hawai'i's Changing Climate: Briefing Sheet, 2010* (Honolulu: University of Hawai'i Sea Grant College Program, 2010), 2.

（5） Fletcher, *Hawai'i's Changing Climate*, 3.

（6） https://blogs.scientificamerican.com/extinction-countdown/snails-going-extinct, accessed May 25, 2021.

（7） T. A. Norris et al., "An Integrated Approach for Assessing Translocation as an Effective Conservation Tool for Hawaiian Monk Seals," *Endangered Species Research* 32 (2017); Chris D. Thomas, "Translocation of Species, Climate Change, and the End of Trying to Recreate Past Ecological Communities," *Trends in Ecology and Evolution* 26 (2011).

（8） Van Dooren, "Moving Birds in Hawai'i."

（9） Yeung et al., "Overlooked but Not Forgotten."

（10） Fujikane, *Mapping Abundance for a Planetary Future*; Goodyear-Ka'ōpua, Hussey, and Kahunawaika'ala, *A Nation Rising*. 他の地域に関する議論については以下を参照。Davis and Todd, "On the Importance of a Date, or Decolonizing the Anthropocene"; Whyte,

"Our Ancestors' Dystopia Now"; DeLoughrey, *Allegories of the Anthropocene*.

(11) Goodyear-Kaʻōpua, "Protectors of the Future," 186.

(12) Kawika Winter et al., "The Moku System," 1.

(13) Goodyear-Kaʻōpua, "Rebuilding the ʻAuwai"; Puaʻala Pascua et al., "Beyond Services: A Process and Framework to Incorporate Cultural, Genealogical, Place-Based, and Indigenous Relationships in Ecosystem Service Assessments," *Ecosystem Services* 26 (2017); Gon and Winter, "A Hawaiian Renaissance"; Vaughan, *Kaiaulu: Gathering Tides*.

索　引

参考文献

Amundson, Ron. “John T. Gulick and the Active Organism: Adaptation, Isolation, and the Politics of Evolution.” In *Darwin's Laboratory: Evolutionary Theory and Natural History in the Pacific*, edited by Roy MacLeod and Philip Rehbock, 110–139. Honolulu: University of Hawaiʻi Press, 1994.

Andelman, Sandy J., and William F. Fagan. “Umbrellas and Flagships: Efficient Conservation Surrogates or Expensive Mistakes?” *Proceedings of the National Academy of Sciences* 97 (2000): 5954–5959.

Anderson-Fung, Puanani O., and Kepā Maly. “Hawaiian Ecosystems and Culture: Why Growing Plants for Lei Helps to Preserve Hawaiʻi's Natural and Cultural Heritage.” *CTAHR Resource Management Publication* 16 (2009).

Anonymous. “Mount Tantalus Got Its Name from Punahou Boys.” *The Pacific Commercial Advertiser*, October 7, 1901, 3.

Anonymous, “Notes of the Week,” *The Hawaiian Gazette*, October 8, 1873.

Anonymous. *One Last Effort to Save the Poʻouli*. Honolulu: Hawaiʻi Department of Land and Natural Resources, US Fish and Wildlife Service—Pacific Islands, and Zoological Society of San Diego, 2003.

Archer, Seth. *Sharks upon the Land: Colonialism, Indigenous Health, and Culture in Hawaiʻi, 1778–1855*. Cambridge: Cambridge University Press, 2018.

Arista, Noelani. “Listening to Leoiki: Engaging Sources in Hawaiian History.” *Biography* 32, no. 1 (2009): 66–73.

Arista, Noelani. “Navigating Uncharted Oceans of Meaning: Kaona as Historical and Interpretive Method.” *PMLA* 125, no. 3 (2010): 663–669.

Athens, J. Stephen. “Rattus exulans and the Catastrophic Disappearance of Hawaiʻi's Native Lowland Forest.” *Biological Invasions* 11, no. 7 (2009): 1489–1501.

Baillie, J. E., C. Hilton-Taylor, and S. N. Stuart, eds. *A Global Species Assessment*. Gland, Switzerland: IUCN, 2004.

Baldwin, David D. “Descriptions of New Species of Achatinellidae from the Hawaiian Islands.” *Proceedings of the Academy of Natural Sciences of Philadelphia* 47 (1895): 214–236.

Baldwin, David D. “Land Shell Collecting on Oahu.” *Hawaii's Young People* 4, no. 8 (1900): 239–243.

Baldwin, David D. “The Land Shells of the Hawaiian Islands.” In *Hawaiian Almanac and Annual*, 55–63. Honolulu: Press Publishing Company, 1887.

Baldy, Cutcha Risling. “Coyote Is Not a Metaphor: On Decolonizing, (Re)claiming and (Re)naming ‘Coyote.’” *Decolonization: Indigeneity, Education & Society* 4, no. 1 (2015): 1–20.

Banivanua Mar, Tracey. *Decolonisation and the Pacific: Indigenous Globalisation and the Ends of Empire*. Cambridge: Cambridge University Press, 2016.

Banner, Stuart. *Possessing the Pacific: Land, Settlers, and Indigenous People from Australia to Alaska*. Cambridge, MA: Harvard University Press, 2007.

Barnett, Joshua Trey. “Naming, Mourning, and the Work of Earthly Coexistence.” *Environmental Communication* 13, no. 3 (2019): 287–299.

Barnosky, Anthony D., Nicholas Matzke, Susumu Tomiya, Guinevere O. U. Wogan, Brian Swartz, Tiago B. Quental, Charles Marshall, Jenny L. McGuire, Emily L. Lindsey, Kaitlin C. Maguire, Ben Mersey, and Elizabeth A. Ferrer. "Has the Earth's Sixth Mass Extinction Already Arrived?" *Nature* 471 (2011): 51–57.

Bastian, Michelle. "Whale Falls, Suspended Ground, and Extinctions Never Known." *Environmental Humanities* 12, no. 2 (2020): 454–474.

Beckwith, Martha Warren (trans.) *The Kumulipo: A Hawaiian Creation Chant*. Chicago: University of Chicago Press, 1951.〔デイヴィッド・カラカウア／リリウオカラニ『ハワイの伝承と神話　附・クムリポ』和爾桃子／山口やすみ訳（作品社、二〇二三年）〕

Benson, Etienne S. "Naming the Ethological Subject." *Science in Context* 29, no. 1 (2016): 107–128.

Berger-Tal, Oded, Tal Polak, Aya Oron, Burt P. Kotler, and David Saltz. "Integrating Animal Behavior and Conservation Biology: A Conceptual Framework." *Behavioral Ecology* 22 (2011): 1–4.

Berry, Wendell. *What Are People For?* Essays. Berkeley, CA: Counterpoint Press, 2010.

Bezan, Sarah. "The Endling Taxidermy of Lonesome George: Iconographies of Extinction at the End of the Line." *Configurations* 27, no. 2 (2019): 211–238.

Blair-Stahn, Chai Kaiaka. "The Hula Dancer as Environmentalist: (Re-)Indigenising Sustainability through a Holistic Perspective on the Role of Nature in Hula." In *Proceedings of the 4th International Traditional Knowledge Conference*, edited by Joseph S. Te Rito, and Susan M. Healy, 60–64. Auckland: Knowledge Exchange Programme of Ngā Pae o te Māramatanga, 2010.

Borkfelt, Sune. "What's in a Name?: Consequences of Naming Non-Human Animals." *Animals* 1 (2011): 116–125.

Brand, Stewart. "The Dawn of De-Extinction. Are You Ready?" (2013): https://www.ted.com/talks/stewart_brand_the_dawn_of_de_extinction_are_you_ready?.

Brantlinger, Patrick. *Dark Vanishings: Discourse on the Extinction of Primitive Races, 1800–1930*. Ithaca, NY: Cornell University Press, 2003.

Brentari, Carlo. *Jakob von Uexku¨ll: The Discovery of the Umwelt between Biosemiotics and Theoretical Biology*. Dordrecht: Springer, 2015.

Brossard, D., P. Belluck, F. Gould, and C. D. Wirz. "Promises and Perils of Gene Drives: Navigating the Communication of Complex, Post-Normal Science." *Proceedings of the National Academy of Sciences USA* 116, no. 16 (2019): 7692–7697.

Buchanan, Brett. "On the Trail of a Philosopher Ethologist." Paper presented at *The History, Philosophy, and Future of Ethology IV*. Perth: Curtin University, 2019.

Buchanan, Brett, Michelle Bastian, and Matthew Chrulew. "Introduction: Field Philosophy and Other Experiments." *Parallax* 24, no. 4 (2018): 383–391.

Cameron, Robert. *Slugs and Snails*. London: HarperCollins UK, 2016.

Candland, Douglas K. "The Animal Mind and Conservation of Species: Knowing What Animals Know." *Current Science* 89, no. 7 (2005): 1122–1127.

Cardoso, Pedro, Terry L. Erwin, Paulo A. V. Borges, and Tim R. New. "The Seven Impediments in Invertebrate Conservation and How to Overcome Them." *Biological Conservation* 144, no. 11 (2011): 2647–2655.

Castree, Noel. “The Anthropocene and the Environmental Humanities: Extending the Conversation.” *Environmental Humanities* 5 (2014): 233–260.

Chase, Ronald B. *Behavior and Its Neural Control in Gastropod Molluscs*. Oxford: Oxford University Press, 2002.

Christensen, Carl C. “Dr. Kondo Retires as Bishop Museum Malacologist.” *Hawaiian Shell News* 29, no. 1 (1981): 1.

Christensen, Carl C. “Should We Open This Can of Worms? A Call for Caution Regarding Use of the Nematode Phasmarhabditis hermaphrodita for Control of Pest Slugs and Snails in the United States.” *Tentacle* 27 (2019): 2–4.

Christensen, Carl C., and Michael G. Hadfield. *Field Survey of Endangered O'ahu Tree Snails (*Genus Achatinella*) on the Makua Military Reservation*. Honolulu: Division of Malacology, Bernice P. Bishop Museum, 1984.

Chrulew, Matthew. “Reconstructing the Worlds of Wildlife: Uexküll, Hediger, and Beyond.” *Biosemiotics* 13, no. 1 (2020): 137–149.

Clark, Nigel. “Geo-Politics and the Disaster of the Anthropocene.” *The Sociological Review* 62 (2014): 19–37.

Clement, Russell. “From Cook to the 1840 Constitution: The Name Change from Sandwich to Hawaiian Islands.” *Hawaiian Journal of History* 14 (1980): 50–57.

Clench, William J. “John T. Gulick's Hawaiian Land Shells.” *Nautilus* 72 (1959): 95–98.

Clifford, Kavan T., Liaini Gross, Kwame Johnson, Khalil J. Martin, Nagma Shaheen, and Melissa A. Harrington. “Slime-Trail Tracking in the Predatory Snail, Euglandina rosea.” *Behavioral Neuroscience* 117, no. 5 (2003): 1086–1095.

Conniff, Richard. “Conservation Conundrum: Is Focusing on a Single Species a Good Strategy?” *Yale Environment 360* (2018).

Cook, A. “Homing by the Slug Limax pseudoflavus.” *Animal Behaviour* 27 (1979): 545–552.

Cooper, David E. *The Measure of Things: Humanism, Humility, and Mystery*. Oxford: Oxford University Press, 2007.

Costello, M. J., R. M. May, and N. E. Stork. “Can We Name Earth's Species before They Go Extinct?” *Science* 339, no. 6118 (2013): 413–416.

Cowie, Robert H. “Patterns of Introduction of Non-Indigenous Non-Marine Snails and Slugs in the Hawaiian Islands.” *Biodiversity and Conservation* 7, no. 3 (1998): 349–368.

Cowie, Robert H. “Variation in Species Diversity and Shell Shape in Hawaiian Land Snails: In Situ Speciation and Ecological Relationships.” *Evolution* 49, no. 6 (1995): 1191–1202.

Cowie, Robert H. “Yoshio Kondo: Bibliography and List of Taxa.” *Bishop Museum Occasional Papers* 32 (1993).

Cowie, Robert H., Neal L. Evenhuis, and Carl C. Christensen. *Catalog of the Native Land and Freshwater Molluscs of the Hawaiian Islands*. Leiden, the Netherlands: Backhuys Publishers, 1995.

Cowie, Robert H., and Brenden S. Holland. “Molecular Biogeography and Diversification of the Endemic Terrestrial Fauna of the Hawaiian Islands.” *Philosophical Transactions of the Royal Society of London B* 363, no. 1508 (2008): 3363–3376.

Cowie, Robert H., Claire Regnier, Benoit Fontaine, and Philippe Bouchet. "Measuring the Sixth Extinction: What Do Mollusks Tell Us?" *Nautilus* 1 (2017): 3–41.

Crist, Eileen. "Ecocide and the Extinction of Animal Minds." In *Ignoring Nature No More: The Case for Compassionate Conservation*, edited by Marc Bekoff, 45–61. Chicago: University of Chicago Press, 2013.

Cunsolo, Ashlee, and Neville R. Ellis. "Ecological Grief as a Mental Health Response to Climate Change-Related Loss." *Nature Climate Change* 8, no. 4 (2018): 275–281.

Dalsimer, Alison A. "Threatened and Endangered Species on DoD Lands." *Department of Defense Natural Resources Program Fact Sheet* (2016).

D'Arcy, Paul. *Transforming Hawai'i: Balancing Coercion and Consent in Eighteenth-Century Kānaka Maoli Statecraft*. Canberra: ANU Press, 2018.

Daston, Lorraine. "Type Specimens and Scientific Memory." *Critical Inquiry* 31 (2004): 153–182.

Davies, M. S., and J. Blackwell. "Energy Saving through Trail Following in a Marine Snail." *Proceedings of the Royal Society B* 274, no. 1614 (2007): 1233–1236.

Davis, C. J., and G. D. Butler. "Introduced Enemies of the Giant African Snail, Achatina fulica Bowdich, in Hawaii (Pulmonata: Achatinidae)." *Proceedings of the Hawaiian Entomological Society* 18, no. 3 (1964): 377–389.

Davis, Heather, and Zoe Todd. "On the Importance of a Date, or Decolonizing the Anthropocene." *ACME: An International E-Journal for Critical Geographies* 16, no. 4 (2017): 761–780.

Dawson, Ashley. *Extinction: A Radical History*. New York: OR Books, 2016.

DeLoughrey, Elizabeth M. *Allegories of the Anthropocene*. Durham, NC: Duke University Press, 2019.

DeLoughrey, Elizabeth M. "The Myth of Isolates: Ecosystem Ecologies in the Nuclear Pacific." *Cultural Geographies* 20, no. 2 (2013): 167–184.

Denny, M. "The Role of Gastropod Pedal Mucus in Locomotion." *Nature* 285 (1980): 160–161.

Despret, Vinciane. "The Enigma of the Raven." *Angelaki* 20 (2015): 57–72.

Despret, Vinciane. "It Is an Entire World That Has Disappeared." In *Extinction Studies: Stories of Time, Death and Generations*, edited by Deborah Bird Rose, Thom van Dooren, and Matthew Chrulew, 216–222. New York: Columbia University Press, 2017.

Donaldson, Michael R., Nicholas J. Burnett, Douglas C. Braun, Cory D. Suski, Scott G. Hinch, Steven J. Cooke, and Jeremy T. Kerr. "Taxonomic Bias and International Biodiversity Conservation Research." *FACETS* 1 (2016): 105–113.

Dubois, Alain. "Describing New Species." *Taprobanica: The Journal of Asian Biodiversity* 2, no. 1 (2011): 6–24.

Dubois, Alain. "The Relationships between Taxonomy and Conservation Biology in the Century of Extinctions." *C.R. Biologies 326 Supplement* 1 (2003): S9–S21.

Dundee, Dee S., Paul H. Phillips, and John D. Newsom. "Snails on Migratory Birds." *Nautilus* 80 (1967): 89–91.

Edelstam, Carl, and Carina Palmer. "Homing Behaviour in Gastropodes." *Oikos* 2 (1950): 259–270.

Eisenhauer, Nico, Aletta Bonn, and Carlos A. Guerra. "Recognizing the Quiet Extinction of Invertebrates." *Nature Communications* 10, no. 50 (2019): 1–3.

Evans, Kate. “Change Species Names to Honor Indigenous Peoples, Not Colonizers, Researchers Say.” *Scientific American*, November 3, 2020. https://www.scientificamerican.com/article/change-species-names-to-honor-indigenous-peoples-not-colonizers-researchers-say.

Fermantez, Kali. “Re-Placing Hawaiians in dis Place We Call Home.” *Hūlili: Multidisciplinary Research on Hawaiian Well-Being* 8 (2012): 97–131.

Findlen, Paula. *Possessing Nature: Museums, Collecting, and Scientific Culture in Early Modern Italy*. Los Angeles: University of California Press, 1994.〔フィンドレン『自然の占有——ミュージアム、蒐集、そして初期近代イタリアの科学文化』伊藤博明／石井朗訳（ありな書房、二〇〇五年）〕

Fischer, J., and D. B. Lindenmayer. “An Assessment of the Published Results of Animal Relocations.” *Biological Conservation* 96 (2000): 1–11.

Fischer, John Ryan. “Cattle in Hawai‘i: Biological and Cultural Exchange.” *Pacific Historical Review* 76, no. 3 (2007): 347–372.

Fletcher, Charles H. *Hawai‘i's Changing Climate: Briefing Sheet*, 2010. Honolulu: University of Hawai‘i Sea Grant College Program, 2010.

Fontaine, Benoît, Adrien Perrard, and Philippe Bouchet. “21 Years of Shelf Life between Discovery and Description of New Species.” Current Biology 22 (2012): R943–R944.

Friese, Carrie. *Cloning Wild Life: Zoos, Captivity, and the Future of Endangered Animals*. New York: NYU Press, 2013.

Fujikane, Candace. *Mapping Abundance for a Planetary Future: Kanaka Maoli and Critical Settler Cartographies in Hawai‘i*. Durham, NC: Duke University Press, 2021.

Gagné, Wayne C. “Conservation Priorities in Hawaiian Natural Systems.” *BioScience* 38, no. 4 (1988): 264–271.

Gagné, Wayne C., and Carl C. Christensen. “Conservation Status of Native Terrestrial Invertebrates in Hawai‘i.” In *Hawaii's Terrestrial Ecosystems: Preservation and Management*, edited by C. P. Stone and J. M. Scott, 105–126. Honolulu: Cooperative National Park Resources Studies Unit, University of Hawai‘i, 1985.

Galka, Jonathan. “Liguus Landscapes: Professional Malacology, Amateur Ligging, and the Social Life of Snail Science.” *Journal of the History of Biology* 55, no. 4 (2022).

Galka, Jonathan. “Mollusk Loves: Becoming with Native and Introduced Land Snails in the Hawaiian Islands.” *Island Studies Journal* (forthcoming).

Galla, Candace Kaleimamoowahinekapu, Louise Janet Leiola Aquino Galla, Dennis Kana‘e Keawe, and Larry Lindsey Kimura. “Perpetuating Hula: Globalization and the Traditional Art.” *Pacific Arts Association* 14, no. 1 (2015): 129–140.

Garza, Jessica A., Pao-Shin Chu, Chase W. Norton, and Thomas A. Schroeder. “Changes of the Prevailing Trade Winds over the Islands of Hawaii and the North Pacific.” *Journal of Geophysical Research: Atmospheres* 117, no. D11 (2012): 1–18.

Ghosh, Amitav. *The Nutmeg's Curse: Parables for a Planet in Crisis*. Chicago: University of Chicago Press, 2021.

Giggs, Rebecca. *Fathoms: The World in the Whale*. London: Scribe, 2020.

Goldberg-Hiller, Jonathan, and Noenoe K. Silva. "Sharks and Pigs: Animating Hawaiian Sovereignty against the Anthropological Machine." *The South Atlantic Quarterly* 110 (2011): 429–446.

Gomes, Noah. "Reclaiming Native Hawaiian Knowledge Represented in Bird Taxonomies." *Ethnobiology Letters* 11, no. 2 (2020): 30–43.

Gon, Sam 'Ohu, and Kawika Winter. "A Hawaiian Renaissance That Could Save the World." *American Scientist* 107, no. 4 (2019): 232–239.

Gonzalez, *Vernadette Vicuna. Securing Paradise: Tourism and Militarism in Hawai'i and the Philippines.* Durham, NC: Duke University Press, 2013.

González-Oreja, José Antonio. "The Encyclopedia of Life vs. the Brochure of Life: Exploring the Relationships between the Extinction of Species and the Inventory of Life on Earth." *Zootaxa* 1965, no. 1 (2008): 61–68.

Goodyear-Ka'ōpua, Noelani. "Protectors of the Future, Not Protestors of the Past: Indigenous Pacific Activism and Mauna a Wākea." *South Atlantic Quarterly* 116, no. 1 (2017): 184–194.

Goodyear-Ka'ōpua, Noelani. "Rebuilding the 'Auwai: Connecting Ecology, Economy and Education in Hawaiian Schools." *AlterNative: An International Journal of Indigenous Peoples* 5, no. 2 (2009): 46–77.

Goodyear-Ka'ōpua, Noelani, Ikaika Hussey, and Erin Kahunawaika'ala, eds. *A Nation Rising: Hawaiian Movements for Life, Land, and Sovereignty Durham*, NC: Duke University Press, 2014.

Griffiths, Tom. *Hunters and Collectors: The Antiquarian Imagination in Australia*. Cambridge: Cambridge University Press, 1996.

Griffiths, Tom, and Libby Robin, eds. *Ecology and Empire: Environmental History of Settler Societies*. Seattle: University of Washington Press, 1997.

Gulick, Addison. *Evolutionist and Missionary, John Thomas Gulick: Portrayed through Documents and Discussions*. Chicago: University of Chicago Press, 1932.

Hadfield, Michael G. "Extinction in Hawaiian Achatinelline Snails." *Malacologia* 27, no. 1 (1986): 67–81.

Hadfield, Michael. "Snails That Kill Snails." In *The Feral Atlas*, edited by Anna L. Tsing, Jennifer Deger, Alder Keleman Saxena, and Feifei Zhou. Stanford, CA: Stanford University Press, 2021.

Hadfield, Michael G., and Donna Haraway. "The Tree-Snail Manifesto." *Current Anthropology* 60, no. S20 (2019): S209–S235.

Hadfield, Michael G., Stephen E. Miller, and Anne H. Carwile. "The Decimation of Endemic Hawaiian Tree Snails by Alien Predators." *American Zoologist* 33 (1993): 610–622.

Hadfield, Michael G., and Barbara Shank Mountain. "A Field Study of a Vanishing Species, Achatinella mustelina (Gastropoda, Pulmonata), in the Waianae Mountains of Oahu." *Pacific Science* 34, no. 4 (1980): 345–358.

Haraway, Donna. "Anthropocene, Capitalocene, Plantationocene, Chthulucene: Making Kin." *Environmental Humanities* 6 (2015): 159–165.

Haraway, Donna. *When Species Meet*. Minneapolis: University of Minnesota Press, 2008.〔ハラウェイ『犬と人が出会うとき――異種協働のポリティクス』高橋さきの訳（青土社、二〇一三年)〕

Hart, Alan D. "Living Jewels Imperiled." *Defenders* 50 (1975): 482–486.

Hart, Alan D. "The Onslaught against Hawaii's Tree Snails." *Natural History* 87 (1978): 46–57.

Hatley, James. “Blaspheming Humans: Levinasian Politics and the Cove.” *Environmental Philosophy* 8, no. 2 (2011): 1–21.

Hau‘ofa, Epeli. “Our Sea of Islands.” In *A New Oceania: Rediscovering Our Sea of Islands*, edited by Eric Waddell, Vijay Naidu, and Epeli Hau‘ofa, 2–16. Suva: University of the South Pacific, 1993.

Havlick, David. *Bombs Away: Militarization, Conservation, and Ecological Restoration*. Chicago: University of Chicago Press, 2018.

Havlick, David. “Logics of Change for Military-to-Wildlife Conversions in the United States.” *GeoJournal* 69, no. 3 (2007): 151–164.

Hayes, Kenneth A., John Slapcinsky, David R. Sischo, Jaynee R. Kim, and Norine W. Yeung. “The Last Known Endodonta Species? Endodonta christenseni sp. nov. (Gastropoda: Endodontidae).” *Bishop Museum Occasional Papers* 138 (2020): 1–15.

Hayward, Eva. “Sensational Jellyfish: Aquarium Affects and the Matter of Immersion.” *differences* 23, no. 3 (2012): 161–196.

Head, Lesley. “The Anthropoceneans.” *Geographical Research* 53, no. 3 (2015): 313–320.

Head, Lesley. *Hope and Grief in the Anthropocene: Re-Conceptualising Human–Nature Relations*. London: Routledge, 2016.

Heaney, Lawrence R. “Is a New Paradigm Emerging for Oceanic Island Biogeography?,” *Journal of Biogeography* 34 (2007): 753–757.

Heard, Stephen B. *Charles Darwin's Barnacle and David Bowie's Spider: How Scientific Names Celebrate Adventurers, Heroes, and Even a Few Scoundrels*. New Haven, CT: Yale University Press, 2020.〔ハード『学名の秘密——生き物はどのように名付けられるか』上京恵訳（原書房、二〇二一年）〕

Heise, Ursula K. *Imagining Extinction: The Cultural Meanings of Endangered Species*. Chicago: University of Chicago Press, 2016.

Holland, Brenden S. “Land Snails.” In *Encyclopedia of Islands*, 537–542. Los Angeles: University of California Press, 2009.

Holland, Brenden S., Luciano M. Chiaverano, and Cierra K. Howard. “Diminished Fitness in an Endemic Hawaiian Snail in Nonnative Host Plants.” *Ethology Ecology & Evolution* 29, no. 3 (2017): 229–240.

Holland, Brenden S., Taylor Chock, Alan Lee, and Shinji Sugiura. “Tracking Behavior in the Snail Euglandina rosea: First Evidence of Preference for Endemic vs. Biocontrol Target Pest Species in Hawai‘i.” *American Malacological Bulletin* 30, no. 1 (2012): 153–157.

Holland, Brenden S., and Robert H. Cowie. “A Geographic Mosaic of Passive Dispersal: Population Structure in the Endemic Hawaiian Amber Snail Succinea caduca (Mighels, 1845).” *Molecular Ecology* 16, no. 12 (2007): 2422–2435.

Holland, Brenden S., Marianne Gousy-Leblanc, and Joanne Y. Yew. “Strangers in the Dark: Behavioral and Biochemical Evidence for Trail Pheromones in Hawaiian Tree Snails.” *Invertebrate Biology* 137, no. 2 (2018): 124–132.

Holland, Brenden S., and Michael G. Hadfield. “Islands within an Island: Phylogeography and Conservation Genetics of the Endangered Hawaiian Tree Snail Achatinella mustelina.” *Molecular Ecology* 11,

no. 3 (2002): 365–375.

ho'omanawanui, ku'ualoha. *Voices of Fire: Reweaving the Literary Lei of Pele and Hi'iaka*. Minneapolis: University of Minnesota Press, 2014.

Howes, David, ed. *Empire of the Senses: The Sensual Culture Reader*. Oxford: Berg Publishers, 2004.

Hunt, Terry L. "Rethinking Easter Island's Ecological Catastrophe." *Journal of Archaeological Science* 34, no. 3 (2007): 485–502.

Ingold, Tim. "An Anthropologist Looks at Biology." *Man (N.S.)* 25 (1990): 208–229.

James, A. F., R. Brown, K. A. Weston, and K. Walker. "Modelling the Growth and Population Dynamics of the Exiled Stockton Coal Plateau Landsnail, Powelliphanta augusta." *New Zealand Journal of Zoology* 40, no. 3 (2013): 175–185.

Jardine, Nicholas, James A. *Secord, and Emma C. Spary, eds. Cultures of Natural History*. Cambridge: Cambridge University Press, 1996.

Johnson, Elizabeth, Harlan Morehouse, Simon Dalby, Jessi Lehman, Sara Nelson, Rory Rowan, Stephanie Wakefield, and Kathryn Yusoff. "After the Anthropocene: Politics and Geographic Inquiry for a New Epoch." *Progress in Human Geography* 38, no. 3 (2014): 439–456.

Jørgensen, Dolly. "Endling: The Power of the Last in an Extinction-Prone World." *Environmental Philosophy* 14, no. 1 (2017): 119–138.

Jørgensen, Dolly. *Recovering Lost Species in the Modern Age: Histories of Longing and Belonging*. Cambridge, MA: MIT Press, 2019.

Kauanui, J. Kēhaulani. *Hawaiian Blood: Colonialism and the Politics of Sovereignty and Indigeneity*. Durham, NC: Duke University Press, 2008.

Kauanui, J. Kēhaulani. *Paradoxes of Hawaiian Sovereignty: Land, Sex, and the Colonial Politics of State Nationalism*. Durham, NC: Duke University Press, 2018.

Kay, E. Alison. "Missionary Contributions to Hawaiian Natural History: What Darwin Didn't Know." *The Hawaiian Journal of History* 31 (1997): 27–52.

Kelly, Marion, and Nancy Aleck. *Mākua Means Parents: A Brief Cultural History of Mākua Valley*. Honolulu: American Friends Service Committee, 1997.

Kelsey, Elin, and Clayton Hanmer. *Not Your Typical Book about the Environment*. Toronto: Owlkids, 2010.

Kimmerer, Robin Wall. *Braiding Sweetgrass: Indigenous Wisdom, Scientific Knowledge and the Teachings of Plants*. Minneapolis, MN: Milkweed Editions, 2013.

Kirch, Patrick V. "When Did the Polynesians Settle Hawai'i? A Review of 150 Years of Scholarly Inquiry and a Tentative Answer." *Hawaiian Archaeology* 12 (2011): 3–26.

Kirksey, S. Eben. *Emergent Ecologies*. Durham, NC: Duke University Press, 2015.

Kobayashi, Sharon R., and Michael G. Hadfield. "An Experimental Study of Growth and Reproduction in the Hawaiian Tree Snails Achatinella mustelina and Partulina redfieldii (Achatinellinae)." *Pacific Science* 50, no. 4 (1996): 339–354.

Koene, Joris M., and Andries Ter Maat. "Coolidge Effect in Pond Snails: Male Motivation in a Simultaneous Hermaphrodite." *BMC Evolutionary Biology* 7, no. 1 (2007): 1–6.

Kohler, Robert E. *All Creatures: Naturalists, Collectors, and Biodiversity, 1850–1950*. Princeton, NJ: Princeton University Press, 2013.

Kohler, Robert E. "Finders, Keepers: Collecting Sciences and Collecting Practice." *History of Science* 45, no. 4 (2007): 428–454.

Kondo, Yoshio, and William J. Clench. "Charles Montague Cooke, Jr.: A Bio-Bibliography." *Bernice P. Bishop Museum, Special Publication* 42 (1952): 1–56.

Leonard, David L., Jr. "Recovery Expenditures for Birds Listed under the US Endangered Species Act: The Disparity between Mainland and Hawaiian Taxa." *Biological Conservation* 141 (2008): 2054–2061.

Leopold, Aldo. *A Sand County Almanac, and Sketches Here and There*. New York: Oxford University Press, 1949. 〔レオポルド『野生のうたが聞こえる』新島義昭訳（講談社学術文庫、一九九七年）〕

Lewontin, Richard. *The Triple Helix: Gene, Organism, and Environment*. Cambridge, MA: Harvard University Press, 2000.

Lorimer, Jamie. *Wildlife in the Anthropocene: Conservation after Nature*. Minneapolis: University of Minnesota Press, 2015.

Lukowiak, K., H. Sunada, M. Teskey, K. Lukowiak, and S. Dalesman. "Environmentally Relevant Stressors Alter Memory Formation in the Pond Snail Lymnaea." *Journal of Experimental Biology* 217 (2014): 76–83.

Lydeard, Charles, Robert H. Cowie, Winston F. Ponder, Arthur E. Bogan, Philippe Bouchet, Stephanie A. Clark, Kevin S. Cummings, Terrence J. Frest, Olivier Gargominy, and Dai G. Herbert. "The Global Decline of Nonmarine Mollusks." *BioScience* 54, no. 4 (2004): 321–330.

Macfarlane, Robert. *Underland: A Deep Time Journey*. London: Penguin, 2019.

MacLennan, Carol A. *Sovereign Sugar: Industry and Environment in Hawai'i*. Honolulu: University of Hawai'i Press, 2014.

MacLeod, Roy M., and Philip F. Rehbock, eds. *Darwin's Laboratory: Evolutionary Theory and Natural History in the Pacific*. Honolulu: University of Hawai'i Press, 1994.

Makua Implementation Team. *Implementation Plan: Makua Military, Reservation, Island of Oahu*. Honolulu: United States Army Garrison, Hawai'i, 2003.

Mawyer, Alexander, and Jerry K. Jacka. "Sovereignty, Conservation and Island Ecological Futures." *Environmental Conservation* 45 no. 3 (2018): 238–251.

McCarthy, Niall. "Report: The U.S. Military Emits More CO2 than Many Industrialized Nations." *Forbes*, June 13, 2019.

McDougall, Brandy Nālani. *Finding Meaning: Kaona and Contemporary Hawaiian Literature*. Tucson: University of Arizona Press, 2016.

McDougall, Brandy Nālani, and Georganne Nordstrom. "Ma Ka Hana Ka 'Ike (In the Work is the Knowledge): Kaona as Rhetorical Action." *College Composition and Communication* 63, no. 1 (2011): 98–121.

McGregor, Davianna Pomaika'i. "Waipi'o Valley, a Cultural Kīpuka in Early 20th Century Hawai'i." *The Journal of Pacific History* 30, no. 2 (1995): 194–209.

McHugh, Susan. *Love in a Time of Slaughters: Human–Animal Stories against Genocides and Extinctions*. University Park: Penn State University Press, 2019.

Mertl, Melissa. "Taxonomy in Danger of Extinction." *Science Magazine*, May 22, 2002.

Meyer, Wallace M., and Robert H. Cowie. "Feeding Preferences of Two Predatory Snails Introduced to

Hawai'i and Their Conservation Implications." *Malacologia* 53, no. 1 (2010): 135–144.

Meyer, Wallace M., Rebecca Ostertag, and Robert H. Cowie. "Influence of Terrestrial Molluscs on Litter Decomposition and Nutrient Release in a Hawaiian Rain Forest." *Biotropica* 45, no. 6 (2013): 719–727.

Meyer, Wallace M., Norine W. Yeung, John Slapcinsky, and Kenneth A. Hayes. "Two for One: Inadvertent Introduction of Euglandina Species during Failed Bio-Control Efforts in Hawai'i." *Biological Invasions* 19, no. 5 (2017): 1399–1405.

Mitchell, Audra. "Revitalizing Laws, (Re)-Making Treaties, Dismantling Violence: Indigenous Resurgence against 'the Sixth Mass Extinction.'" *Social & Cultural Geography* 21, no. 7 (2020): 909–924.

Mora, C., A. Rollo, and D. P. Tittensor. "Comment on 'Can We Name Earth's Species before They Go Extinct?'" *Science* 341, no. 6143 (2013): 237.

Mora, C., D. P. Tittensor, S. Adl, A. G. Simpson, and B. Worm. "How Many Species Are There on Earth and in the Ocean?" *PLoS Biology* 9, no. 8 (2011): e1001127.

Mouffe, Chantal, and Ernesto Laclau. "Hope, Passion, Politics." In *Hope: New Philosophies for Change*, edited by Mary Zournarzi, 122–148. Annandale, NSW: Pluto Press, 2002.

Nassar, Dalia, and Margaret M. Barbour. "Rooted." *Aeon*, October 16, 2019.

Naughton, Eileen Momilani. "The Bernice Pauahi Bishop Museum: A Case Study Analysis of Mana as a Form of Spiritual Communication in the Museum Setting." PhD dissertation, Simon Fraser University, 2001.

New, Timothy R. "Angels on a Pin: Dimensions of the Crisis in Invertebrate Conservation." *American Zoologist* 33, no. 6 (1993): 623–630.

Newell, Jennifer. *Trading Nature: Tahitians, Europeans and Ecological Exchange*. Honolulu: University of Hawai'i Press, 2010.

Ng, T. P., S. H. Saltin, M. S. Davies, K. Johannesson, R. Stafford, and G. A. Williams. "Snails and Their Trails: The Multiple Functions of Trail-Following in Gastropods." *Biological Reviews* 88, no. 3 (2013): 683–700.

Niheu, Kalamaoka'āina. "Pu'uhonua: Sanctuary and Struggle at Mākua." In *A Nation Rising: Hawaiian Movements for Life, Land, and Sovereignty*, edited by Noelani Goodyear-Ka'ōpua, Ikaika Hussey, and Erin Kahunawaika'ala, 161–179. Durham, NC: Duke University Press, 2014.

Nijhuis, Michelle. *Beloved Beasts: Fighting for Life in an Age of Extinction*. New York: W. W. Norton, 2021.

Nixon, Rob. *Slow Violence and the Environmentalism of the Poor*. Cambridge, MA: Harvard University Press, 2011.

Nogelmeier, Puakea. "Mai Pa'a I Ka Leo: Historical Voice in Hawaiian Primary Materials, Looking Forward and Listening Back." PhD dissertation, University of Hawai'i at Mānoa, 2003.

Norris, T. A., C. L. Littnan, F. M. D. Gulland, J. D. Baker, and J. T. Harvey. "An Integrated Approach for Assessing Translocation as an Effective Conservation Tool for Hawaiian Monk Seals." *Endangered Species Research* 32 (2017): 103–115.

Olson, Storrs L., and Helen F. James. "Descriptions of Thirty-Two New Species of Birds from the Hawaiian Islands: Part I. Non-Passeriformes." *Ornithological Monographs* 45 (1991): 1–88.

O'Rorke, R., G. M. Cobian, B. S. Holland, M. R. Price, V. Costello, and A. S. Amend. "Dining Local:

The Microbial Diet of a Snail That Grazes Microbial Communities Is Geographically Structured." *Environmental Microbiology* 17, no. 5 (2015): 1753–1764.

O'Rorke, R., L. Tooman, K. Gaughen, B. S. Holland, and A. S. Amend. "Not Just Browsing: An Animal That Grazes Phyllosphere Microbes Facilitates Community Heterogeneity." *ISME Journal* 11, no. 8 (2017): 1788–1798.

Osorio, Jonathan Kamakawiwoʻole. "Hawaiian Souls: The Movement to Stop the U.S. Military Bombing of Kahoʻolawe." In *A Nation Rising: Hawaiian Movements for Life, Land, and Sovereignty*, edited by Noelani Goodyear-Kaʻōpua, Ikaika Hussey, and Erin Kahunawaikaʻala, 137–160. Durham, NC: Duke University Press, 2014.

Osorio, Jonathan Kay Kamakawiwoʻole. *Dismembering Lāhui: A History of the Hawaiian Nation to 1887*. Honolulu: University of Hawaiʻi Press, 2002.

Østmo, Liv, and John Law. "Mis/translation, Colonialism, and Environmental Conflict." *Environmental Humanities* 10, no. 2 (2018): 349–369.

Oyama, Susan. *Evolution's Eye: A Systems View of the Biology-Culture Divide*. Durham, NC: Duke University Press, 2000.

Ożgo, Małgorzata, Aydin Örstan, Małgorzata Kirschenstein, and Robert Cameron. "Dispersal of Land Snails by Sea Storms." *Journal of Molluscan Studies* 82, no. 2 (2016): 341–343.

Pascua, Puaʻala, Heather McMillen, Tamara Ticktin, Mehana Vaughan, and Kawika B. Winter. "Beyond Services: A Process and Framework to Incorporate Cultural, Genealogical, Place-Based, and Indigenous Relationships in Ecosystem Service Assessments." *Ecosystem Services* 26 (2017): 465–475.

Peralto, Leon Noʻeau. "O Koholālele, He ʻĀina, He Kanaka, He Iʻa Nui Nona Ka Lā: Re-Membering Knowledge of Place in Koholālele, Hāmākua, Hawaiʻi." In *I Ulu I Ka ʻĀina: Land*, edited by Jonathan Osorio, 76–98. Honolulu: University of Hawaiʻi Press, 2014.

Pisbry, Henry A., and C. Montague Cooke. *Manual of Conchology*, vol. 22. Philadelphia: Academy of Natural Sciences, 1912.

Plater, Zygmunt J. B. "In the Wake of the Snail Darter: An Environmental Law Paradigm and Its Consequences." *Journal of Law Reform* 19, no. 4 (1986): 805–862.

Plumwood, Val. *Environmental Culture: The Ecological Crisis of Reason*. London: Routledge, 2002.

Plumwood, Val. "Nature in the Active Voice." *Australian Humanities Review* 46 (2009): 113–129.

Powell, Miles A. *Vanishing America: Species Extinction, Racial Peril, and the Origins of Conservation*. Cambridge, MA: Harvard University Press, 2016.

Prather, C. M., S. L. Pelini, A. Laws, E. Rivest, M. Woltz, C. P. Bloch, I. Del Toro, C. K. Ho, J. Kominoski, T. A. Newbold, S. Parsons, and A. Joern. "Invertebrates, Ecosystem Services and Climate Change." *Biological Reviews* 88, no. 2 (2013): 327–348.

Primack, Richard. *Essentials of Conservation Biology*. Sunderland, MA: Sinauer Associates, 1993.

Purvis, Andy. "A Million Threatened Species? Thirteen Questions and Answers." (2019): https://ipbes.net/news/million-threatened-species-thirteen-questions-answers.

Quammen, David. *The Song of the Dodo: Island Biogeography in an Age of Extinctions*. New York: Scribner, 1996.〔クォメン『ドードーの歌——美しい世界の島々からの警鐘』(上下巻) 鈴木主税訳 (河出書房新社、一九九七年)〕

Radin, Joanna, and Emma Kowal, eds. *Cryopolitics: Frozen Life in a Melting World.* Cambridge, MA: MIT Press, 2017.

Reardon, Jenny. *Race to the Finish: Identity and Governance in an Age of Genomics.* Princeton, NJ: Princeton University Press, 2005.

Rees, W. J. "The Aerial Dispersal of Mollusca." *Journal of Molluscan Studies* 36, no. 5 (1965): 269–282.

Régnier, C., P. Bouchet, K. A. Hayes, N. W. Yeung, C. C. Christensen, D. J. Chung, B. Fontaine, and R. H. Cowie. "Extinction in a Hyperdiverse Endemic Hawaiian Land Snail Family and Implications for the Underestimation of Invertebrate Extinction." *Conservation Biology* 29, no. 6 (2015): 1715–1723.

Régnier, Claire, Benoît Fontaine, and Philippe Bouchet. "Not Knowing, Not Recording, Not Listing: Numerous Unnoticed Mollusk Extinctions." *Conservation Biology* 23, no. 5 (2009): 1214–1221.

Régnier, C., O. Gargominy, G. Falkner, and N. Puillandre. "Foot Mucus Stored on FTA® Cards Is a Reliable and Non-Invasive Source of DNA for Genetics Studies in Molluscs." *Conservation Genetics Resources* 3, no. 2 (2011): 377–382.

Richling, Ira, and Philippe Bouchet. "Extinct Even before Scientific Recognition: A Remarkable Radiation of Helicinid Snails (Helicinidae) on the Gambier Islands, French Polynesia." *Biodiversity and Conservation* 22, no. 11 (2013): 2433–2468.

Robin, Libby. "Ecology: A Science of Empire." In *Ecology and Empire: Environmental History of Settler Societies*, edited by Tom Griffiths, and Libby Robin, 63–75. South Carlton: Melbourne University Press, 1997.

Rohrer, Jobriath, Vincent Costello, Jamie Tanino, Lalasia Bialic-Murphy, Michelle Akamine, Jonathan Sprague, Stephanie Joe, and Clifford Smith. *Development of Tree Snail Protection Enclosures: From Design to Implementation.* Honolulu: Pacific Cooperative Studies Unit, University of Hawai'i at Mānoa, 2016.

Rooke, T. C. B. "The Sandwich Island Institute: Inaugural Thesis, Delivered before the Sandwich Island Institute, Dec. 12, 1838." *The Hawaiian Spectator*, 1838.

Rose, Deborah Bird. "Pattern, Connection, Desire: In Honour of Gregory Bateson." *Australian Humanities Review* 35 (2005).

Rose, Deborah Bird. *Reports from a Wild Country: Ethics for Decolonisation.* Sydney: UNSW Press, 2004.

Rose, Deborah Bird. "Slowly ~ Writing into the Anthropocene." *TEXT* 20 (2013): 1–14.

Rose, Deborah Bird. *Wild Dog Dreaming: Love and Extinction.* Charlottesville: University of Virginia Press, 2011.

Rose, Deborah Bird, and Thom van Dooren. "Unloved Others: Death of the Disregarded in the Time of Extinctions." *Australian Humanities Review* 50 (2011).

Rose, Deborah Bird, Thom van Dooren, and Matthew Chrulew. *Extinction Studies: Stories of Time, Death and Generations.* New York: Columbia University Press, 2017.

Rubis, June Mary, and Noah Theriault. "Concealing Protocols: Conservation, Indigenous Survivance, and the Dilemmas of Visibility." *Social & Cultural Geography* 21, no. 7 (2019): 1–23.

Rundell, Rebecca J. "Snails on an Evolutionary Tree: Gulick, Speciation, and Isolation." *American Malacological Bulletin* 29, nos. 1–2 (2011): 145–157.

Sagan, Dorian. "Samuel Butler's Willful Machines." *The Common Review* 9, no. 1 (2011): 10–19.

Sánchez-Bayo, Francisco, and Kris A. G. Wyckhuys. "Worldwide Decline of the Entomofauna: A Review of Its Drivers." *Biological Conservation* 232 (2019): 8–27.

Sartori, A. F., O. Gargominy, and B. Fontaine. "Anthropogenic Extinction of Pacific Land Snails: A Case Study of Rurutu, French Polynesia, with Description of Eight New Species of Endodontids (Pulmonata)." *Zootaxa* 3640 (2013): 343–372.

Sato, Aimee You, Melissa Renae Price, and Mehana Blaich Vaughan. "Kāhuli: Uncovering Indigenous Ecological Knowledge to Conserve Endangered Hawaiian Land Snails." *Society & Natural Resources* 31, no. 3 (2018): 320–334.

Sepkoski, David. *Catastrophic Thinking: Extinction and the Value of Diversity from Darwin to the Anthropocene*. Chicago: University of Chicago Press, 2020.

Severns, Mike. *Shells of the Hawaiian Islands: The Land Shells*. Hackenheim: ConchBooks, 2011.

Shaheen, Nagma, Kinjal Patel, Priyanka Patel, Michael Moore, and Melissa A. Harrington. "A Predatory Snail Distinguishes between Conspecific and Heterospecific Snails and Trails Based on Chemical Cues in Slime." *Animal Behaviour* 70, no. 5 (2005): 1067–1077.

Shehadeh, Raja. *Palestinian Walks: Notes on a Vanishing Landscape*. London: Profile Books, 2008.

Silva, Noenoe K. *Aloha Betrayed: Native Hawaiian Resistance to American Colonialism*. Durham, NC: Duke University Press, 2004.

Silva, Noenoe K. *The Power of the Steel-Tipped Pen: Reconstructing Native Hawaiian Intellectual History*. Durham, NC: Duke University Press, 2017.

Simpson, Inga. "Encounters with Amnesia: Confronting the Ghosts of Australian Landscape." *Griffith Review* 63 (2019).

Smith, Linda Tuhiwai. *Decolonizing Methodologies: Research and Indigenous Peoples*. London: Zed Books, 2012.

Snyder, Gary. *The Practice of the Wild*. Berkeley, CA: Counterpoint Press, 2010.〔スナイダー『野性の実践 新版』重松宗育／原成吉訳（思潮社、二〇一一年)〕

Solem, Alan. "How Many Hawaiian Land Snail Species Are Left? And What We Can Do for Them?" *Bishop Museum Occasional Papers* 30 (1990): 27–40.

Solnit, Rebecca. *Hope in the Dark: Untold Histories, Wild Possibilities*. Edinburgh: Canongate Books, 2016.〔ソルニット『暗闇のなかの希望　増補改訂版――語られない歴史、手つかずの可能性』井上利男／東辻賢治郎訳（ちくま文庫、二〇二三年)〕

Stein, Bruce A., Cameron Scott, and Nancy Benton. "Federal Lands and Endangered Species: The Role of Military and Other Federal Lands in Sustaining Biodiversity." *BioScience* 58, no. 4 (2008): 339–347.

Stewart, Charles Samuel. "Addenda: Achatina stewartii and A. oahuensis [1823]." *Manual of Conchology* 22 (1912): 404–407.

Stillman, Amy Ku'uleialoha. "The Hawaiian Hula and Legacies of Institutionalization." *Comparative American Studies: An International Journal* 5, no. 2 (2007): 221–234.

Stotz, Karola. "Extended Evolutionary Psychology: The Importance of Transgenerational Developmental Plasticity." *Frontiers in Psychology* 5, no. 908 (2014): 1–4.

Stuart, S. N., E. O. Wilson, J. A. McNeely, R. A. Mittermeier, and J. P. Rodríguez. "The Barometer of Life." *Science* 328, no. 5975 (2010): 177.

Takacs, David. *The Idea of Biodiversity: Philosophies of Paradise*. Baltimore: Johns Hopkins University Press, 1996.

Tengan, Ty P. Kāwika. *Native Men Remade: Gender and Nation in Contemporary Hawai'i*. Durham, NC: Duke University Press, 2008.

Territory of Hawai'i. *Report of the Commissioner of Agriculture and Forestry 1902*. Honolulu: Gazette Press, 1903.

Thomas, Chris D. "Translocation of Species, Climate Change, and the End of Trying to Recreate Past Ecological Communities." *Trends in Ecology and Evolution* 26 (2011): 216–221.

Trask, Haunani-Kay. "The Birth of the Modern Hawaiian Movement: Kalama Valley, O'ahu." *Hawaiian Journal of History* 21 (1987): 126–153.

Trask, Haunani-Kay. *From a Native Daughter: Colonialism and Sovereignty in Hawai'i*. Honolulu: University of Hawaii Press, 1999.

Tsing, Anna Lowenhaupt. "Blasted Landscapes, and the Gentle Art of Mushroom Picking." In *The Multispecies Salon*, edited by Eben Kirksey. Durham, NC: Duke University Press, 2016.

Tsing, Anna Lowenhaupt. *Friction: An Ethnography of Global Connection*. Princeton, NJ: Princeton University Press, 2005.

Tummons, Patricia. "Army Tenure at Makua Valley Solidified after Statehood." *Environment Hawai'i* 3, no. 5 (1992).

Tummons, Patricia. "Army's Application for EPA Permit Is Long, but Not Informative." *Environment Hawai'i* 3, no. 5 (1992).

Tummons, Patricia. "Endangered Snails of Makua Valley Are Placed at Risk by Army Fires." *Environment Hawai'i* 3, no. 5 (1992).

Tummons, Patricia. "First the Cattle, then the Bombs, Oust Hawaiians from Makua Valley." *Environment Hawai'i* 3, no. 5 (1992).

Tummons, Patricia. "Terrestrial Ecosystems." In *The Value of Hawai'i: Knowing the Past, Shaping the Future*, edited by Craig Howes and Jonathan K. K. Osorio. Honolulu: University of Hawai'i Press, 2010.

Uchikawa, Joji, Brian N. Popp, Jane E. Schoonmaker, Axel Timmermann, and Stephan J. Lorenz. "Geochemical and Climate Modeling Evidence for Holocene Aridification in Hawai'i: Dynamic Response to a Weakening Equatorial Cold Tongue." *Quaternary Science Reviews* 29, nos. 23–24 (2010): 3057–3066.

US Department of Defense and US Fish & Wildlife Service. "The Military and the Endangered Species Act: Interagency Cooperation." *Factsheet* (2001).

Vagvolgyi, Joseph. "Body Size, Aerial Dispersal, and Origin of the Pacific Land Snail Fauna." *Systematic Biology* 24, no. 4 (1975): 465–488.

van Dooren, Thom. "Invasive Species in Penguin Worlds: An Ethical Taxonomy of Killing for Conservation." *Conservation and Society* 9 (2011): 286–298.

van Dooren, Thom. *Flight Ways: Life and Loss at the Edge of Extinction*. New York: Columbia University Press, 2014.〔ヴァン・ドゥーレン『絶滅へむかう鳥たち——絡まり合う生命と喪失の物語』西尾義人訳（青土社、二〇二三年)〕

van Dooren, Thom. “Moving Birds in Hawai‘i: Assisted Colonisation in a Colonised Land.” *Cultural Studies Review* 25, no. 1 (2019): 41–64.

van Dooren, Thom. *The Wake of Crows: Living and Dying in Shared Worlds*. New York: Columbia University Press, 2019.

van Dooren, Thom, and Deborah Bird Rose. “Lively Ethography: Storying Animist Worlds.” Environmental Humanities 8 (2016): 1–17.

Vaughan, Mehana Blaich. *Kaiaulu: Gathering Tides*. Corvallis: Oregon State University Press, 2018.

Vincent, Eve, and Timothy Neale, eds. *Unstable Relations: Indigenous People and Environmentalism in Contemporary Australia*. Perth: UWA Publishing, 2016.

Vine, David. *Base Nation: How US Military Bases Abroad Harm America and the World*. New York: Henry Holt and Company, 2015.〔ヴァイン『米軍基地がやってきたこと』西村金一監修、市中芳江／露久保由美子／手嶋由美子訳（原書房、二〇一六年）〕

Vizenor, Gerald. *Survivance: Narratives of Native Presence*. Lincoln: University of Nebraska Press, 2008.

von Uexküll, Jakob. *A Foray into the Worlds of Animals and Humans: With a Theory of Meaning*. Translated by Joseph D. O’Neil. Minneapolis: University of Minnesota Press, 2010.〔ユクスキュル『生物から見た世界』日高敏隆／羽田節子訳（岩波文庫、二〇〇五年）〕

Wada, Shinichiro, Kazuto Kawakami, and Satoshi Chiba. “Snails Can Survive Passage through a Bird’s Digestive System.” *Journal of Biogeography* 39, no. 1 (2012): 69–73.

Welch, d’Alté A. “Distribution and Variation of Achatinella mustelina Mighels in the Waianae Mountains, Oahu.” *Bernice P. Bishop Museum Bulletin* 152 (1938): 1–164.

West, Paige, James Igoe, and Dan Brockington. “Parks and Peoples: The Social Impact of Protected Areas.” *Annual Review of Anthropology* 35 (2006): 251–277.

Whyte, Kyle Powys. “Our Ancestors’ Dystopia Now: Indigenous Conservation and the Anthropocene.” In *The Routledge Companion to the Environmental Humanities*, edited by Ursula K. Heise, Jon Cristensen and Michelle Niemann, 206–215. London: Routledge, 2016.

Williams, Peter. *Snail*. London: Reaktion Books, 2009.

Wilson, Edward O. “The Little Things That Run the World (the Importance and Conservation of Invertebrates).” *Conservation Biology* 1, no. 4 (1987): 344–346.

Winter, Kawika, Kamanamaikalani Beamer, Mehana Vaughan, Alan Friedlander, Mike Kido, A. Nāmaka Whitehead, Malia Akutagawa, Natalie Kurashima, Matthew Lucas, and Ben Nyberg. “The Moku System: Managing Biocultural Resources for Abundance within Social-Ecological Regions in Hawai‘i.” *Sustainability* 10, no. 3554 (2018): 1–19.

Wood, Bill. “Hard Choices at Bishop Museum.” *Hawai‘i Investor*, October (1985): 18–22.

Woodard, Ben. *Slime Dynamics*. Winchester: John Hunt Publishing, 2012.

Worster, Donald. *Nature’s Economy: A History of Ecological Ideas*. Cambridge: Cambridge University Press, 1994.〔オースター『ネイチャーズ・エコノミー――エコロジー思想史』中山茂／成定薫／吉田忠訳（リブロポート、一九八九年）〕

Yeung, Norine W., and Kenneth A. Hayes. “Biodiversity and Extinction of Hawaiian Land Snails: How Many Are Left Now and What Must We Do to Conserve Them? A Reply to Solem (1990).” *Integrative and Comparative Biology* 58, no. 6 (2018): 1157–1169.

Yeung, Norine W., John Slapcinsky, Ellen E. Strong, Jaynee R. Kim, and Kenneth A. Hayes. "Overlooked but Not Forgotten: The First New Extant Species of Hawaiian Land Snail Described in 60 Years, Auriculella gagneorum sp. nov. (Achatinellidae, Auriculellinae)." *ZooKeys* 950 (2020): 1–31.

Yusoff, Kathryn. *A Billion Black Anthropocenes or None*. Minneapolis: University of Minnesota Press, 2018.

Zentelis, Rick, and David Lindenmayer. "Bombing for Biodiversity-Enhancing Conservation Values of Military Training Areas." *Conservation Letters* 8, no. 4 (2015): 299–305.

用語解説

ハワイ語

アフプアア（ahupuaʻa）　山から海まで延びるハワイの伝統的な土地区分

アーイナ（ʻāina）　土地。字義どおりには「養うもの」

アクア（akua）　神々

アリイ（aliʻi）　首長

ハーラウ・フラ（hālau hula）　フラの教室

ホーアイロナ（hōʻailona）　前兆、しるし

カオナ（kaona）　隠されたあるいは込められた意味や内容

カーフリ（kāhuli）　カタツムリ

カロ（kalo）　タロイモ

カナカ（kanaka）　先住民。字義どおりには「人類」または「人」

カナカ・マオリ（Kanaka Maoli）　ハワイ先住民（複数形はカーナカ・マオリ（Kānaka Maoli））

ケイキ（keiki）　子供

キープカ（kīpuka）　溶岩流が通過したあとに残された森林の区画のこと。この残された区画から、種子や胞子、その他の生命が広がり、森林は再生する。より広く「待避地」や「再生の出発点」を表す場合もある

クアフ（kuahu）　祭壇

クレアナ（kuleana）　権利、特権、責任

クム（kumu）　教師、源泉

クプナ（kupuna）　年長者（複数形はクープナ（kūpuna））

マカアーイナナ（makaʻāinana）　一般庶民。字義どおりには「土地に通う人々」

マーラマ（mālama）　世話をする

モオレロ（moʻolelo）　物語（歴史も含まれる）

メレ（mele）　伝統的な歌やチャント

オーレオ・ハワイ（ʻōlelo Hawaiʻi）　ハワイ語

ポノ（pono）　調和のとれた、適切な

プープー（pūpū）　殻。陸生、水生を問わず、殻をもつ生物やその殻を指す

ウアラ（ʻuala）　サツマイモ

科学用語・略語

EIS　環境影響評価書

ESA　絶滅危惧種法

IUCN　国際自然保護連合

NEPA　国家環境政策法

OANRP　オアフ軍自然資源プログラム

SEPP　カタツムリ絶滅防止プログラム

USFWS　アメリカ魚類野生生物局

殻口　カタツムリの軟体部が出てくる、殻の開口部

環世界（ウンベルト）　生物が暮らし、作り上げる意味／経験の世界

休眠　高温あるいは乾燥期に休息／休眠すること

歯舌　カタツムリが摂食の際に用いる、表面に何千本もの歯が並ぶ舌

生物地理学　地理空間と進化時間における種の分布を考える研究分野

軟体動物　貝やカタツムリからタコやイカまで含む大きな分類群（門）

軟体動物学　軟体動物を対象とした研究分野

腹足類　カタツムリやナメクジが属する分類群

分類学　種に関する科学的記述と分類

無脊椎動物　背骨をもたない動物

［著者］

トム・ヴァン・ドゥーレン（Thom van Dooren）

1980年生まれ。シドニー大学人文学部教授。環境哲学者。とりわけ、種の絶滅や絶滅の危機に瀕している種と人間の絡まり合いの中で生じる哲学的、倫理的、文化的、政治的問題に焦点を当てて研究をしている。単著に、『絶滅へむかう鳥たち——絡まり合う生命と喪失の物語』（青土社、2023）、*The Wake of Crows: Living and Dying in Shared Worlds*（Columbia University Press, 2019）などがある。エリザベス・デローリー、デボラ・バード・ローズと共に学術誌Environmental Humanities（Duke University Press）の創刊と編集に携わっている。

［訳者］

西尾義人（にしお・よしひと）

1973年東京生まれ。翻訳者。国際基督教大学教養学部語学科卒業。訳書にリー・マッキンタイア『エビデンスを嫌う人たち』（国書刊行会）、デイヴィッド・ピーニャ＝グズマン『動物たちが夢を見るとき』、トム・ヴァン・ドゥーレン『絶滅へむかう鳥たち』（共に青土社）などがある。

カタツムリから見た世界
——絶滅へむかう小さき生き物たち

2024年9月20日　第1刷印刷
2024年9月30日　第1刷発行

著　者　　トム・ヴァン・ドゥーレン
訳　者　　西尾義人
発行者　　清水一人
発行所　　青土社
101-0051　東京都千代田区神田神保町1-29　市瀬ビル
電話　03-3291-9831（編集部）　03-3294-7829（営業部）
振替　00190-7-192955

装　幀　　重実生哉
印刷・製本　シナノ印刷
組　版　　フレックスアート

ISBN978-4-7917-7673-3 Printed in Japan